Didaktik des Sachrechnens in der Sekundarstufe

Mathematik Primar- und Sekundarstufe

Herausgegeben von
Prof. Dr. Friedhelm Padberg
Universität Bielefeld

Bisher erschienene Bände:

Didaktik der Mathematik

P. Bardy: Mathematisch begabte Grundschulkinder – Diagnostik und Förderung (P)
M. Franke: Didaktik der Geometrie (P)
M. Franke: Didaktik des Sachrechnens in der Grundschule (P)
K. Hasemann: Anfangsunterricht Mathematik (P)
K. Heckmann/F. Padberg: Unterrichtsentwürfe Mathematik Primarstufe (P)
G. Krauthausen/P. Scherer: Einführung in die Mathematikdidaktik (P)
G. Krummheuer/M. Fetzer: Der Alltag im Mathematikunterricht (P)
F. Padberg: Didaktik der Arithmetik (P)

G. Hinrichs: Modellierung im Mathematikunterricht (P/S)

R. Danckwerts/D. Vogel: Analysis verständlich unterrichten (S)
G. Greefrath: Didaktik des Sachrechnens in der Sekundarstufe (S)
F. Padberg: Didaktik der Bruchrechnung (S)
H.-J. Vollrath/H.-G. Weigand: Algebra in der Sekundarstufe (S)
H.-J. Vollrath: Grundlagen des Mathematikunterrichts in der Sekundarstufe (S)
H.-G. Weigand/T. Weth: Computer im Mathematikunterricht (S)
H.-G. Weigand et al.: Didaktik der Geometrie für die Sekundarstufe I (S)

Mathematik

F. Padberg: Einführung in die Mathematik I – Arithmetik (P)
F. Padberg: Zahlentheorie und Arithmetik (P)

K. Appell/J. Appell: Mengen – Zahlen – Zahlbereiche (P/S)
S. Krauter: Erlebnis Elementargeometrie (P/S)
H. Kütting/M. Sauer: Elementare Stochastik (P/S)
F. Padberg: Elementare Zahlentheorie (P/S)
F. Padberg/R. Danckwerts/M. Stein: Zahlbereiche (P/S)

A. Büchter/H.-W. Henn: Elementare Analysis (S)
G. Wittmann: Elementare Funktionen und ihre Anwendungen (S)

P: Schwerpunkt Primarstufe
S: Schwerpunkt Sekundarstufe

Weitere Bände in Vorbereitung

Gilbert Greefrath

Didaktik des Sachrechnens in der Sekundarstufe

Spektrum
AKADEMISCHER VERLAG

Autor
Prof. Dr. Gilbert Greefrath
Universität zu Köln
Seminar für Mathematik und ihre Didaktik
Gronewaldstr. 2
50931 Köln
g.greefrath@uni-koeln.de

Bibliografische Information der Deutschen Nationalbibliothek
Die Deutsche Nationalbibliothek verzeichnet diese Publikation in der Deutschen Nationalbibliografie; detaillierte bibliografische Daten sind im Internet über http://dnb.d-nb.de abrufbar.

Springer ist ein Unternehmen von Springer Science+Business Media
springer.de

10 11 12 13 14 5 4 3 2 1

Planung und Lektorat: Dr. Andreas Rüdinger, Dr. Meike Barth
Copy Editing: Andreas Held
Herstellung: Crest Premedia Solutions (P) Ltd, Pune, Maharashtra, India
Satz: Autorensatz

ISBN 978-3-8274-1995-8

Inhaltsverzeichnis

Einleitung

Mathematik beschäftigt sich einerseits mit abstrakten Strukturen und Ideen und andererseits mit Modellen zur Beschreibung der Umwelt. Schülerinnen und Schüler sollten im Mathematikunterricht beide Seiten der Mathematik erfahren.

Heinrich Winter schlüsselt den Beitrag des Mathematikunterrichts zur mathematischen Allgemeinbildung sogar in drei Grunderfahrungen auf. Diese drei Grunderfahrungen sind:

- „Erscheinungen der Welt um uns, die uns alle angehen oder angehen sollen, aus Natur, Gesellschaft und Kultur, in einer spezifischen Art wahrzunehmen und zu verstehen,
- mathematische Gegenstände und Sachverhalte, repräsentiert in Sprache, Symbolen, Bildern und Formeln, als geistige Schöpfungen, als eine deduktiv geordnete Welt eigener Art kennenzulernen und zu begreifen,
- in der Auseinandersetzung mit Aufgaben Problemlösefähigkeiten (heuristische Fähigkeiten), die über die Mathematik hinausgehen, zu erwerben.“ (Winter, 2003)

Zur Verwirklichung der ersten Grunderfahrung ist die Einbeziehung von realen Problemen und Anwendungen von Mathematik unerlässlich. Diesen Beitrag zur mathematischen Bildung will das Sachrechnen leisten. In diesem Buch geht es daher um die Frage, wie die Bezüge zwischen Mathematik und Realität in der Sekundarstufe vermittelt werden können.

Der Begriff Sachrechnen wird häufig mit Inhalten der Grundschule oder mit eher ungeeigneten Textaufgaben zu Beginn der Sekundarstufe I in Verbindung gebracht. Der modernere Begriff ist das mathematische Modellieren. Dieses Buch trägt dennoch den Titel *Didaktik des Sachrechnens in der Sekundarstufe*, da der Begriff des Modellierens nicht alle Aspekte einer Didaktik von anwendungsbezogener Mathematik einschließt. So wird das Modellieren hier nicht ausgeklammert, sondern in den Kontext des Sachrechnens eingeordnet und als sein zentraler Kern beschrieben.

Der Begriff des Sachrechnens wird unterschiedlich aufgefasst und ist nicht eindeutig zu fassen. Daher wird in einem einführenden Kapitel die Frage berücksichtigt, was Sachrechnen eigentlich ist bzw. sein kann. Es werden unterschiedliche Definitionen und Funktionen des Sachrechnen vorgestellt. Ebenfalls befassen wir uns mit Zielsetzungen des Sachrechnens und dem Bezug zu modernen Bildungsstandards und Lehrplänen.

Um die unterschiedlichen Auffassungen von Sachrechnen besser zu verstehen, wird im zweiten Kapitel ein kurzer Blick auf die Entwicklung des Sachrechnens geworfen. Dieses Kapitel hat keinen Anspruch auf Vollständigkeit und beschreibt insbesondere die Entwicklung des Sachrechnens im vergangenen Jahrhundert. Es zeigt aber auch die frühen Anfänge von Sachaufgaben in Lehrbüchern auf.

Ein Ausblick in das 21. Jahrhundert leitet zum dritten Kapitel über Modellieren und Problemlösen über. Hier wird der zentrale Kern des Sachrechnens beschrieben und von unterschiedlichen Seiten beleuchtet. So werden auch Teilkompetenzen des Modellierens und empirische Untersuchungsergebnisse betrachtet. Auch die unterschiedlichen Schwerpunkte des Problemlösens und Modellierens werden herausgearbeitet.

Ein sehr zentraler Punkt des Mathematikunterrichts sind Aufgaben. Besonders im Sachrechnen gibt es eine Fülle unterschiedlichster Aufgaben, die man als Sachaufgaben bezeichnen kann. Das Ziel dieses vierten Kapitels ist, Aufgaben sinnvoll zu strukturieren und zu klassifizieren, sodass Studierende und Lehrende vorhandene Aufgaben besser einordnen und neue Aufgaben gezielt entwickeln können.

Im fünften Kapitel werden einige typische Inhalte des Sachrechnens in der Sekundarstufe vorgestellt und aus didaktischer Sicht beleuchtet. Hier wird immer wieder Bezug genommen auf die jeweilige Modellbildung, die jeweilige Auffassung von Sachrechnen und auf unterschiedliche Aufgabentypen, die in diesem Zusammenhang bearbeitet werden können. Zentral sind Größen im Allgemeinen und Zuordnungen von Größen – speziell Funktionen –, die in der Sekundarstufe im anwendungsbezogenen Mathematikunterricht eine besondere Rolle spielen.

Im sechsten Kapitel werden einige spezielle Aspekte zum Sachrechnen zusammengefasst. Eine besondere Rolle spielen hier der Umgang mit der Ungenauigkeit und die unterschiedlichen Lösungshilfen für Sachaufgaben.

Jedes Kapitel wird mit Übungsaufgaben zur Vertiefung und Wiederholung abgeschlossen. Im Anhang befindet sich eine mögliche Klausur zur Didaktik des Sachrechnens. Viele dieser Aufgabenvorschläge habe ich meinem Mitarbeiter Stefan-H. Kaufmann zu verdanken.

Viele Inhalte werden durch entsprechende Beispiele aus aktuellen Schulbüchern illustriert. Diese Beispiele stehen repräsentativ für Aufgabentypen. Hier geht es nicht darum, eine Kritik an den jeweiligen Schulbüchern zu üben.

In dieses Buch sind vielfältige Erfahrungen aus Unterricht, Lehrerfortbildung, Forschung und Lehre eingeflossen. Dies war nur möglich, weil viele gemeinsam mit mir an diesem Thema gearbeitet haben.

Ich danke allen Kolleginnen und Kollegen sowie Studierenden aus den entsprechenden Veranstaltungen an den Universitäten Münster, Wuppertal und Köln sowie an der Pädagogischen Hochschule Karlsruhe für viele hilfreiche Diskussionen und Hinweise. Besonders möchte ich Herrn Prof. M. Stein aus Münster für die Unterstützung auf dem Weg in die Mathematikdidaktik danken. Besonderer Dank gilt ebenfalls dem Verlag und speziell dem Herausgeber Prof. F. Padberg aus Bielefeld für viele hilfreiche Kommentare und Hinweise.

Köln, im Januar 2010 — Gilbert Greefrath

1 Der Begriff des Sachrechnens

1.1 Einführung

Der Begriff des Sachrechnens wird keineswegs einheitlich verwendet und kann daher sowohl enger als auch weiter gefasst werden. Mit Sachrechnen verbindet man häufig nicht ganz realistische Aufgabenstellungen, in denen eine reale Situation beschrieben oder angedeutet wird. Im Folgenden ist ein Beispiel für eine solche Sachaufgabe angeführt.

Das Teilstück $\overline{(AB)}$ einer geplanten Autobahnstrecke muss auf einer Strecke $\overline{(ST)}$ sumpfiges Gelände überqueren. Das sumpfige Gelände beginnt 220 m von A aus und endet 380 m vor B. Entsprechend der Skizze liegen die folgenden Maße für das Dreieck ABC vor. $b = 1330$ m; $a = 852$ m; $\gamma = 83°$ [...]

Berechne die Längen des Teilstücks $\overline{(AB)}$ und der zu überquerenden Sumpfstrecke $\overline{(ST)}$. [...]

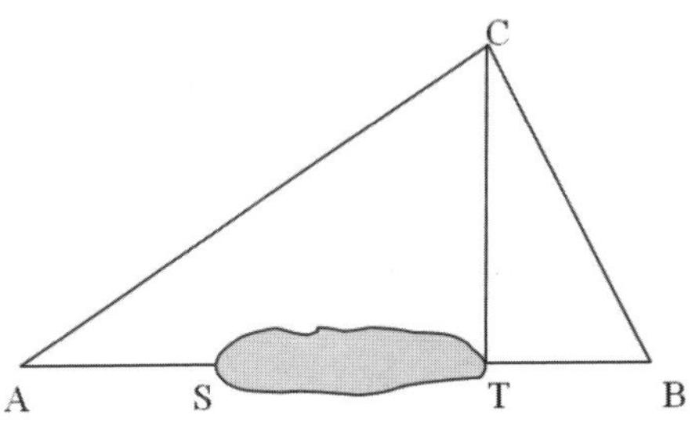

Abb. 1.1 Aufgabenbeispiel Autobahnplanung (Koullen, Mathematik konkret 6, 2008, S. 55)

Bei diesem Aufgabenbeispiel handelt es sich um eine Sachaufgabe, da im Aufgabentext ein realer Gegenstand, die geplante Autobahnstrecke durch sumpfiges Gelände, beschrieben wird. Allerdings kann diese Aufgabe auch ohne Sachkontext formuliert werden. Eine mögliche Formulierung ist in Abb. 1.2 dargestellt.

Das Aufgabenbeispiel ohne Sachkontext zeigt den eigentlichen, mathematischen Kern dieser Sachaufgabe. Die Aufgabe verlangt eine Berechnung von Längen im Dreieck. Sie wurde im ersten Beispiel in den Kontext der Autobahnplanung „eingekleidet".

Gegeben ist ein Dreieck ABC mit $b = 13{,}3$ cm; $a = 8{,}5$ cm; $\gamma = 83°$. Entsprechend der Skizze liegt die Strecke $\overline{(ST)}$ auf $\overline{(AB)}$. S ist 2,2 cm von A und T ist 3,8 cm von B entfernt. [...]

Berechne die Längen der Strecken $\overline{(AB)}$ und $\overline{(ST)}$. [...]

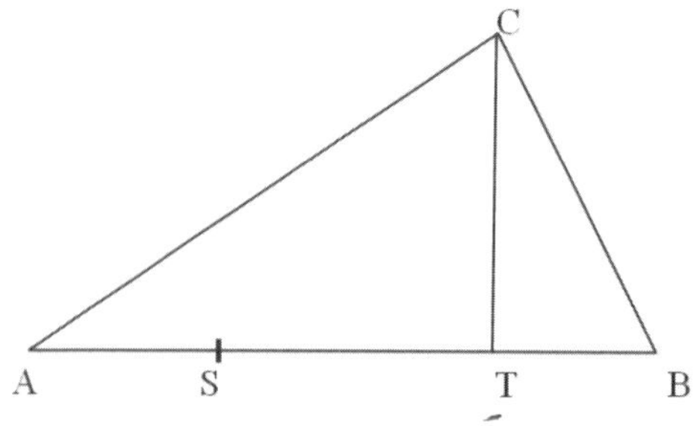

Abb. 1.2 Aufgabenbeispiel ohne Sachkontext

In diesem Beispiel ist es recht einfach, den Kontext der Autobahnplanung in die entsprechende Mathematik zu übersetzen, zumal eine Zeichnung vorgegeben wird, die praktisch keine realen Gegenstände mehr enthält.

Daher stellt sich natürlich die Frage, welchen Sinn ein solcher Kontext in einem solchen Fall hat. Dies führt auch zu weitergehenden Fragen, welchen Sinn und welche Aufgabe Sachaufgaben bzw. das Sachrechnen allgemein in der Sekundarstufe haben. Diesen Fragen wollen wir in den nächsten Abschnitten nachgehen. Sehr häufig und auch weniger umstritten wird der Begriff Sachrechnen in der Primarstufe verwendet (Franke, 2003). Das Sachrechnen gehört neben Arithmetik und Geometrie zu den traditionellen Sachgebieten des Grundschulunterrichts im Fach Mathematik (KMK, 2005, S. 6). Hier wird das „Sachaufgaben lösen und dabei die Beziehungen zwischen der Sache und den einzelnen Lösungsschritten beschreiben" (KMK, 2005, S. 9) explizit erwähnt.

Um den Begriff des Sachrechnens genauer zu fassen, sollen im Folgenden zwei Beispiele für Sachaufgaben nebeneinandergestellt werden, die zu Beginn der Sekundarstufe bearbeitet werden können. Diese Aufgabenbeispiele stammen aus Schulbüchern für Klasse 5 und beinhalten jeweils einen Sachbezug.

Zum Einstieg
Wie viele Blumen sind in dem Beet gepflanzt? Berechne möglichst geschickt!

Bild 23

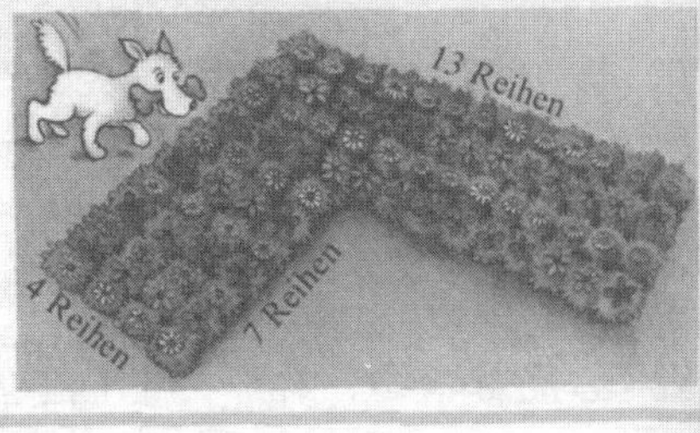

Abb. 1.3 Aufgabenbeispiel Blumenbeet (Kuypers, Lauter, & Wuttke, 1995, S. 106)

Tischverteilungen bestimmen

18 Kinder sind zur Geburtstagsfeier von Julia in die Pizzeria eingeladen. Weil die Pizzas dort ziemlich groß sind, wurden insgesamt 12 Pizzas bestellt. Die Pizzeria hat keinen Tisch für alle Kinder. Es gibt einen für höchstens 10 Personen, einen, an den 6 Kinder passen, und einen kleinen für 4 Leute.

Abb. 1.4 Aufgabenbeispiel Pizzaessen (Kliemann, Puscher, Segelken, Schmidt, & Vernay, 2006, S. 35)

Betrachtet man die Sachkontexte der beiden Aufgabenbeispiele Blumenbeet (s. Abb. 1.3) und Pizzaessen (s. Abb. 1.4), so stellt man zunächst fest, dass in der ersten Abbildung der Hund und in der zweiten Abbildung der Pizzabäcker eigentlich überflüssig sind. Dennoch haben Hund und Pizzabäcker jeweils unterschiedliche Funktionen. Während der Hund die Aufgabenstellung nicht unterstreicht, macht das Foto mit dem Pizzabäcker die Aufgabe realistischer; auch wenn oder gerade weil die Abbildung in keiner Weise die mathematische Struktur der Aufgabenlösung unterstreicht. In der Blumenbeet-Aufgabe ist dagegen die Mathematisierung durch die Abbildung schon fortgeschritten. Dies wird beispielsweise an der Beschriftung der Blumenreihen deutlich.

Auch die möglichen Lösungen beider Aufgaben sind unterschiedlich. Die erste Aufgabe hat eine eindeutige Lösung, die allerdings auf unterschiedlichen Wegen gefunden werden kann. Insbesondere die folgenden beiden Rechnungen sind erwünscht: $4 \cdot 7 + 4 \cdot 13 = 80$ und $4 \cdot (7 + 13) = 80$. Das Ziel dieser Aufgabe ist die Veranschaulichung des Distributivgesetzes. Der Lösungsweg der zweiten Aufgabe ist nicht so eindeutig. Die Aufgabenstellung lässt beispielsweise offen, ob jedes Kind gleich viel von der Pizza essen möchte oder ob nicht Pizzastücke von einem Tisch zum anderen weitergereicht werden können. Ein möglicher Lösungsansatz der Pizzaessen-Aufgabe ist im Folgenden abgebildet (s. Abb. 1.5).

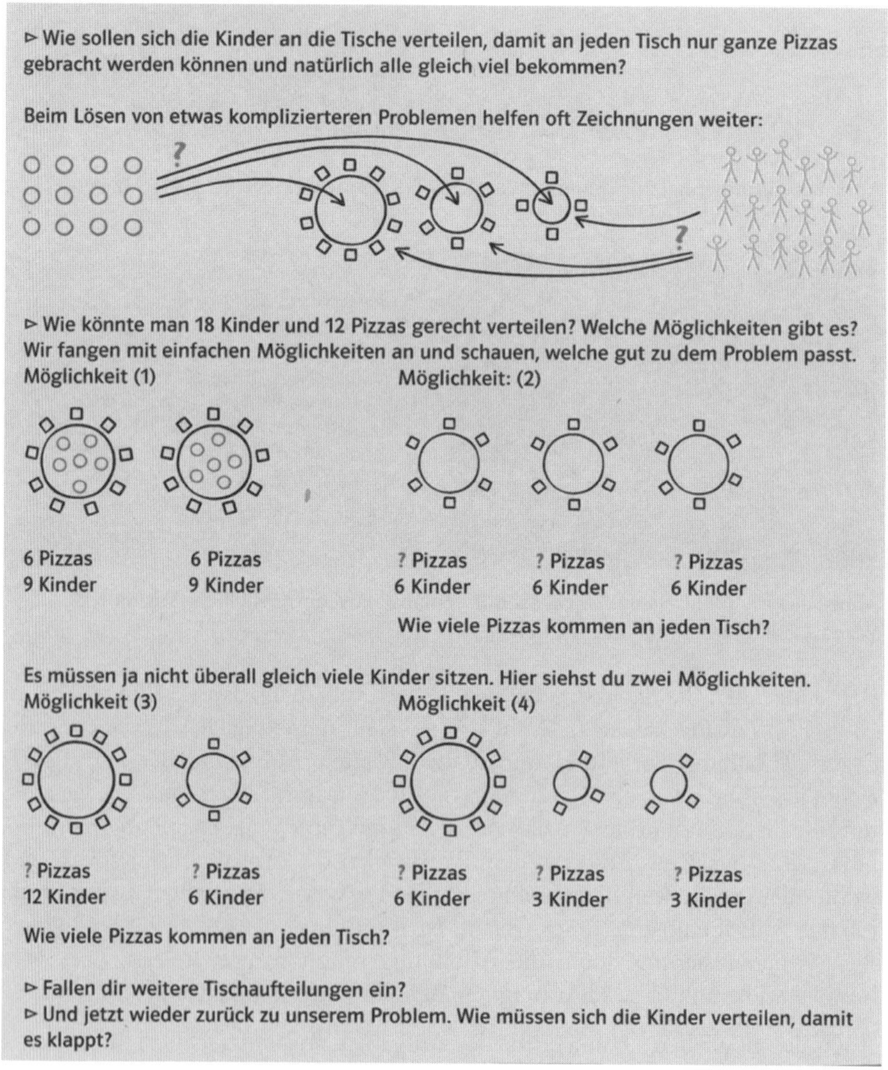

Abb. 1.5 Aufgabenbeispiel Pizzaessen (Kliemann, Puscher, Segelken, Schmidt, & Vernay, 2006, S. 35)

Es können also 3, 6, 9, 12, 15 oder 18 Kinder an einem Tisch sitzen, wenn die Pizza vorher nicht geteilt werden soll und alle Kinder gleich viel Pizza bekommen sollen. Bei den angegebenen Tischgrößen müssen an dem kleinen Tisch 3

Kinder sitzen, am 6er-Tisch 6 Kinder und am großen Tisch 9 Kinder. Durch die Pizzaessen-Aufgabe wird im Unterschied zur Blumenbeet-Aufgabe das Probieren unterschiedlicher Lösungswege angeregt. Die zweite Aufgabe ist also offener, motivierender und lebensnäher. Sie regt das Problemlösen stärker an als die Aufgabe zum Distributivgesetz, da es für die Schülerinnen und Schüler keine Standard-Lösungsverfahren gibt. Auch die erste Aufgabe könnte die Aufgabeneigenschaften der zweiten Aufgabe erhalten, wenn sie entsprechend verändert formuliert wird. Zum Beispiel:

> Ein Gärtner will 80 Blumen pflanzen. Entwirf einen Plan für ein Blumenbeet!

Die Beispiele machen bereits eine große Spannbreite von Sachaufgaben bezüglich ihres mathematischen Inhalts, ihrer Ziele und ihrer Präsentationsformen deutlich, die durch weitere Beispiele noch vergrößert werden könnte. Der zu diesen Aufgaben passende Unterricht unterscheidet sich sicherlich noch deutlicher. So passt beispielsweise zum Aufgabenbeispiel Autobahnplanung ein Unterricht, bei dem zunächst die mathematischen Inhalte im Rahmen eines lehrerzentrierten Unterrichts eingeführt werden, um sie später an Sachaufgaben zu üben. Zur Pizzaessen-Aufgabe passt eher ein schülerzentrierter Unterricht mit Gruppenarbeits- und Präsentationsphasen. Natürlich können beide Aufgaben auch in anderen Kontexten Verwendung finden. In jedem Fall können sich verwendete Aufgabenbeispiele und Unterrichtsmethoden wechselseitig beeinflussen.

1.2 Definitionen von Sachrechnen

Die einleitenden Aufgabenbeispiele zeigen bereits eine große Bandbreite von Sachaufgaben. Hinter diesen unterschiedlichen Aufgaben, die im Allgemeinen zum Sachrechnen gezählt werden, stehen unterschiedliche Vorstellungen und Ziele des Sachrechnens. Diese werden deutlich, wenn man Definitionen des Sachrechnens in der Literatur betrachtet.

Da Sachrechnen bereits in seinem Namen auf den Bezug zur realen Welt *(Sache)* und zur Mathematik *(Rechnen)* hinweist, können diese beiden Aspekte auch zur Definition des Sachrechnens herangezogen werden. Ausgehend vom Bezug zur realen Umwelt definieren Spiegel und Selter Sachrechnen in einem sehr allgemeinen Sinn.

Sachrechnen ist der „Oberbegriff für die Auseinandersetzung mit Aufgaben, die einen Bezug zur Wirklichkeit aufweisen“ (Spiegel, et al., 2006, S. 74).

Bei Franke wird dieser Bezug zur Wirklichkeit auf den Erfahrungsbereich der Schülerinnen und Schüler oder zumindest auf das reale Leben eingeschränkt. Damit werden völlig lebensferne Inhalte aus dem Sachrechnen ausgeschlossen.

Sachrechnen [ist] das Bearbeiten von Aufgaben ..., die eine Situation aus dem Erfahrungsbereich der Schüler oder aus dem realen Leben beschreiben (Franke, 2003, S. 5).

Mit Blick auf die Schulrealität bemerkt Franke allerdings, dass dies auch gelten soll, wenn die Schülerinnen und Schüler diese Situationen noch nicht erfahren haben (Franke, 2003, S. 5). Lewe schränkt diese Sicht auf das Sachrechnen noch weiter ein und fordert, dass die mathematischen Zusammenhänge in der Wirklichkeit entdeckt und wiederum auf die Wirklichkeit angewendet werden müssen.

Sachrechnen besteht aus dem Entdecken mathematischer Zusammenhänge in der Lebenswirklichkeit und dem Anwenden dieser Zusammenhänge auf die Lebenswirklichkeit (Lewe, 2001).

Die Definition von Lewe bezieht sich schon stärker auf den zweiten Aspekt des Sachrechnens, also auf die Mathematik. Definitionen, die noch stärker auf diesen Aspekt hinweisen, findet man etwa in den 80er Jahren des vorigen Jahrhunderts. Hier wird der mögliche Einsatz mathematischer Methoden stärker in den Mittelpunkt gestellt.

Sachrechnen befasst sich mit Aufgaben, die von außermathematischen Sachverhalten handeln und über die mit mathematischen Mitteln Aussagen gemacht werden (Fricke, 1987, S. 6).

Sachrechnen ist aus mathematischer Sicht ein Teil der angewandten Mathematik. Es werden aber üblicherweise nicht alle Inhalte der angewandten Mathematik zum Sachrechnen gezählt, sondern nur die Inhalte, die auch in der Schule möglich sind bzw. typischerweise behandelt werden. So beschäftigt man sich im Rahmen der angewandten Mathematik beispielsweise mit der numerischen Simulation von Strömungen; dieses Gebiet ist aber im Rahmen der Schulmathematik nicht behandelbar.

Die in der Schule bearbeitbaren Inhalte des Sachrechnens unterliegen möglichen – wenn auch geringen – Veränderungen, die durch die aktuellen Lehrpläne und Bildungsstandards sowie durch die Schulrealität bedingt sind. Das Sachrechnen in der Sekundarstufe I beschränkt sich damit auf die Inhalte der angewandten Mathematik, die bis zur zehnten Klassenstufe behandelt werden könnten.

> Sachrechnen ist der Teil der Angewandten Mathematik, der Schülern bis zur 10. Klasse zugänglich ist (Fricke, 1987, S. 10).

Ähnlich sieht Strehl das Sachrechnen als Anwendung von Mathematik. Hier wird als zusätzlicher Aspekt die Mathematisierung – im Wesentlichen eingeschränkt auf numerische Aspekte – genannt.

> Sachrechnen ist Anwendung von Mathematik auf vorgegebene Sachprobleme und Mathematisierung konkreter Erfahrungen und Sachzusammenhänge vorwiegend unter numerischem Aspekt (Strehl, 1979, S. 24).

Maier und Schubert schränken Sachrechnen noch weiter ein und schließen zu einfache Aufgaben, die mit einer einzigen Rechenoperation zu bearbeiten sind, sowie zu komplexe Aufgaben, bei denen die Datenmenge sehr groß ist oder erst noch beschafft werden muss, aus (Maier & Schubert, 1978, S. 11–13). Wir wollen das Sachrechnen hier nicht in diesem engen Sinne betrachten.

Außer dem bereits gezeigten Wechselspiel zwischen Mathematik und Umwelt kann in die Definition des Sachrechnens auch die Person der Schülerin bzw. des Schülers mit einbezogen werden (Krauthausen & Scherer, 2007, S. 76). Lernprozesse können nur betrachtet werden, wenn die beteiligten Personen mit in den Blick genommen werden (s. Abb. 1.6).

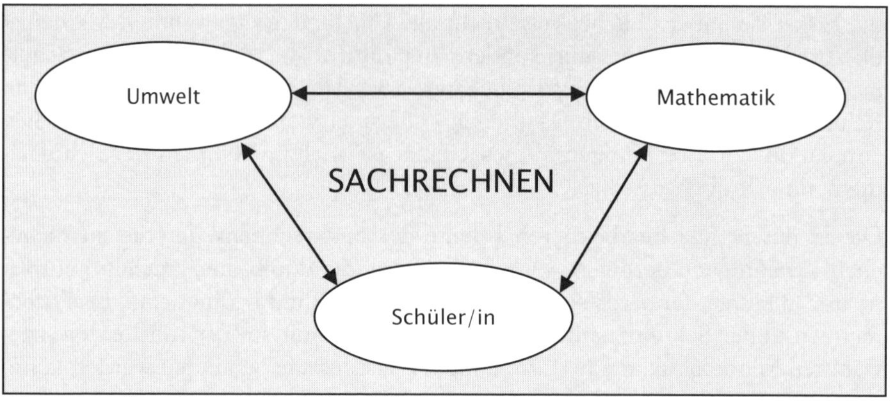

Abb. 1.6 Sachrechnen im Wechselspiel von Umwelt, Mathematik und Schüler/in

Es ist wichtig festzuhalten, dass nach unserem Verständnis Sachrechnen mehr ist als ein Unterricht mit Bezügen zur realen Welt und zur Mathematik. Umwelt und Mathematik lassen sich nicht getrennt betrachten, und die Beziehung von Umwelt und Mathematik muss genau untersucht und in den Unterricht einbezogen werden. Entscheidend ist hier die Frage, wie der Übergang von der realen Umwelt zur Mathematik vollzogen werden kann. Diesen Prozess bezeichnen wir mit *mathematischem Modellieren* (Hinrichs, 2008; Maaß K., 2007; Greefrath, 2007). Das Modellieren ist demnach ein wichtiger Teil des Sachrechnens. Sachrechnen geht aber darüber hinaus und betrachtet auch Unterricht und Aufgaben, die keinen echten Modellierungscharakter haben. Es beleuchtet auch die Beziehungen zur Umwelt und zur Mathematik. Wir wollen hier eine Definition des Sachrechnen im weiteren Sinne verwenden, die auch das Modellieren mit einschließt, aber weit darüber hinaus geht.

Sachrechnen im weiteren Sinne bezeichnet die Auseinandersetzung mit der Umwelt sowie die Beschäftigung mit wirklichkeitsbezogenen Aufgaben im Mathematikunterricht.

1.3 Funktionen des Sachrechnens

Aus den unterschiedlichen Definitionen des Sachrechnens kann man auch verschiedene Funktionen des Sachrechnens ableiten. Diese Funktionen lassen sich nicht klar trennen, sondern überschneiden sich teilweise. Heinrich Winter beschreibt die folgenden Funktionen des Sachrechnens (Winter, 2003, S. 15 ff.):

- Sachrechnen als Lernstoff
- Sachrechnen als Lernprinzip
- Sachrechnen als Lernziel: Umwelterschließung

Bei der Betrachtung des Sachrechnens als Vermittlung von Lernstoff stehen die mathematischen Inhalte des Sachrechnens, wie z. B. Größen und Prozentrechnung, im Vordergrund. Diese Inhalte des Sachrechnens sind allerdings nicht klar abzugrenzen. Klassischerweise gehören zum Sachrechnen in der Sekundarstufe die Inhalte Größen, Prozent- und Zinsrechnung. Weitere Inhalte ergeben sich daraus, wie der Mathematikunterricht gestaltet wird, denn im Prinzip können nahezu alle mathematischen Inhalte in realitätsbezogenen Kontexten unterrichtet werden. Dann würden diese Inhalte auch zum Sachrechnen zählen. Diese erweiterte Auffassung von Sachrechnen übersteigt dann deutlich die klassischen Inhalte des Sachrechnens (Winter, 2003, S. 15 ff.).

Betrachtet man das Sachrechnen unter dem Aspekt des Lernprinzips, so werden Sachsituationen beispielsweise zur Motivation, Veranschaulichung oder zur Übung mathematischer Lernprozesse genutzt. Hier steht die Arbeit der Schülerin bzw. des Schülers im Vordergrund, die bzw. der mathematische Inhalte mit Hilfe von realen oder wirklichkeitsnahen Situationen lernt.

Welches Angebot ist das Beste?

In der Schule soll ein neuer Kopierer angeschafft werden, da der alte Kopierer defekt ist. Die Schulleitung hat sich bereits für das Modell KM-C2520 entschieden. Zwei Firmen bieten jeweils einen Service-Vertrag an.

Angebot 1:

649,- € pro Jahr und 1 Cent pro Kopie

Angebot 2:

749,- € pro Jahr und 0,9 Cent pro Kopie

Abb. 1.7 Aufgabenbeispiel Kopierer

Beispielsweise kann zu Beginn einer Unterrichtsreihe zu linearen Funktionen das Problem von Kopierkosten einer Schule in den Mittelpunkt gestellt werden. Die Schülerinnen und Schüler sollen dann auf Grund unterschiedlicher Angebote entscheiden, welchen Kopierer die Schule am besten anschaffen sollte.

Diese Anwendung dient dann der Motivation für die Arbeit mit linearen Funktionen, die aus den beiden Angeboten abgeleitet werden können. Beispielsweise können die Kosten pro Jahr in Abhängigkeit von den erstellen Kopien angegeben werden. Die Bedeutung des Schnittpunktes der beiden zugehörigen Graphen kann dann auch im Kontext geklärt werden. Eine solche Sachsituation würde auch dann schon zur Motivation der Schülerinnen und Schüler genutzt, wenn sie nicht bis zum Ende der Unterrichtseinheit als sinnstiftender Kontext genutzt würde, sondern nur zu Beginn die Beschäftigung mit linearen Funktionen motiviert. Dieser Ansatz ist also bezogen auf die Lösung des tatsächlichen Problems, wie hier im Beispiel die Wahl des Kopierers, noch ausbaufähig.

Ein anderes Beispiel, das nicht der Motivation aber der Veranschaulichung dient, ist das Darstellen von Zahlensystemen. Beispielsweise kann das Stellenwertsystem mit sechs Ziffern mit Hilfe von Eierverpackungen veranschaulicht werden. So werden sechs Eier in einem Eierkarton zusammengefasst. In dieser Veranschaulichung werden dann sechs Eierkartons wiederum in einer größeren Kiste und sechs Kisten auf einer Palette zusammengefasst. Dies entspricht der Bündelung im Sechsersystem. Die Schülerinnen und Schüler können so abstrakte mathematische Inhalte wie das Stellenwertsystem mit Hilfe realer bekannter Gegenstände veranschaulichen und so besser verstehen.

Abb. 1.8 Eierverpackung als Veranschaulichung

Hier wird klar, dass auch Dinge aus dem Alltag für Veranschaulichung im Mathematikunterricht genutzt werden können, wenn sie entsprechend interpretiert werden. Die Interpretation ist allerdings der entscheidende Punkt. Ein Eierkarton führt bei Schülerinnen und Schülern noch nicht zu einer entsprechenden Auseinandersetzung mit dem Stellenwertsystem. Nach einer geeigneten Interpretation im Unterricht kann ein solcher Karton aber ganz andere Assoziationen auslösen.

Wie bereits Winter (Winter, 2003, S. 26 ff.) feststellt, ist es allerdings im Mathematikunterricht ein verbreitetes Vorgehen, zuerst einen mathematischen Inhalt ohne Sachkontext einzuführen und ihn dann mit Hilfe eingekleideter Sachaufgaben zu üben. Dies würde die beiden genannten Aspekte der Motivation und der Veranschaulichung nicht ganz treffen. Die Motivation wäre dann eventuell nur für kurzfristige Übungsphasen zu erreichen und die Veranschaulichung beim Lernen eines neuen mathematischen Inhalts würde nicht stattfinden können. In solchen Fällen könnten Sachaufgaben nur sehr eingeschränkt in der Funktion des Lernprinzips gesehen werden.

Sieht man dagegen die Beschäftigung mit der *Umwelt* selbst als *Lernziel*, ist dies die allgemeinste Funktion des Sachrechnens. Hier steht dann die *Sache* und nicht das *Rechnen* im Mittelpunkt der Lernprozesse. Im Vordergrund steht zunächst nicht, die Mathematik zu vermitteln, sondern die Umwelt – möglichst auch unter Einbeziehung mathematischer Mittel und Methoden – zu verstehen und zu erklären (Winter, 2003, S. 31 ff.). Winter spricht hier von Sachrechnen im eigentlichen Sinn. Damit ist das Sachrechnen aus sich heraus fächerübergreifend und in der Folge für Lehrerinnen und Lehrer sehr anspruchsvoll (Winter, 1980, S. 83).

Das Ziel des Sachrechnens ist unter diesem Aspekt die Befähigung zur Wahrnehmung und zum Verstehen von Erscheinungen unserer Welt. Damit wird Sachrechnen auch zur Sachkunde. Zentral ist hier der Aufbau mathematischer Modelle. Für das Modellieren, also für die Umwelterschließung, ist der Projektunterricht eine empfehlenswerte Unterrichtsform.

Im Aufgabenbeispiel Kopierer (s. Abb. 1.8) könnte man die Funktion des Sachrechnens als Lernziel dann als erreicht ansehen, wenn die Schülerinnen und Schüler mit mathematischen Methoden tatsächlich bestimmen würden, welcher Kopierer angeschafft werden sollte, und dies dann auch für die Schule eine relevante Information ist. Dann würden im Unterricht nicht sofort lineare Funktionen eingeführt und an anderen Beispielen betrachtet, sondern es würde das Problem des Kopierers mit allen Aspekten ausführlich bearbeitet. Dazu müssten gegebenenfalls auch weitere Informationen eingeholt und andere mathematische Werkzeuge verwendet werden.

Das Ziel des Sachrechnens unter diesem Aspekt ist die Befähigung zur Wahrnehmung und zum Verstehen von Erscheinungen unserer Welt. Damit wird Sachrechnen auch zur Sachkunde. Zentral ist hier der Aufbau mathematischer Modelle (s. Kapitel 3).

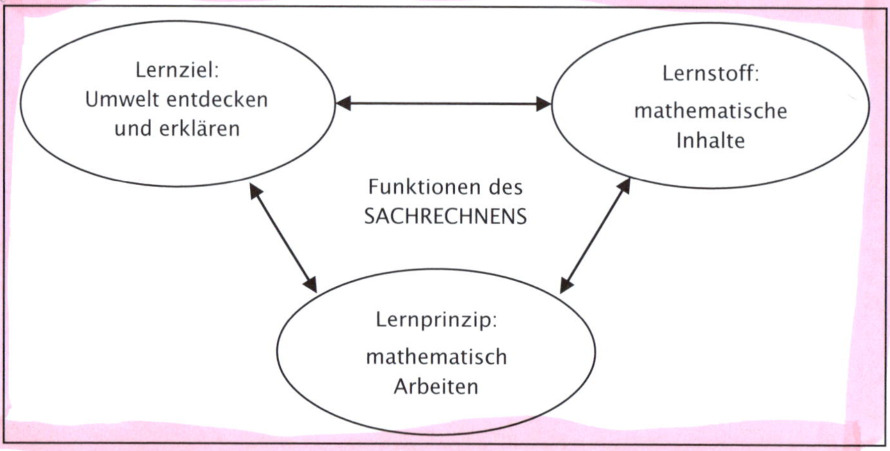

Abb. 1.9 Funktionen des Sachrechnens

1.4 Ziele des Sachrechnens

Die Ziele des Sachrechnens orientieren sich an den Funktionen des Sachrechnens. Die Funktion des Sachrechnens als Lernstoff führt zu inhaltsorientierten Zielen des Sachrechnens, während das Sachrechnen als Lernprinzip zu prozessorientierten Zielen führt.

Sachrechnen als Lernziel (Erschließung der Umwelt) lässt sich in zwei Bereiche unterteilen. Der erste Bereich ist der Prozess des Entdeckens, der im Folgenden im Bereich der prozessorientierten Ziele beschrieben ist, und der andere Bereich ist die Kenntnis der Umwelt, die als inhaltorientiertes Ziel beschrieben werden kann. Zusätzlich hat Sachrechnen noch allgemeine Ziele, die durch die Funktionen des Sachrechnens nicht direkt abgedeckt sind.

1.4.1 Inhaltsorientierte Ziele

Die inhaltsorientierten Ziele des Sachrechnens lassen sich für zwei Bereiche des Sachrechnens beschreiben. So sind zum einen das Erlernen von mathematischen Begriffen und Strukturen (Strehl, 1979, S. 26) und zum anderen die Kenntnis der Umwelt inhaltsorientierte Ziele des Sachrechens. Hier haben die klassischen Inhalte des Sachrechnens, wie Größen und Zinsrechnung, eine besondere Bedeutung. Sie tragen dazu bei, die inhaltsorientierten Ziele beider Kategorien zu erfüllen. Zum einen sind beispielsweise Größen mathematische Objekte mit verallgemeinerbaren Strukturen (z. B. Größenbereich), und zum anderen fordert die Arbeit mit Größen auch eine Beschäftigung mit der Umwelt heraus. Für die Arbeit mit Größen im Mathematikunterricht ist der Aufbau von Vorstellungen über Größen ein zentraler Punkt. So können Schülerinnen und Schüler nur dann Ergebnisse von Aufgaben auf Plausibilität überprüfen, wenn sie für bestimmte wichtige Einheiten sogenannte Stützpunktvorstellungen besitzen. Solche Stützpunktvorstellungen für das Volumen können etwa für 1 Liter eine Milchpackung, für 10 Liter ein Putzeimer und für 100 Liter eine halb gefüllte Badewanne sein.

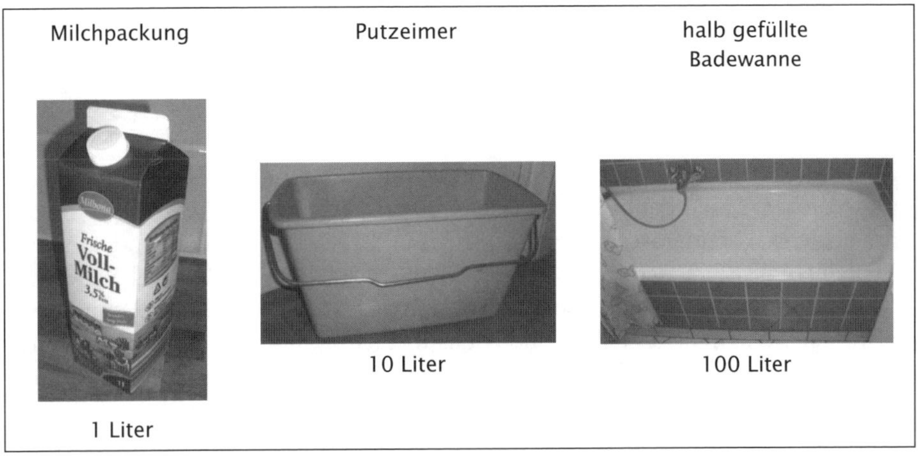

Abb. 1.10 Stützpunktvorstellungen für Volumina

1.4.2 Prozessorientierte Ziele

Für das Sachrechens werden häufig Ziele genannt, bei denen nicht das Ergebnis, wie die Kenntnis mathematischer Inhalte, im Vordergrund stehen, sondern der Weg zu diesen Zielen. Wichtig sind also Prozesse wie Diskussionen und Analysen der Umwelt mit mathematischen Mitteln (Spiegel & Selter, 2006, S. 74). Wir können hier noch zwei Bereiche unterscheiden. Zum einen gibt es prozessorientierte Ziele, die spezifisch für den Sachrechenunterricht sind, und zum zweiten gibt es prozessorientierte Ziele, die im Sachrechenunterreicht eine wichtige Rolle spielen, aber für den Mathematikunterricht insgesamt von Bedeutung sind.

Ein zentrales Ziel des Sachrechenunterrichts ist das Erreichen von Modellierungskompetenz, also der Fähigkeit, Probleme aus der Realität geeignet in die Mathematik zu übertragen, zu bearbeiten und zu lösen. Besonders der Schritt des Mathematisierens, also das Finden bzw. Erkennen eines geeigneten mathematischen Modells, ist als ein wichtiges Ziel des Sachrechnens zu nennen (Fricke, 1987, S. 11–20). Modellierungskompetenz hat zwar auch inhaltliche Aspekte, wie Metawissen über Modellierungsprozesse und die Kenntnis unterschiedlicher mathematischer Modelle. Dazu gehören etwa die Kenntnis konkreter Modellierungskreisläufe und das Wissen über unterschiedliche mathematische Modelle, wie z. B. die proportionalen Zuordnungen. Im Vordergrund beim Modellieren steht aber das Potenzial, ein Modellierungsproblem lösen zu können, also ein prozessorientiertes Ziel. Etwas abgeschwächt kann dieses Ziel auch als das Anwenden von Mathematik beschrieben werden (Maier & Schubert, 1978, S. 14).

Im Zusammenhang mit Modellierungstätigkeiten können Schülerinnen und Schüler auch die Anwendbarkeit von Mathematik sowie deren Grenzen erfahren (Fricke, 1987, S. 11–20). Dies ist ebenfalls ein wichtiges Ziel des Sachrechenunterrichts.

Ein weiteres zentrales Ziel des Sachrechenunterrichts ist die Fähigkeit, Probleme zu lösen. Dazu gehören auch das von Fricke beschriebene kreative sowie das analytisch-synthetische Denken (Fricke, 1987, S. 11–20). Während aber die Modellierungskompetenz ein Ziel ist, welches auf Grund des Realitätsbezugs typischerweise zum Sachrechnen zählt, ist dies bei der Problemlösekompetenz nicht der Fall. In vielen Fällen sind Sachaufgaben zwar als Problem anzusehen, für dessen Lösung also auch Problemlösekompetenz erforderlich ist; es gibt aber auch viele innermathematische Probleme, deren Lösung nicht in den Bereich des Sachrechnens fällt. Dazu zählen beispielsweise mathematische Beweise. So ist die Problemlösekompetenz ein prozessbezogenes Ziel, welches nicht ausschließlich dem Sachrechnen zuzuschreiben ist, sondern für den Mathematikunterricht insgesamt von Bedeutung ist (Strehl, 1979, S. 26).

Weitere prozessorientierte Ziele, die im Sachrechnen erreicht werden können, aber für den Mathematikunterricht insgesamt und auch darüber hinaus von Bedeutung sind, sind das Begründen und Argumentieren, das Reflektieren (Radatz & Schipper, 1983, S. 20 f.) und der Einsatz geeigneter Werkzeuge wie Messgeräte und Computer.

1.4.3 Allgemeine Ziele

In diesem Abschnitt werden Ziele zusammengefasst, die nicht spezifisch für Inhalte und Prozesse des Sachrechenunterrichts sind, sondern darüber hinausgehen. Diese Ziele können teilweise auch im Rahmen von anderen Fächern erreicht werden.

Sachrechnen kann – ebenso wie andere Bereiche des Mathematikunterrichts – die Motivation steigern. Im Rahmen des Sachrechnens als Lernprinzip können Sachprobleme zu Beginn eines Lernprozesses dieses Ziel besonders gut erfüllen (Maier & Schubert, 1978, S. 14).

Sachrechnen kann durch seinen Bezug zur Umwelt besonders gut auch zu allgemeinen Zielen des Mathematikunterrichts beitragen. Durch die im Sachrechnen erlebten Alltagsprobleme, die mathematisch bearbeitet werden können, wird der Sinn des Faches Mathematik für die Schülerinnen und Schüler sehr gut deutlich. Außerdem kann durch Anwendungen besser auf Ausbildung, Beruf, Studium und Alltag vorbereitet werden (Westermann, 2003, S. 148).

Der Realitätsbezug von Sachrechenproblemen legt es nahe, sich intensiver mit den zugehörigen Wissenschaften zu beschäftigen. Daher ist gerade das Sachrechnen ein guter Anknüpfungspunkt für Zusammenarbeit mit anderen Fächern aber auch mit der Mathematik selbst. So ist das Durchführen fächerübergreifender Projekte ebenfalls ein Ziel des Sachrechnens (Jahner, 1985, S. 25 ff.).

Die Schülerinnen und Schüler beschäftigen sich im Rahmen des Sachrechnens auch mit Problemen aus der Gesellschaft. Mathematik hat so auch allgemeinbildenden Charakter (Westermann, 2003, S. 148). Falls dies im Unterricht geschieht, so ist durch die realen Anwendungen des Sachrechnens zumindest eine spätere Beschäftigung mit politischen, gesellschaftlichen oder ökonomischen Problemen vorbereitet (Maier & Schubert, 1978, S. 15). Beispielsweise ist die Diskussion von Steuermodellen ein möglicher gesellschaftsrelevanter Inhalt des Sachrechnens. Durch die Diskussion gesellschaftlicher und politischer Probleme können Schülerinnen und Schüler schließlich kompetent Verantwortung in der Gesellschaft übernehmen.

1.5 Sachrechnen in den Bildungsstandards

Ausgehend von den Lehrplänen und Bildungsstandards für die Primarstufe wird im Folgenden beschrieben, welchen Beitrag das Sachrechnen für den Kompetenzerwerb in der Sekundarstufe leisten kann.

Sachrechnen gehört neben Arithmetik und Geometrie zu den traditionellen Inhalten des Mathematikunterrichts der Grundschule. Die Bildungsstandards im Fach Mathematik für den Primarbereich aus dem Jahr 2004 (KMK, 2005, S. 8) und beispielsweise der Lehrplan in Nordrhein-Westfalen für die Grundschule (Ministerium für Schule NRW, 2008) stellen nicht mehr Sachgebiete, sondern allgemeine und inhaltsbezogene mathematische Kompetenzen in den Mittelpunkt des Mathematikunterrichts. Im Rahmen dieser allgemeinen, mathematischen Kompetenzen wird für die Grundschule auch das Modellieren aufgeführt. Die Bildungsstandards beschreiben in diesem Zusammenhang das Arbeiten mit Sachtexten und Darstellungen der Lebenswirklichkeit, das Übersetzen in die Sprache der Mathematik sowie das Übertragen mathematischer Lösungen auf die Ausgangssituation als zentrale Bausteine dieser Kompetenz. Diese Fähigkeiten gehören auch zum klassischen Sachrechnen. Zusätzlich wird in den

Lehrplänen für die Grundschule in Nordrhein-Westfalen explizit auf die Inhalte *Größen und Messen* hingewiesen. Dort werden Größenvorstellungen und Sachsituationen explizit genannt (Ministerium für Schule NRW, 2008, S. 58).

Der Begriff Sachaufgaben wird häufig in den Bildungsstandards für die Primarstufe verwendet, taucht allerdings nicht mehr in den Bildungsstandards für den Hauptschulabschluss (KMK, 2005) bzw. den Mittleren Schulabschluss (KMK, 2004) auf. Daher stellt sich die Frage, welche Rolle Sachrechnen in den Bildungsstandards der Sekundarstufe I spielt.

In der Sekundarstufe wird – ebenso wie in den Bildungsstandards für die Grundschule – die Kompetenz des mathematischen Modellierens beschrieben. Zusätzlich werden, im Rahmen der detaillierten Erläuterung der Leitideen, in den Bildungsstandards für die Sekundarstufe I relevante Tätigkeiten für das Sachrechnen beschrieben. Für den Hauptschulabschluss sind das folgende Teilkompetenzen:

Die Schülerinnen und Schüler…

- runden Zahlen dem Sachverhalt entsprechend sinnvoll;
- verwenden Prozent- und Zinsrechnung sachgerecht;
- prüfen und interpretieren Ergebnisse in Sachsituationen;
- nehmen in ihrer Umwelt gezielt Messungen vor oder entnehmen Maßangaben aus Quellenmaterial, führen damit Berechnungen durch und bewerten die Ergebnisse sowie den gewählten Weg in Bezug auf die Sachsituation;
- unterscheiden proportionale und antiproportionale Zuordnungen in Sachzusammenhängen und stellen damit Berechnungen an;

Zusätzlich werden für den mittleren Bildungsabschluss noch folgende Teilkompetenzen genannt:

Die Schülerinnen und Schüler…

- prüfen und interpretieren Ergebnisse in Sachsituationen unter Einbeziehung einer kritischen Einschätzung des gewählten Modells und seiner Bearbeitung;
- beschreiben und begründen Eigenschaften und Beziehungen geometrischer Objekte (wie Symmetrie, Kongruenz, Ähnlichkeit, Lagebeziehungen) und nutzen diese im Rahmen des Problemlösens zur Analyse von Sachzusammenhängen;
- geben zu vorgegebenen Funktionen Sachsituationen an, die mit Hilfe dieser Funktion beschrieben werden können.

Die Darstellung dieser Teilkompetenzen aus den Bildungsstandards zeigt, dass das Sachrechnen im weiteren Sinn auch im Rahmen der aktuellen Bildungsstandards einen großen Raum einnimmt. Hier ist zu bemerken, dass für den Bereich des Mittleren Bildungsabschlusses die für die Hauptschule beschriebenen Prozesse noch ergänzt werden. Sachrechen-Anteile in den Bildungsstandards lassen sich also nicht auf die Hauptschule beschränken, wie man es aus der Geschichte des Sachrechnens vermuten könnte, sondern sie werden für die übrigen Schulformen sogar noch erweitert. Außerdem lassen sich nicht alle beschriebenen Teilkompetenzen unter der Kompetenz Modellieren zusammenfassen, sodass auch die weiter reichende Definition des Sachrechnens im Hinblick auf die Bildungsstandards durchaus sinnvoll ist.

1.6 Aufgaben zur Wiederholung und Vertiefung

Der Begriff Sachrechnen

1. Schreiben Sie einen kurzen Aufsatz über die Beziehung von reiner Mathematik und angewandter Mathematik.
2. Definieren Sie für sich Sachrechnen, und begründen Sie ihren Standpunkt.
3. Suchen Sie aus Schulbüchern drei Sachaufgaben heraus, und begründen Sie, warum es sich jeweils tatsächlich um eine Sachaufgabe handelt.
4. Erläutern Sie mit Hilfe von Beispielen, unter welchen Bedingungen Stochastik-Aufgaben auch Sachaufgaben sind.

Ziele des Sachrechnens

1. Sachaufgaben können in einem Lernprozess verschiedene Ziele verfolgen. Erstellen Sie Sachaufgaben, die jeweils ein Ziel des Sachrechnens besonders unterstützen. Begründen Sie Ihre Auswahl.
2. Gibt es einen Zusammenhang zwischen den Zielen und den Funktionen von Sachaufgaben für den Mathematikunterricht? Begründen Sie Ihre Antwort mit Hilfe selbst erstellter Beispiele.

Die Funktionen des Sachrechnens

Betrachten Sie die folgende Aufgabenstellung (s. Abb. 1.11) zur Frage, wie viel Sand in einen Container passt (Greefrath, 2007). Den Schülerinnen und Schülern soll dazu eine der drei dargestellten Abbildungen des Containers zur Verfügung gestellt werden.

1. Erläutern Sie, wie sich die Auswahl des Bildes auf die Funktion des Sachrechnens, die mit der Aufgabe gefördert wird, auswirken kann.

2. Analysieren Sie, welche innermathematischen Fertigkeiten die Schülerinnen und Schüler besitzen müssen, um diese Aufgabe mit Hilfe des ersten bzw. dritten Bildes bearbeiten und lösen zu können.
3. Analysieren Sie, welche außermathematischen Fähigkeiten die Schülerinnen und Schüler besitzen müssen, um diese Aufgabe mit Hilfe des ersten bzw. dritten Bildes bearbeiten und lösen zu können.

Der Container soll bis zur Ladekante gefüllt werden. Wie viel Sand passt in den Container?

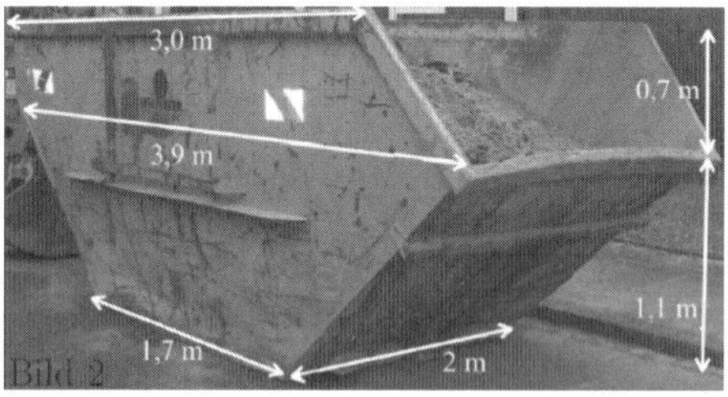

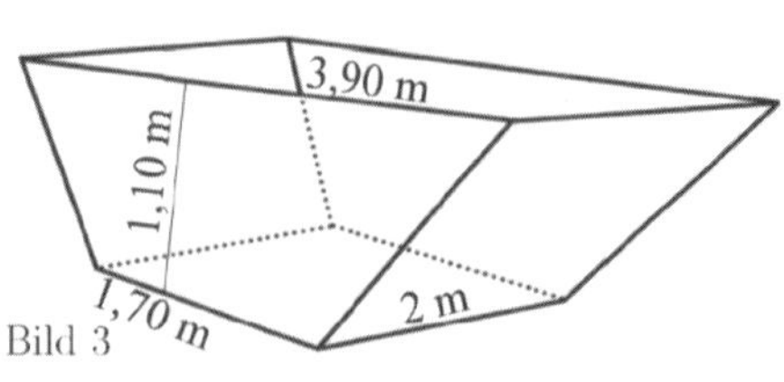

Abb. 1.11 Aufgabenbeispiel Container

2 Entwicklung des Sachrechnens

Die Verwendung von Sachaufgaben zum Erlernen von Mathematik hat eine lange Geschichte. Wir wollen hier keinen vollständigen Blick auf die Geschichte von Anwendungen im Mathematikunterricht geben, sondern lediglich an einigen Beispielen die wechselvolle Geschichte des Sachrechnens aufzeigen. Durch die Erfindung des Buchdrucks im 15. Jahrhundert wurde es möglich, Bücher zum Erlernen von Mathematik schnell zu verbreiten. Wir wollen daher in dieser Zeit mit einem Blick auf das Sachrechen beginnen.

2.1 Historisches Sachrechnen

Der Ausspruch „nach Adam Ries(e)" ist auch heute noch geläufig. Auf Grund des Bekanntheitsgrades beginnen wir mit einem Blick auf das Werk von Adam Ries.

2.1.1 Adam Ries (1492–1559)

Man findet bereits in Rechenbüchern von Adam Ries (1492–1559) viele Beispiele für Sachaufgaben. Die Bücher von Adam Ries sind in deutscher Sprache verfasst und wurden auch aus diesem Grund bis ins 18. Jahrhundert für den Mathematikunterricht verwendet.

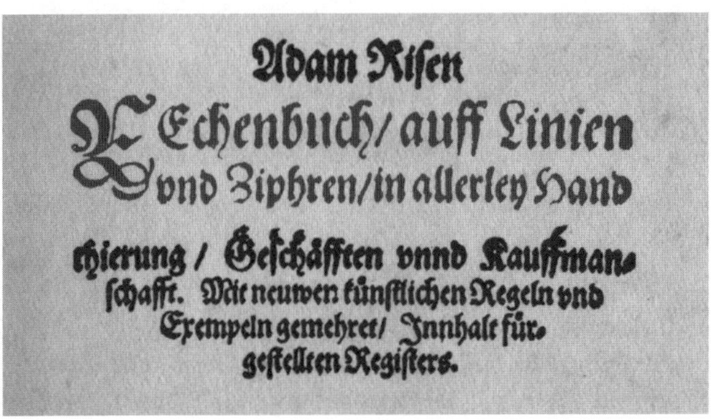
Adam Risen
Rechenbuch/ auff Linien
Vnd Ziphren/ in allerley Hand
thierung / Geschäfften vnnd Kauffman-
schafft. Mit neuwen künstlichen Regeln vnd
Exempeln gemehret/ Innhalt für-
gestellten Registers.

Abb. 2.1 Titel eines Rechenbuches von Adam Ries (Ries, 1522)

Silber und Goldt Rechnung

Zur ersten hab achtung auffs gewicht unnd wisse daß ein marck helt 16 loth ein Loth 4 quinten ein quinten 4 pfenning gewicht und ein pfenning gewicht 2 heller gewicht. Aber in goldt mach 24 karat ein marck. 4 gran ein karat und 3 grän einen gran.

Item 384 marck 13 loth 3 quenten fein silber kost ein margk 8 floren facit 3078 floren 17 Schilling 6 Heller machs also sprich: ein mark für 8 floren wie komen 384 margk 13 lot 3 quenten mach quenten stehen.

64 8 24631

Abb. 2.2 Textausschnitt von Adam Ries (Ries, 1522)

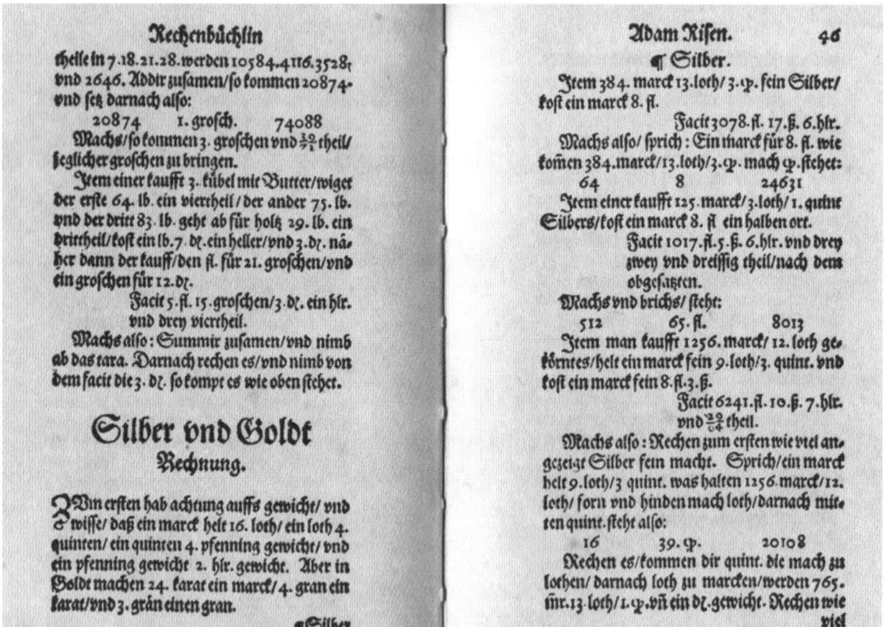
Rechenbüchlin

theile in 7.18.21.28.werden 10584.4116.3528.
vnd 2646. Addir zusamen/so kommen 20874.
vnd setz darnach also:
20874 1. grosch. 74088
Machs/so kommen 3. groschen vnd $\frac{39}{71}$ theil/
jeglicher groschen zu bringen.
Item einer kaufft 3. kübel mit Butter/wiget
der erste 64. lb. ein viertheil/der ander 75. lb.
vnd der dritt 83. lb. gehet ab für holtz 29. lb. ein
drittheil/kost ein lb. 7. dz. ein heller/vnd 3. dz. nä-
her dann der kauff/den fl. für 21. groschen/vnd
ein groschen für 12. dz.
Facit 5. fl. 15. groschen/3. dz. ein hlr.
vnd drey viertheil.
Machs also: Summir zusamen/vnd nimb
ab das tara. Darnach rechen es/vnd nimb von
dem facit die 3. dz. so kompt es wie oben stehet.

Silber vnd Goldt
Rechnung.

ZVm ersten hab achtung auffs gewicht/ vnd
wisse/ daß ein marck helt 16. loth/ ein loth 4.
quinten/ ein quinten 4. pfenning gewicht/ vnd
ein pfenning gewicht 2. hlr. gewicht. Aber in
Goldt machen 24. karat ein marck/ 4. gran ein
karat/vnd 3. grän einen gran.
Silber

Adam Risen. 46

Silber.

Item 384. marck 13. loth/ 3. q. fein Silber/
kost ein marck 8. fl.
Facit 3078. fl. 17. ß. 6. hlr.
Machs also/ sprich: Ein marck für 8. fl. wie
komen 384. marck/13. loth/3. q. mach q. stehet:
64 8 24631
Item einer kaufft 125. marck/3. loth/1. quint
Silbers/kost ein marck 8. fl ein halben ort.
Facit 1017. fl. 5. ß. 6. hlr. vnd drey
zwey vnd dreissig theil/nach dem
obgesatzten.
Machs vnd brichs/ steht:
512 65. fl. 8013
Item man kaufft 1256. marck/ 12. loth ge-
körntes/helt ein marck fein 9. loth/3. quint. vnd
kost ein marck fein 8. fl. 3. ß.
Facit 6241. fl. 10. ß. 7. hlr.
vnd $\frac{29}{64}$ theil.
Machs also: Rechen zum ersten wie viel an-
gezeigt Silber fein macht. Sprich/ein marck
helt 9. loth/3 quint. was halten 1256. marck/12.
loth/ forn vnd hinden mach loth/darnach mit-
ten quint. steht also:
16 39. q. 20108
Rechen es/kommen dir quint. die mach zu
lothen/ darnach loth zu marcken/werden 765.
mr. 13. loth/1. q. vnd ein dz. gewicht. Rechen wie
viel

Abb. 2.3 Ausschnitt aus einem Rechenbuch von Adam Ries (Ries, 1522)

Einen großen Teil des abgebildeten Buches nimmt eine Aufgabensammlung ein, in der viele relevante Bereiche des täglichen Lebens wie Preisberechnungen, Warentransport, Geldwechsel, Warentausch, Prozentrechnung, Zins- und Zinseszinsrechnung und Münzschlag behandelt werden. Dabei spielt die Methode des Dreisatzes (regula de tribus), dem insgesamt 190 Sachaufgaben gewidmet sind, eine zentrale Rolle (Ries, 1522).

Das abgebildete Buch von Adam Ries war in erster Linie für Lehrlinge kaufmännischer und handwerklicher Berufe verfasst. Das erklärt auch die Auswahl der Inhalte. Das Rechnen mit Größen war zu dieser Zeit bereits ein Schwerpunkt von Sachaufgaben.

2.1.2 Johann Heinrich Pestalozzi (1746–1827)

Pestalozzis Arbeit galt der Neu- und Umgestaltung des Volksschulunterrichts. Er arbeitete an einem neuen Konzept für einen auf pädagogischen Prinzipien beruhenden Rechenunterricht. Dabei betrachtet er als wichtigstes Ziel, auf das alle Prinzipien hinarbeiten, die formale Bildung. So sieht Pestalozzi vor, den Schülerinnen und Schülern klare Begriffe und Einsichten zu vermitteln. Die Aufgabe des Rechenunterrichts bestehe darin, den Verstand aller Menschen zu entwickeln und zu schulen. Deshalb musste das praktische Rechnen hinter dem Denkrechnen zurückstehen. Pestalozzi wurde daher auch vorgeworfen, die formale Bildung überzubetonen und das Sachrechnen völlig zu vernachlässigen (Radatz & Schipper, 1983, S. 29).

2.1.3 Sachrechnen im 19. Jahrhundert

Im 19. Jahrhundert wurden kontrovers die *formale Bildung* und die entsprechende Gegenbewegung, die man als *materielle Bildung* bezeichnen kann, gegeneinander gestellt (Winter, 1981, S. 666).

Nach der Revolution von 1848/49 wurden die von Pestalozzi ausgegangenen, neuhumanistischen Bildungsreformen im Bereich der Volksschule gestoppt. Durch die strikte Trennung der Schularten wurde die Weiterentwicklung des Faches Rechnen in der Volksschule völlig getrennt vom Gymnasialbereich vollzogen.

Es gab Initiativen, den Rechenunterricht der Volksschule „möglichst eng an den Sachunterricht anzuschließen". Dabei wird hier auf das von Goltzsch und Theel verfasste Buch *Der Rechenunterricht in der Volksschule* aus dem Jahr 1859 Bezug genommen. In diesem Buch wird darauf Wert gelegt, die Schülerinnen und Schüler auf das Leben praktisch vorzubereiten. „Die Kinder sollen durch denselben [Rechenunterricht] Kenntnis von den später an sie herantretenden Lebensverhältnissen und der Art und Weise, wie die Zahlen und Zahlverhältnisse auf beide anzuwenden sind, erhalten" (Hartmann, 1913, S. 104).

Der Konflikt über den Wert von Anwendungen in der Mathematik und damit auch von Sachaufgaben spiegelt sich in den am gleichen Tag in Berlin aufgestellten Doktorthesen des späteren Professors für angewandte Mathematik in

Göttingen, Carl Runge, und des späteren Ordinarius für Mathematik in Zürich, Ferdinand Rudio, wider (s. Abb. 2.4).

Der Werth einer mathematischen Disciplin ist nach ihrer Anwendbarkeit auf empirische Wissenschaften zu schätzen.

C. Runge.
Doctorthese Berlin 23. VI. 1880.

Der Werth einer mathematischen Disciplin kann nicht nach ihrer Anwendbarkeit auf empirische Wissenschaften bemessen werden.

F. Rudio.
Doctorthese Berlin 23. VI. 1880.

Abb. 2.4 Doktorthesen von Runge und Rudio (Ahrens, 2002, S. 188)

Nach der Einführung der Basisgrößen Meter, Kilogramm und Sekunde auf der ersten Generalkonferenz für Maß und Gewicht (CGPM) im Jahr 1889 mussten die damals neuen Maße und Gewichte zunächst bekannt gemacht werden.

I. Gewichte.

1 Kilogramm (oder zu deutsch übersetzt 1000 Gramm) ist = 2 Pfund,
$^1/_2$ Kilogramm oder 500 Gramm sind also = 1 Pfund (oder = 30 alte Loth oder 50 Nlth.)
250 Gramm sind = $^1/_2$ Pfund (oder = 15 altes Loth = 25 Nlth.)
125 Gramm sind = $^1/_4$ Pfund (oder = $7^1/_2$ altes Loth = $12^1/_2$ Nlth.)
50 Gramm sind = $^1/_{10}$ Pfund (oder = 3 altes Loth = 5 Nlth.)
25 Gramm sind = $1^1/_2$ alte Loth = $2^1/_2$ Nlth.
10 Gramm sind = ein reichlich halb Loth.

Kilogramm wird abgekürzt durch Kilo; Gramm durch Gr.; Neuloth durch Nlth.

II. Maße (Hohlmaße).

An die Stelle der alten Quart-Maße ist das Liter getreten. Dieses ist nur um ein Achtel kleiner, als das alte Quart, also ist ein Liter gleich $^7/_8$ Quart.

Es kommen am meisten vor 1 Liter, $^1/_2$ Liter, $^1/_4$ Liter, $^1/_8$ Liter u. s. w., welche sämmtlich von den Behörden geaicht sein müssen. — Auch für die alte Scheffel- und Metzen-Bezeichnung ist das Liter getreten. Nur der Neuscheffel bleibt, ist aber um etwa $^1/_{10}$ kleiner, als der alte; er enthält 50 Liter. An Stelle der verschwundenen Metze tritt also das Liter; eine alte pr. Metze sind etwa $3^1/_4$ Liter. Das so beliebte 5 Litermaß enthält $1^1/_2$ alte Metzen.

Abb. 2.5 Kochbuch aus dem Jahr 1903 (Kurth & Petit, 1903)

Das ergibt Ende des 19. Jahrhunderts eine weitere Berechtigung für Sachaufgaben, da auf diese Weise die neuen Einheiten in den Mathematikunterricht Eingang finden können.

Das historische Sachrechnen bestand zu einem wesentlichen Teil aus der Vermittlung von und dem Umgang mit Größen im Mathematikunterricht. Dabei sind die Größen für Längen, Gewichte und Zeit sowie deren abgeleitete Einheiten für Flächen und Volumina von zentraler Bedeutung. Außerdem ist die Verwendung der jeweiligen Währung ein zentraler Bestandteil des Sachrechnens.

2.2 Sachrechnen im 20. Jahrhundert

Die noch im 19. Jahrhundert übliche Abgrenzung zwischen Volksschule und Gymnasium durch die Behandlung des lebensnahen Sachrechnens in der Volksschule und des abstrakten Mathematikunterrichts im Gymnasium wurde im Laufe des 20. Jahrhunderts aufgehoben.

Die folgenden Ausschnitte (s. Abb. 2.6 u. 2.7) aus einem Rechenbuch von Backhaus und Wiese für das 5. und 6. Schuljahr zeigen typische Aufgaben aus der Volksschule.

Zum Sachrechnen findet man außer Aufgaben zur Bruch- und Dezimalbruchrechnung explizit Aufgaben zu den *Bürgerlichen Rechnungsarten* wie Schlussrechnung, Durchschnittsrechnung und Hundertstelrechnung.

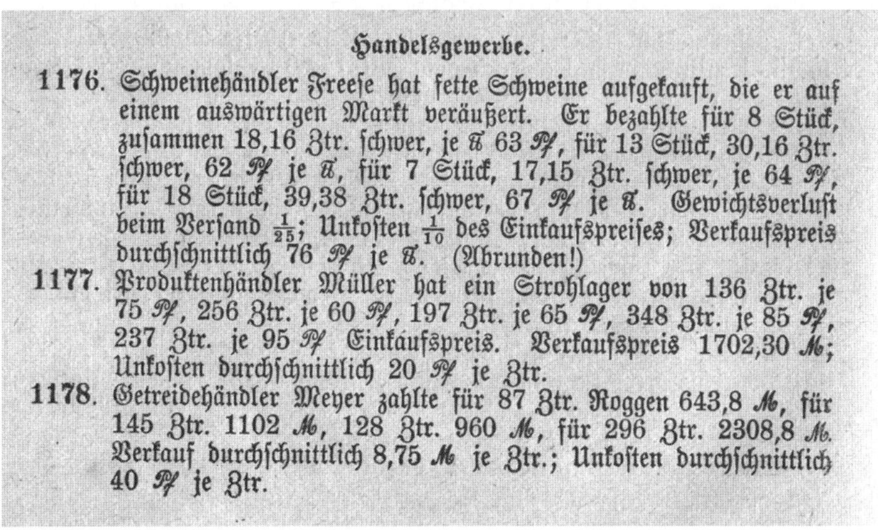

Handelsgewerbe.

1176. Schweinehändler Freese hat fette Schweine aufgekauft, die er auf einem auswärtigen Markt veräußert. Er bezahlte für 8 Stück, zusammen 18,16 Ztr. schwer, je ℔ 63 ₰, für 13 Stück, 30,16 Ztr. schwer, 62 ₰ je ℔, für 7 Stück, 17,15 Ztr. schwer, je 64 ₰, für 18 Stück, 39,38 Ztr. schwer, 67 ₰ je ℔. Gewichtsverlust beim Versand $\frac{1}{25}$; Unkosten $\frac{1}{10}$ des Einkaufspreises; Verkaufspreis durchschnittlich 76 ₰ je ℔. (Abrunden!)

1177. Produktenhändler Müller hat ein Strohlager von 136 Ztr. je 75 ₰, 256 Ztr. je 60 ₰, 197 Ztr. je 65 ₰, 348 Ztr. je 85 ₰, 237 Ztr. je 95 ₰ Einkaufspreis. Verkaufspreis 1702,30 ℳ; Unkosten durchschnittlich 20 ₰ je Ztr.

1178. Getreidehändler Meyer zahlte für 87 Ztr. Roggen 643,8 ℳ, für 145 Ztr. 1102 ℳ, 128 Ztr. 960 ℳ, für 296 Ztr. 2308,8 ℳ. Verkauf durchschnittlich 8,75 ℳ je Ztr.; Unkosten durchschnittlich 40 ₰ je Ztr.

Abb. 2.6 Rechenbuch aus dem Jahr 1925 (Backhaus, Wiese, & Nienaber, 1925, S. 94)

Einkäufe.

18. Kaufe ½ ℔ Kaffee, ¼ ℔ Tee, ⅛ kg Pfeffer!
19. Bringe ½ ℔ Knochen, ½ ℔ Rindfleisch, ¼ ℔ Schmalz, 2 ℔ Speck!
20. „Ihre Zahlung?" — „3 m Leinen, ½ Dtzd. Knöpfe, 6 m Spitze, ¼ m Serge, ⅛ kg Stickgarn."
21. Einkäufe nach der Preistafel.
 a) Gerhard: 3 Ztr. Kohlen, ½ hl Koks, 4 Ztr. Torf, ½ Ztr. Briketts;
 b) Luise: ½ ℔ Rotwurst, ¼ ℔ Leberwurst, ¼ ℔ Schinken;
 c) Georg: 2 ℔ Weißkohl, 1 ℔ Suppenkraut, ½ ℔ Erbsen;
 d) Erna: . . . .

Abb. 2.7 Rechenbuch aus dem Jahr 1925 (Backhaus, Wiese, & Nienaber, 1925, S. 5)

2.2.1 Johannes Kühnel (1869–1928)

Auch der Rechenunterricht wurde durch die reformpädagogische Bewegung beeinflusst. Stellvertretend wird hier Johannes Kühnel als Vertretet der reformpädagogischen Bewegung genannt. Im Jahr 1927 fordert Kühnel in seinem Buch *Lebensvoller Rechenunterricht* einen sachlicheren, fächerübergreifenden Mathematikunterricht. Dadurch sollte der Rechenunterricht praktischer und lebensnäher werden. Er hält die damals üblicherweise unterrichtete Mischungs- und Gesellschaftsrechnung im Schulunterricht des 20. Jahrhunderts für völlig lebensfremd. Im Rahmen der Gesellschaftsrechnung wurden beispielsweise Probleme der Verteilung von Geld nach vorgegebenen Verhältnissen bearbeitet. Ein typisches Problem der Mischungsrechnung wäre etwa, dass ein Händler eine bestimmte Menge 60%igen Alkohol liefern soll, aber nur 40%igen und 70%igen Alkohol vorrätig hat. Im Rahmen der Mischungsrechnung wird dann bestimmt, wie viel Liter von der jeweiligen Sorte zu verwenden sind.

„Ich muss zu meiner Schande gestehen, daß ich in meinem ganzen Leben noch keine Gesellschaftsrechnung nötig gehabt habe, außer im Unterricht. (...) Und Mischungsrechnung! Ich habe wirklich noch nicht ein einziges Mal Kaffee oder Spiritus oder Gold mischen oder eine solche Mischung berechnen müssen, und vielen hundert anderen Nichtpädagogen –, die ich darum gefragt habe, ist es gerade so ergangen." (Kühnel, S. 178)

Er kritisiert besonders Einkleidungsaufgaben und fordert Aufgaben, die die Schülerinnen und Schüler wirklich interessieren.

In dieser Zeit wurde die Bedeutung des Sachrechnens deutlich stärker im Lernprozess gesehen, beispielsweise zur Veranschaulichung und Motivationssteigerung, als für die Vorbereitung auf das Leben (Winter, 1981, S. 666).

2.2.2 Die Meraner Reform

Während die Arbeiten von Kühnel und anderen Reformpädagogen stärkeren Einfluss auf die Volksschulen hatten, gab es auch an den Gymnasien Initiativen zur Veränderung des Unterrichts. Durch die Meraner Reformbewegung Anfang des 20. Jahrhunderts wurde ein ausgewogeneres Verhältnis zwischen Formal- und Materialbildung angeregt. Insbesondere das Funktionale Denken wurde dabei in den Mittelpunkt gestellt. Das im Rahmen der Meraner Reform ebenfalls propagierte *utilitaristische Prinzip* sollte „die Fähigkeit zur mathematischen Behandlung der uns umgebenden Erscheinungswelt zur möglichsten Entwicklung bringen“ (Klein, 1907, S. 209). Durch die industrielle Revolution stieg der Bedarf an Naturwissenschaftlern und Technikern. So kann es in dieser Zeit zu einem Aufstieg der Angewandten Mathematik und damit zu einem verstärkten Einsatz von Sachproblemen. Dieser Trend lässt sich bis in die 1950er Jahre beobachten (Toepell, 2003).

2.2.3 Sachrechnen im Nationalsozialismus

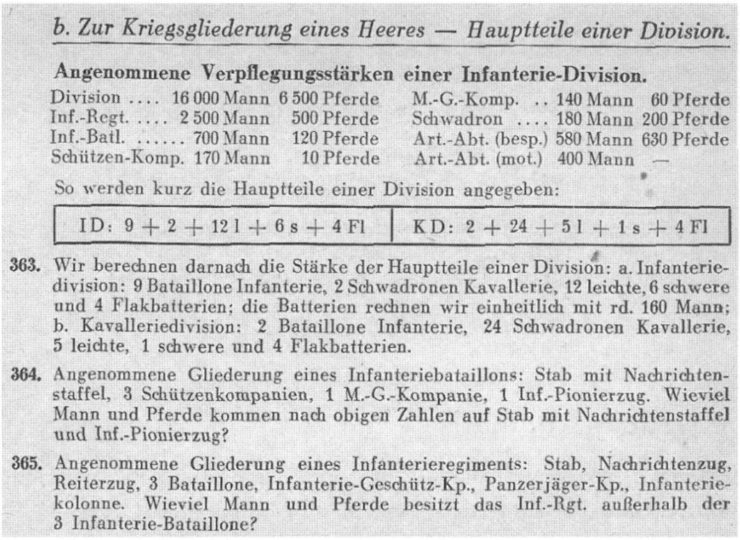
b. Zur Kriegsgliederung eines Heeres — Hauptteile einer Division.

Angenommene Verpflegungsstärken einer Infanterie-Division.

Division	16 000 Mann	6 500 Pferde	M.-G.-Komp. ..	140 Mann	60 Pferde
Inf.-Regt.	2 500 Mann	500 Pferde	Schwadron	180 Mann	200 Pferde
Inf.-Batl.	700 Mann	120 Pferde	Art.-Abt. (besp.)	580 Mann	630 Pferde
Schützen-Komp.	170 Mann	10 Pferde	Art.-Abt. (mot.)	400 Mann	—

So werden kurz die Hauptteile einer Division angegeben:

ID: 9 + 2 + 12 l + 6 s + 4 Fl	KD: 2 + 24 + 5 l + 1 s + 4 Fl

363. Wir berechnen darnach die Stärke der Hauptteile einer Division: a. Infanteriedivision: 9 Bataillone Infanterie, 2 Schwadronen Kavallerie, 12 leichte, 6 schwere und 4 Flakbatterien; die Batterien rechnen wir einheitlich mit rd. 160 Mann; b. Kavalleriedivision: 2 Bataillone Infanterie, 24 Schwadronen Kavallerie, 5 leichte, 1 schwere und 4 Flakbatterien.

364. Angenommene Gliederung eines Infanteriebataillons: Stab mit Nachrichtenstaffel, 3 Schützenkompanien, 1 M.-G.-Kompanie, 1 Inf.-Pionierzug. Wieviel Mann und Pferde kommen nach obigen Zahlen auf Stab mit Nachrichtenstaffel und Inf.-Pionierzug?

365. Angenommene Gliederung eines Infanterieregiments: Stab, Nachrichtenzug, Reiterzug, 3 Bataillone, Infanterie-Geschütz-Kp., Panzerjäger-Kp., Infanteriekolonne. Wieviel Mann und Pferde besitzt das Inf.-Rgt. außerhalb der 3 Infanterie-Bataillone?

Abb. 2.8 Sachaufgaben aus der Zeit des Nationalsozialismus (Stöffler, um 1942, S. 37)

Während der Zeit des Nationalsozialismus (1933–1945) kam dem Rechenunterricht im Vergleich zu anderen Fächern nur eine unbedeutende Rolle zu. Aus diesem Grund wurde keine nationalsozialistisch geprägte, eigenständige Mathematikdidaktik entwickelt.

Nur vereinzelt gehen Autoren explizit auf die nationalsozialistischen Erziehungsideen ein. Allerdings lässt sich gerade in Sachaufgaben der nationalsozialistische Einfluss deutlich erkennen. Das Sachrechnen in den höheren Klassen wird ergänzt mit Aufgaben, die sich mit dem Militär, nationalsozialistischer Ideologie etc. beschäftigen.

2.2.4 Sachrechnen in der Nachkriegszeit

In der Nachkriegszeit wurde im Schulwesen an die Ideen der Reformpädagogik nahtlos angeknüpft. Gerade in den 1950er Jahren und Anfang der 1960er Jahre fanden Kühnels Werke weiter großen Anklang und wurden vielfach verkauft.

381. Die Luft ist ein Gemisch von rund 79 % *Stickstoff*, 21 % Sauerstoff und 0,04 % Kohlensäure. Beim gewöhnlichen Atmen mit 18 Atemzügen in der Minute wird durch einen Atemzug $\frac{1}{2}$ l Luft eingeatmet. Wieviel l Luft nimmt der Mensch a) in der Minute, b) Stunde, c) im Tag in die Lunge auf? d) Wieviel l Sauerstoff ist dies jedesmal?

382. Ein l Sauerstoff wiegt 1,429 g. Berechne das Gewicht des in a) einer Stunde, b) einem Tag eingeatmeten Sauerstoffs!

Krankheiten

383. Von der gesamten Bevölkerung sind jederzeit durchschnittlich 5 % krank. Wieviel Menschen sind in Karlsruhe mit 189 850 Einwohnern stets krank?
Bilde selbst ähnliche Aufgaben!

384. Von der Gesamtbevölkerung erkranken im Laufe eines Jahres etwa 35 % aller Einwohner. Berechne die Krankenziffer a) für Mannheim mit 283 800 Einwohnern, b) für Mainz mit 158 971 Einwohnern, c) für Koblenz mit 91 908 Einwohnern, d) Stuttgart mit 459 523 Einwohnern, e) Trier mit 80 354 Einwohnern, f) Pirmasens mit 51 578 Einwohnern, g) Heilbronn mit 56 800 Einwohnern!

Abb. 2.9 Sachaufgaben aus der Nachkriegszeit (Straub, 1949, S. 55)

2.2.5 Die Neue Mathematik

Mit *Neuer Mathematik* bezeichnet man die Reform des Mathematikunterrichts während der 1960er und 1970er Jahre. Dabei sollte Mathematik stärker als Beschäftigung mit abstrakten Strukturen gelehrt werden. Das Sachrechnen ist durch diese Reform erstaunlicherweise nicht völlig verdrängt worden, sondern wurde auf unterschiedliche Weisen sogar positiv beeinflusst. Erstens wurde der mathematische Kern des Sachrechnens deutlicher herausgearbeitet, wie z. B. proportionale und antiproportionale Funktionen, zweitens wurde das inhaltliche Repertoire des Sachrechnens ausgeweitet, z. B. durch die Einführung der Wahrscheinlichkeitsrechnung in die Schulmathematik, und drittens wurden die Methoden des Sachrechnens, z. B. durch Diskussion von Veranschaulichungen mit Hilfe von Diagrammen (vgl. 2.2.6), ausgeweitet (Winter, 1981, S. 667–668).

2.2.6 Systematisches Sachrechnen

Breidenbach hat die inhaltliche Struktur von Sachaufgaben in den Vordergrund gestellt und damit in den 60er und 70er Jahren des 20. Jahrhunderts das Simplex-Komplex-Verfahren etabliert. Für ihn ist die vertiefte Betrachtung des Unterrichtsgegenstandes zentral. Im Prinzip handelt es sich dabei um einen Rückgriff auf die Zeit vor der Reformpädagogik (Radatz & Schipper, 1983, S. 45). Er unterscheidet Schwierigkeitsgrade von Sachaufgaben durch ihre strukturelle Komplexität und regt an, diese entsprechend zu ordnen. Breidenbach beschreibt als strukturell einfachste Form von Sachaufgaben die Simplexaufgabe.

Begriff Simplexaufgabe

Es sind genau zwei Größen gegeben. Die gesuchte Größe lässt sich daraus eindeutig berechnen (Fricke, 1987, S. 28).

Eine *Komplexaufgabe* dagegen besteht aus mehreren zusammenhängenden Simplexen (Breidenbach, 1969). Wir betrachten als Beispiel eine einfache Komplexaufgabe, die aus zwei Simplexen besteht (Fricke, 1987).

Beispiel Komplexaufgabe

In einer Klasse sind 13 Mädchen und 19 Jungen. Immer zwei Kinder sitzen an einem Tisch. Wie viele Tische muss der Hausmeister in die Klasse stellen?

Die Struktur dieser Komplexaufgabe kann mit Hilfe eines Diagramms veranschaulicht werden (s. Abb. 2.10).

Zu dieser gegebenen Struktur gibt es viele andere Sachaufgaben. Ebenso hat die folgende Aufgabe ein identisches Strukturdiagramm.

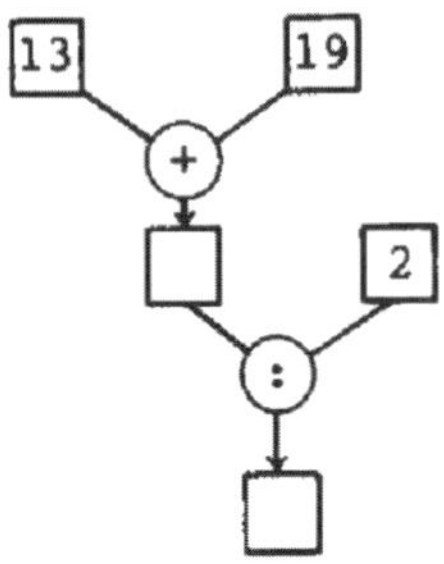

Abb. 2.10 Struktur einer einfachen Komplexaufgabe (Fricke, 1987, S. 30)

Rasmus und Linus zählen ihre Spielzeugautos. Linus hat 13 Autos, Rasmus 19. Sie wollen ihre Autos gerecht aufteilen. Wie viele Autos bekommt jeder?

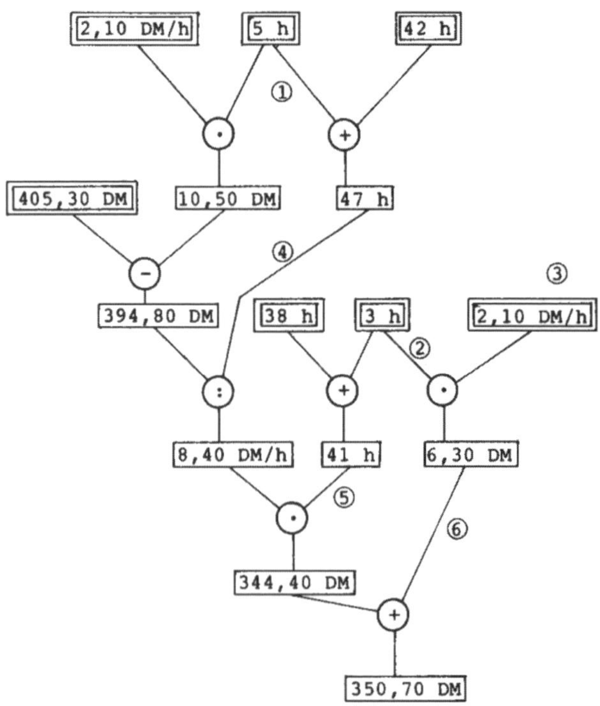

Abb. 2.11 Struktur einer komplexen Sachaufgabe (Fricke, 1987, S. 32)

Dieses Vorgehen, die Struktur von Sachaufgaben unabhängig von ihrem Kontext zu erfassen und die Struktur als Hilfsmittel für Schülerinnen und Schüler zu verwenden, erscheint zunächst plausibel. Um die möglichen Probleme eines solchen Vorgehens zu verdeutlichen, wird hier ein weiteres Beispiel vorgestellt.

> Schreinergeselle Michaelis hatte in der letzten Woche bei 42 Stunden und 5 Überstunden (Zuschlag 2,10 DM je Stunde) einen Lohn von 405,30 DM. In dieser Woche arbeitete er nur 38 Stunden und machte 3 Überstunden. Wie viel Lohn bekommt er? (Fricke, 1987, S. 31)

Diese Aufgabe hat eine deutlich höhere Komplexität als das oben besprochene Beispiel. Versucht man die Struktur dieser Aufgabe im Sinne Breidenbachs mit Hilfe eines entsprechenden Diagramms darzustellen, so erhält man eine umfangreiche Baumstruktur (s. Abb. 2.11).

Die Schwierigkeit für Schülerinnen und Schüler, zu Beginn des Lösungsprozesses der Aufgabe die einzelnen Simplexe zu extrahieren und eine solche Komplex-Struktur der Aufgabe zu durchdringen, liegt darin, die gesamte Struktur der Aufgabe zu verstehen, bevor mit dem Lösungsprozess begonnen wird.

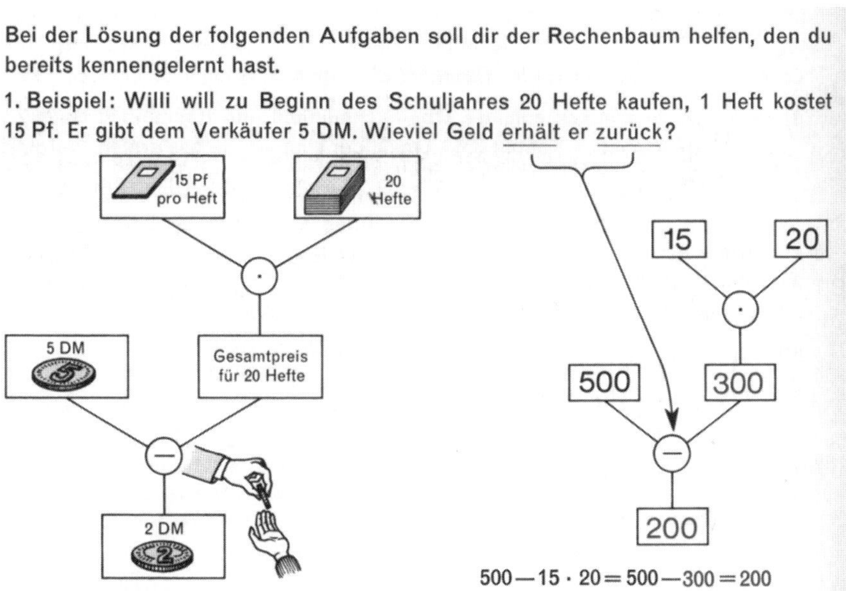

Abb. 2.12 Rechenbaum in einem Schulbuch aus dem Jahr 1969 (Winter & Ziegler, 1969, S. 156)

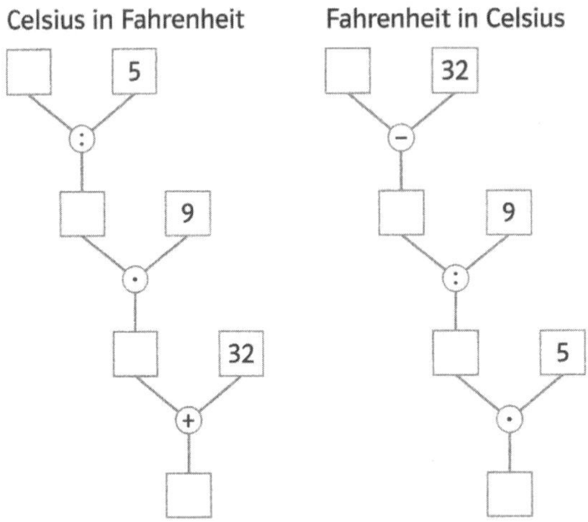

Beispiel:

20 °C $\xrightarrow{:5}$ 4° $\xrightarrow{\cdot 9}$ 36° $\xrightarrow{+32}$ 68 °F

- Rechne die Celsiuswerte in Fahrenheit um.

100 °C; 0 °C; 50 °C; 10 °C und −10 °C

Abb. 2.13 Beispiel für Rechenbäume in einem aktuellen Schulbuch (Böttner, et al., 2005, S. 47)

So müsste die Planung des Lösungsprozesses abgeschlossen sein, bevor mit der Ausführung begonnen wird. Dies ist jedoch keine realistische Annahme. Studien zeigen, dass Schülerinnen und Schüler während der Lösung von Aufgaben häufig zwischen Planungs- und Bearbeitungsphasen wechseln (Greefrath, 2004). Lösungsplanung und Realisierung können bei komplexen Aufgaben also nicht getrennt werden.

Es ist im Unterricht überdies nicht sinnvoll, alle möglichen Simplexe zu behandeln. Es besteht die Gefahr, das Sachrechnen zu stark zu formalisieren und dadurch eigene, kreative Lösungswege der Schülerinnen und Schüler zu verhindern (Franke, 2003, S. 14 ff.).

Aus dem Ansatz des systematischen Sachrechnens entstanden Rechenbäume für die Schülerinnen und Schüler. Diese Rechenbäume wurden in Schulbücher als Hilfekonzept für die Bearbeitung von Sachaufgaben aufgenommen (s. Abb. 2.12).

Zusätzlich zu den oben aufgeführten Argumenten muss bedacht werden, dass das Herstellen der Rechenbäume im Unterricht erlernt werden muss. Hier sollte sorgfältig abgewogen werden, ob der Gewinn durch solche Darstellungen im Vergleich zu dem damit verbundenen Aufwand gerechtfertigt ist. Damit Schülerinnen und Schüler einen solchen Rechenbaum anfertigen können, müssen sie die Struktur der Aufgabe bereits erfasst haben. Dadurch wird der Rechenbaum als Hilfe für die Planung in Frage gestellt (Franke, 2003, S. 17 f.).

Auch heute findet man in Schulbüchern noch Rechenbäume (s. Abb. 2.13). Sie haben aber häufig den Sinn, die Struktur einer Rechnung zu verdeutlichen, und weniger, die Struktur einer Textaufgabe aufzudecken. Als Lösungshilfe für Sachaufgaben im Sinne von Simplexen und Komplexen werden Rechenbäume in der Regel nicht mehr verwendet.

2.2.7 Das Neue Sachrechnen

Das sogenannte *Neue Sachrechnen* entstand in den 80er Jahren des 20. Jahrhunderts. Man begann die Prinzipien der Meraner Reform von 1905 wieder stärker zu beachten. Im Zusammenhang mit dem Sachrechnen ist das utilitaristische Prinzip zu nennen, bei dem es darum ging, die Fähigkeit zur mathematischen Betrachtung der Umwelt zu entwickeln (Toepell, 2003, S. 180).

Ziele des Neuen Sachrechnens waren, für die Schülerinnen und Schüler authentische Themen zu finden und längerfristige Projekte durchzuführen. Diese sollten losgelöst vom aktuell behandelten mathematischen Inhalt vielfältige Lösungsmöglichkeiten bieten. Dazu wurden schließlich auch neue Aufgabentypen, wie z. B. Fermi-Aufgaben (vgl. 4.2.4) oder Zeitungsaufgaben (Herget & Scholz, 1998), verwendet.

2.2.8 Modellieren und angewandte Mathematik

Gleichzeitig zur Entwicklung des Neuen Sachrechnens verbreitete sich verstärkt der Begriff des *Modellierens im Mathematikunterricht*. Unter Modellieren oder Modellbilden wird ein bestimmter Aspekt der angewandten Mathematik verstanden. Dieser Aspekt wird zum Teil als eigenständiger Prozess innerhalb von Anwendungen oder als eine Auffassung des Anwendens verstanden (Fischer & Malle, 1985, S. 99). Die stärkere Betonung des Modellierungsaspekts im Zusammenhang mit Anwendungsaufgaben, also auch im Zusammenhang mit Sachrechnen, hat Pollak Ende der 70er Jahre angestoßen.

Unter anderen hat Pollak 1976 den Begriff des Modellierens in der Mathematikdidaktik bekannt gemacht. Er unterscheidet zur Begriffsklärung vier Definitionen von angewandter Mathematik (Pollak, 1977, S. 255 f.).

- Klassische Angewandte Mathematik (physikalische Anwendungen der Analysis)
- Anwendbare Mathematik (Statistik, Lineare Algebra, Informatik, Analysis)
- Einfaches Modellieren (einmaliges Durchlaufen eines Modellbildungskreislaufs)
- Modellieren (mehrmaliges Durchlaufen eines Modellbildungskreislaufs)

Diese vier Charakterisierungen von angewandter Mathematik sind äußerst unterschiedlich. Die ersten beiden Punkte beziehen sich auf Inhalte (klassische bzw. anwendbare Mathematik) und die letzten beiden Punkte beziehen sich auf den Bearbeitungsprozess. Der Begriff Modellieren legt also den Fokus auf den Bearbeitungsprozess. Alle vier Definitionen von angewandter Mathematik werden von Pollak visualisiert (s. Abb. 2.14).

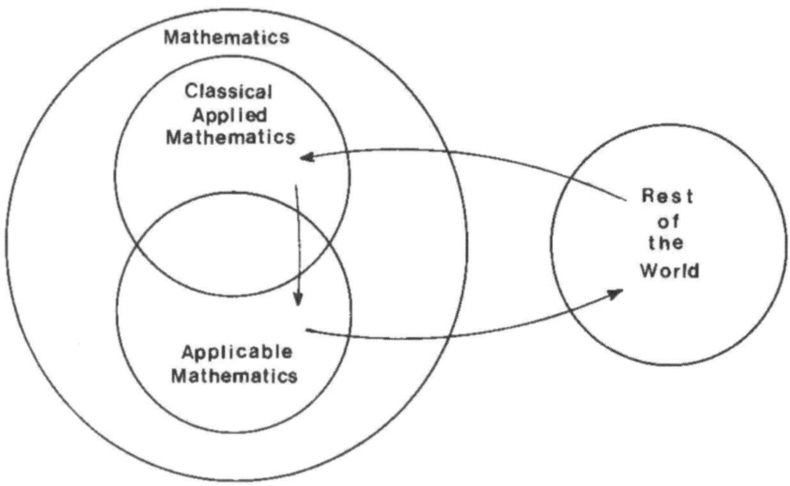

Abb. 2.14 Sichtweisen auf die angewandte Mathematik nach Pollak (Pollak, 1977, S. 256)

Modellieren ist dann als mehrfach zu durchlaufender Kreislauf von der Realität (bzw. Rest der Welt) zur Mathematik und zurück zu verstehen.

Das mathematische Modellieren ist in den 80er Jahren des letzten Jahrhunderts in Deutschland besonders durch Werner Blum bekannt geworden (s. Abb. 2.15). Im Lauf der folgenden Jahre hat es in Lehrpläne und Standards für den Mathematikunterricht Einzug gehalten.

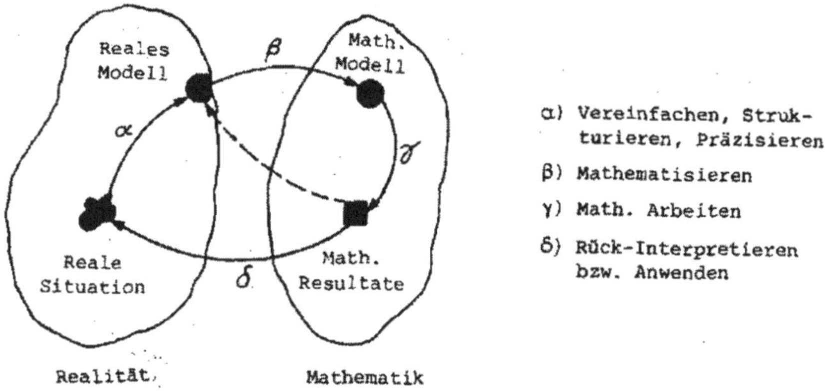

Abb. 2.15 Modellbildungskreislauf nach Blum (Blum, 1985, S. 200)

In diesem Zusammenhang kann auch der Begriff *anwendbare Mathematik* von Hans Freudenthal genannt werden. Es soll damit deutlich werden, dass es weiterhin Mathematik betrieben wird. Dies wird durch den Begriff *Anwendungen* nicht so deutlich (Jahner, 1985, S. 15).

2.3 Sachrechnen heute – einige Anmerkungen

Mit Blick auf die wechselvolle Geschichte des Sachrechnens und viele nicht erfolgreiche Versuche, authentische und relevante Probleme in den Sachrechenunterricht einzubeziehen, wird das Wort Sachrechnen heute oft mit eher ungeeigneten Textaufgaben in Verbindung gebracht.

Sachrechnen im Sinne der Auseinandersetzung mit der Umwelt sowie der Beschäftigung mit wirklichkeitsbezogenen Aufgaben im Mathematikunterricht hat auch heute noch seine Berechtigung und spielt auch im Mathematikunterricht eine große Rolle.

Zur Klarstellung dieser Intention sollte man daher häufig besser von *Modellieren* sprechen. Dieser Begriff deckt allerdings nicht die ganze mögliche Bandbreite von sinnvollen Aufgaben mit Realitätsbezug ab. Beispielsweise können einfache Sachaufgaben, die man nicht als Modellierungsaufgaben bezeichnen kann, auch dem Verständnis von Teilaspekten des Modellierens oder der Motivation dienen.

So sollte der Name *Sachrechnen* erhalten bleiben, aber in Zukunft stärker mit Modellierungstätigkeiten als mit dem Lösen eingekleideter Textaufgaben in Verbindung gebracht werden.

2.4 Aufgaben zur Wiederholung und Vertiefung

Ältere Geschichte des Sachrechnens

Sachaufgaben sind durch einen Bezug zur Realität gekennzeichnet. Informieren Sie sich in der Literatur zur Mathematikgeschichte, ob man in der Antike bereits Aufgaben findet, die man aus heutiger Sicht zum Sachrechnen zählen würde.

Literaturhinweise zur Aufgabe:

- Hofmann, Joseph Ehrenfried: *Geschichte der Mathematik. Erster bis dritter Teil,* 2. Auflage, Berlin, 1963.
- Tropfke, Johannes: *Geschichte der Elementarmathematik, Band 1: Arithmetik und Algebra,* Berlin/New York, 1980.
- Cantor, Moritz: *Vorlesungen über Geschichte der Mathematik, Erster bis vierter Band,* dritte Auflage, 1965.

Neuere Geschichte des Sachrechnens

Untersuchen Sie die folgende Aufgabe:

> Durch das Umsiedlungswerk wurden nach dem Polenfeldzug viele Volksdeutsche in den deutschen Lebensraum zurückgeführt aus:
>
> Litauen 50 000, Bessarabien 93 400, Südtirol 185 000, Estland und Lettland 75 000, Dobrudscha 14 500, Nord- und Südbuchenland 99 300, Galizien und Wolhynien 130 000, Cholmer u. Lubliner Land 32 500, Generalgouvernement 50 000.
>
> Das gibt a. viele sechsköpfige Familien für Erbhöfe, b. viele Bauerndörfer mit 800 Bewohnern.
>
> Für das Altreich hat die Volkszählung von (...) mit rd. 68,6 Mill. noch eine Bevölkerungsdichte von rd. 146 ergeben; wir vergleichen mit der Bevölkerungsdichte der zurückgewonnenen Gebiete (rd. 108).

1. In welcher Zeit könnten die abgebildeten Sachaufgaben gestellt worden sein?
2. Welche Ziele verfolgen diese Sachaufgaben?

Systematisches Sachrechnen

Untersuchen Sie die folgende Aufgabe:

> Ein Wasserbehälter, der 5 m lang, 4 m breit und 3 m hoch ist, ist bis 1,50 m unter dem Rand mit Wasser gefüllt. Die Wassermenge soll durch Zufluss auf 40 m^3 ansteigen. Um wie viele Zentimeter wird der Wasserspiegel steigen?

1. Erklären Sie die Begriffe *Simplex* und *Komplex* mit Hilfe der oben gestellten Wasserbehälter-Aufgabe.
2. Lösen Sie die Aufgabe mit Hilfe eines Rechenbaumes.
3. Erstellen Sie eine weitere Sachaufgabe, deren Lösung auf exakt den gleichen Rechenbaum führt.
4. Welche Funktion des Sachrechnens erfüllt die oben genannte Sachaufgabe im Mathematikunterricht in erster Linie?
5. Welche Schwierigkeiten können bei Schülerinnen und Schülern auftreten, wenn sie solche Aufgaben mit Hilfe eines Rechenbaumes lösen sollen.
6. Beziehen Sie Stellung zu der Auffassung von Breidenbach, dass „die Lösung von umfangreichen Aufgaben auf die Auflösung in mehrere Simplexe hinausläuft". Deshalb ist nach seiner Meinung „das Erkennen eines Simplexes der Generalschlüssel, mit dem alle Sachaufgaben gelöst werden können und müssen" (Franke, 2003, S. 15).

3 Modellieren und Problemlösen

Modellieren und *Problemlösen* sind in den Bildungsstandards der Kultusministerkonferenz (KMK, 2004) und in den Kernlehrplänen (Ministerium für Schule NRW, 2004) bzw. Bildungsplänen der einzelnen Bundesländer als *allgemeine mathematische Kompetenzen* oder *prozessbezogene Kompetenzen* in herausgehobener Weise benannt.

Modellieren ist spätestens seit Gründung der ISTRON-Gruppe im Jahr 1990 (Förster, Henn, & Meyer, 2000, S. iv) eine sowohl in der Mathematikdidaktik als auch in der Schulpraxis vieldiskutierte Kompetenz. Modellierungstätigkeiten bilden das Zentrum des modernen Sachrechenunterrichts im Dienste der Umwelterschließung (Winter, 2003, S. 32).

Mit Modellieren und Problemlösen verbindet man häufig mathematische Kompetenzen, die nicht klar voneinander abgrenzbar sind. Während man problemlösendes Arbeiten in inner- und außermathematischen Kontexten kennt, ist mit Modellieren zwar in der Regel die Arbeit mit Problemen aus der Umwelt gemeint. Dennoch ist im Bereich der außermathematischen Kontexte eine Trennung der Begriffe schwierig. Daher sollen in den folgenden Abschnitten diese Begriffe genauer gefasst werden.

3.1 Modellieren

Modellieren und Sachrechnen werden häufig als Gegensätze wahrgenommen. Dies ist aber nicht ganz korrekt. Das Modellieren ist sogar – zumindest nach unserer Auffassung – der zentrale Teil des Sachrechnens. Sachrechnen beschreibt die Auseinandersetzung mit der Umwelt im Mathematikunterricht. Dies geschieht am besten durch echte Probleme, die mathematisch bearbeitet werden, und nicht nur durch Sachaufgaben mit einem Bezug zur Realität. Vielleicht ist die folgende Sichtweise hilfreich, um die beiden Standpunkte zu klären.

Werden Anwendungsaufgaben entwickelt, um für bestimmte mathematische Inhalte eine Sachaufgabe zu erhalten, so denkt man häufig in Richtung der mathematischen Inhalte, und der Anteil der Realität ist dann eher nebensächlich. Bei diesem Verfahren können leicht eingekleidete Textaufgaben entstehen, die dann zum Bereich des Sachrechnens gezählt werden. Geht man aber von einem Problem in der Realität aus und beginnt dies mit mathematischen Methoden zu lösen, so steht das Modellieren im Mittelpunkt. Schwieriger ist es dann, ein Modellierungsproblem passend für genau die aktuell im Unterricht behandelten Inhalte zu finden.

Dennoch umfasst Sachrechnen beide Richtungen, auch wenn der Modellierungsaspekt im Vordergrund stehen sollte. Wir wollen uns im Folgenden intensiver mit dem Modellieren und dem mathematischen Modell beschäftigen.

Der Modellbildungsprozess im Mathematikunterricht wird meist idealisiert als Kreislauf dargestellt. Bevor wir zu einer genaueren Diskussion dieses Kreislaufs kommen, wird zunächst der Begriff des Modellierens betrachtet.

Wir verwenden die Begriffe Modellieren und Modellbilden synonym. Mit Modellieren wird die Tätigkeit bezeichnet, durch die ein mathematisches Modell zu einem Anwendungsproblem aufgestellt und bearbeitet wird (Griesel, 2005, S. 64).

3.1.1 Mathematisches Modell

Da beim Modellieren die Schaffung eines mathematischen Modells stattfindet, muss nun genauer der Begriff des mathematischen Modells diskutiert werden. Für diesen Begriff finden wir in der Literatur viele Beschreibungen. Vier dieser Definitionen eines mathematischen Modells werden hier exemplarisch vorgestellt.

Isolierte Wirklichkeit

Ein Modell ist ein vereinfachendes Bild eines Teils der Welt. Dazu wird der zu betrachtende Teil der Wirklichkeit isoliert und seine Verbindungen zur Welt kontrolliert. Die Subsysteme des Teils der Wirklichkeit werden durch bekannte Teile ersetzt, ohne die Gesamtstruktur zu zerstören. (Ebenhöh, 1990, S. 6; Leuders & Maaß, 2005, S. 2)

Vereinfachung

Ein Modell ist eine vereinfachende, nur gewisse, einigermaßen objektivierbare Teilaspekte berücksichtigende Darstellung der Realität. (Henn & Maaß, 2003, S. 2)

Anwendung von Mathematik

Ein mathematisches Modell ist eine Darstellung eines Sachverhaltes, auf die mathematische Methoden angewandt werden können, um ein mathematisches Resultat zu erhalten. (Zais & Grund, 1991, S. 7)

Entsprechung

Ein mathematisches Modell ist jede vollständige und konsistente Menge von mathematischen Strukturen, die darauf ausgelegt ist, einem anderen Gebilde, nämlich seinem Prototyp, zu entsprechen. Dieser Prototyp kann ein physikalisches, biologisches, soziales, psychologisches oder konzeptionelles Gebilde sein, vielleicht sogar ein anderes mathematisches Modell.

(Aris, zitiert nach Davis & Hersh, das Wort Gleichung wurde dabei nach dem Vorschlag von Aris durch Struktur ersetzt; Davis & Hersh, 1986, S. 77)

Ein mathematisches Modell ist also eine isolierte Darstellung der Welt, die vereinfacht worden ist, dem ursprünglichen Prototyp entspricht und zur Anwendung von Mathematik geeignet ist.

Bei der Bildung eines mathematischen Modells wird demnach ein System durch ein anderes ersetzt, das leichter beherrschbar ist. Dabei werden Strukturelemente, die für wesentlich gehalten werden, auf das neue System übertragen (Freudenthal, 1978, S. 130).

Die Bearbeitung eines realen Problems mit mathematischen Methoden hat auch Grenzen, da die komplexe Realität nicht vollständig in ein mathematisches Modell übertragen werden kann. Dies ist sogar im Regelfall gar nicht erwünscht. Ein Grund für das Erstellen von Modellen ist die Möglichkeit der überschaubaren Verarbeitung der realen Daten. Im Rahmen eines Modellbildungsprozesses wird deshalb nur ein bestimmter Ausschnitt der Wirklichkeit in eine mathematische Form gebracht (Henn, 2002, S. 5). Das Modell dient in vielen Fällen als Ersatzkonstruktion für die nicht erfassbare Realität, die so wenigstens teilweise bearbeitet werden kann (Müller & Wittmann, 1984, S. 253). Auch wenn ein mathematisches Modell die Situation nur partiell darstellt, kann es dennoch eine größere Genauigkeit fordern als die reale Situation (Revuz, 1965, S. 62).

Die wichtigen Merkmale von mathematischen Modellen sind also die Vereinfachung, die Entsprechung und die mögliche Anwendung mathematischer Methoden. Daraus ergibt sich eine wichtige Eigenschaft von Modellen. Modelle sind nicht eindeutig, da es häufig auf unterschiedliche Weise möglich ist, Vereinfachungen vorzunehmen. Wir können aber für Modelle fordern, dass sie in sich widerspruchsfrei, richtig und zweckmäßig sein sollen. Mit richtig ist in diesem Zusammenhang gemeint, dass wesentliche Beziehungen der realen Situation im Modell abgebildet werden. Die Zweckmäßigkeit eines Modells kann nur mit Hilfe des zu bearbeitenden Problems beurteilt werden. Sie kann beispielsweise durch die Sparsamkeit des verwendeten Modells, aber in einer anderen Situation auch durch den Reichtum der dargestellten Beziehungen zum Ausdruck kommen (Neunzert & Rosenberger, 1991, S. 149). Ein neues Problem erfordert unter Umständen eine neue Modellbildung; auch dann, wenn der gleiche Gegenstand betrachtet wird.

Für das mathematische Modellieren ist also immer eine Situation aus der Realität der Ausgangspunkt. Die Situation wird dann mit Hilfe eines mathematischen Modells beschrieben und bearbeitet. Diesen gesamten Prozess bezeichnen wir im Folgenden als Modellieren.

Die genaue Beschreibung eines Modellbildungsprozesses wird durch die verschiedenen Arten von Modellen erschwert. Es gibt Modelle, die als Vorbild dienen. Sie werden normative Modelle genannt. Außerdem gibt es Modelle, die als ‚Nachbild' verwendet werden. Sie heißen deskriptive Modelle (Freudenthal, 1978, S. 128). Bei den deskriptiven Modellen lassen sich Eigenschaften von Modellen wie *vorhersagen*, *vorschreiben* und *beschreiben* einordnen. Des Weiteren können Modelle auch Beobachtungen beeinflussen, Einsichten fördern, Axiomatisierung unterstützen, Mathematik fördern und Sachverhalte erklären (Davis & Hersh, 1986, S. 77; Henn, 2002, S. 6).

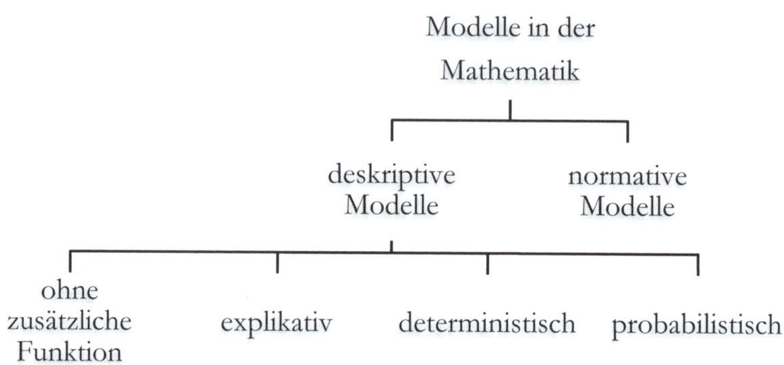

Abb. 3.1 Funktionen von Modellen

Deskriptive Modelle sollen einen Gegenstandsbereich bzw. die Realität nachahmen oder genau abbilden. Dies kann beschreibend oder auch bereits erklärend sein (Winter, 2004, S. 110; Winter, 1994, S. 11). Eine Art von deskriptiven Modellen zielt daher darauf, den entsprechenden Ausschnitt aus der Realität nicht nur zu beschreiben, sondern auch die inneren Zusammenhänge zu verstehen. Beschreibende Modelle sind häufig wenig aussagekräftig, wenn nicht Annahmen über Wirkungszusammenhänge gemacht werden (Körner, 2003, S. 163). Es ist weiterhin möglich, zwischen solchen beschreibenden Modellen, die auf das Verständnis abzielen, und Modellen mit Voraussagecharakter zu unterscheiden (Burscheid, 1980, S. 66). Diese Voraussagen können sowohl vollständig bestimmt als auch mit bestimmten Wahrscheinlichkeiten behaftet sein. Insgesamt haben wir also deskriptive Modelle, die nur beschreibenden Charakter haben; solche, die zusätzlich etwas erklären (explikative deskriptive Modelle), und Modelle, die zusätzlich Voraussagen treffen (deterministische und probabilistische deskriptive Modelle).

3.1.2 Auffassungen von Modellieren

Da das Modellbilden als Prozess der Aufgabenbearbeitung und nicht nur als Inhalt der Aufgabenstellung charakterisiert wird, kann unterschieden werden, ob dieser Prozess bewusst oder unbewusst stattfindet. Die Reflexion über das Modellieren kann dann als Kriterium für das Stattfinden eines Modellbildungsprozesses verwendet werden. Diese Auffassung von Modellbildung wird auch als enge Auffassung bezeichnet. Sie steht einer allgemeinen oder naiven Auffassung von Modellieren gegenüber. Nach dieser allgemeinen Auffassung kann auch schon von einem Modellbildungsprozess gesprochen werden, wenn er nicht bewusst geschieht (Fischer & Malle, 1985, S. 104). Wenn also Schülerinnen und Schüler – ohne das Bewusstsein, auf einer höheren mathematischen Ebene die Situation zu vereinfachen – realitätsbezogene Aufgaben bearbeiten, dann arbeiten sie im Rahmen der allgemeinen Auffassung vom Modellieren. Teilweise stecken bereits hinter einfachen Situationen Modellannahmen, die dann in einigen Fällen sogar als Realität angesehen werden (Winter, 1989, S. 218).

Mit ähnlichen Begriffen zum Modellieren wird teilweise auch etwas anderes verbunden. So bezeichnet Griesel mit Modellieren im engeren Sinne das Aufstellen des Modells durch idealisierte Abstraktion, ohne damit zwangsläufig die Anwendungssituation zu lösen. Werden auch die relevanten Daten ermittelt, so spricht er von Modellieren im weiteren Sinne (Griesel, 2005, S. 64).

3.1.3 Modellbildungskreislauf

Der gesamte Modellierungsprozess wird häufig idealisiert als Kreislauf dargestellt. Mit Idealisierung ist hier gemeint, dass diese Darstellung auch selbst wieder ein Modell ist. Der Kreislaufprozess soll hier an einem einfachen Beispiel dargestellt werden. Soll beispielsweise das Volumen des Sandes berechnet werden, das sich in einem Container befindet, so werden zunächst Vereinfachungen vorgenommen. Diese Vereinfachungen können in diesem Beispiel darin bestehen, dass man annimmt, der Sand würde gleichmäßig im Container verteilt, sodass die Füllhöhe dann ungefähr der Ladekante entspricht. Ebenso könnte man die Materialstärke des Containers vernachlässigen und damit Außen- und Innenmaße gleichsetzen. Außerdem ist es sinnvoll anzunehmen, dass der Container keine Beulen oder andere Unebenheiten besitzt. Beim Übergang in die Mathematik kann man den mit Sand gefüllten Teil des Containers mit einem Prisma identifizieren, das eine trapezförmige Grundfläche hat. Im Rahmen dieses Modells werden dann Berechnungen durchgeführt, die zu einer mathematischen Lösung führen, die schließlich als das Volumen des Sandes interpretiert wird.

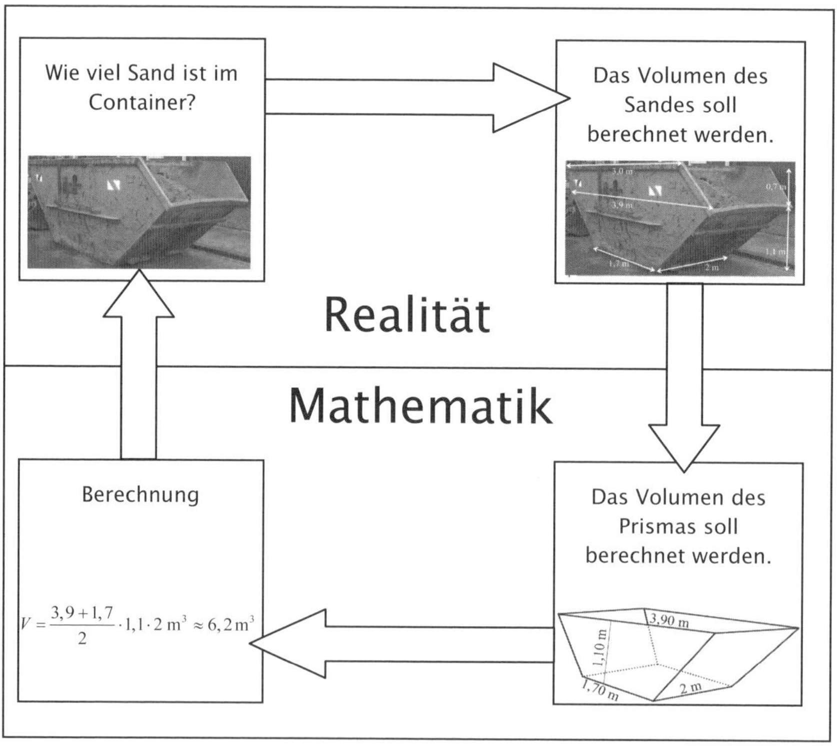

Abb. 3.2 Als Modellbildungskreislauf idealisierter Lösungsprozess einer Aufgabe

Etwas abstrakter betrachtet ist die Frage nach dem Sand im Container ein *Problem in der Realität.* Dieses Problem wird zunächst auf der Sachebene vereinfacht und führt zu einem *Modell in der Realität.* Dieses bezeichnet man häufig mit *Re-*

almodell. Es könnte aber auch *konzeptionelles Modell* genannt werden (Sonar, 2001, S. 21). Nun folgt der Schritt in die Mathematik, zum *mathematischen Modell.* Mit Hilfe dieses Modells wird nun eine *mathematische Lösung* ermittelt, die schließlich wieder auf das reale Problem bezogen werden muss.

Andere Idealisierungen des Lösungsprozesses dieses Container-Problems sind ebenfalls denkbar. So könnte man beispielsweise die Datenbeschaffung noch extra ausweisen oder auf den Zwischenschritt bei der Erstellung des mathematischen Modells verzichten. Daher gibt es in der Literatur unterschiedliche Kreislaufdarstellungen des Modellierens. Wir stellen nun diese Kreislaufdarstellungen nach der Komplexität vor.

Einfaches Mathematisieren

Bei Müller und Wittmann (s. Abb. 3.3) findet man ein Kreislaufmodell des Modellierens, bei dem nur ein Schritt von der Situation zum Modell verwendet wird.

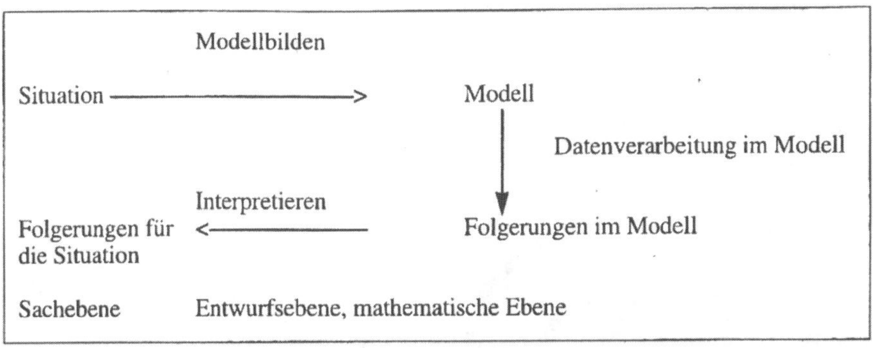

Abb. 3.3 Modellbildungskreislauf nach Müller/Wittmann (1984, S. 253)

Winter verwendet ebenfalls nur einen Schritt von der Situation zum Modell (Winter, 2003, S. 33). Eine besonders anschauliche Darstellung dieses allgemein anerkannten und übersichtlichen Modells des Modellierens stammt von Schupp (Schupp, 1988, S. 11). Dieses Modell unterteilt in einer Dimension Mathematik und Welt. Dies ist bei Modellen des Modellierens allgemein üblich. Zusätzlich wird noch gleichberechtigt zwischen Problem und Lösung in einer zweiten Dimension unterschieden (s. Abb. 3.4). Dieses Modell verwenden z. B. auch Danckwerts und Vogel (Danckwerts & Vogel, 2001, S. 25).

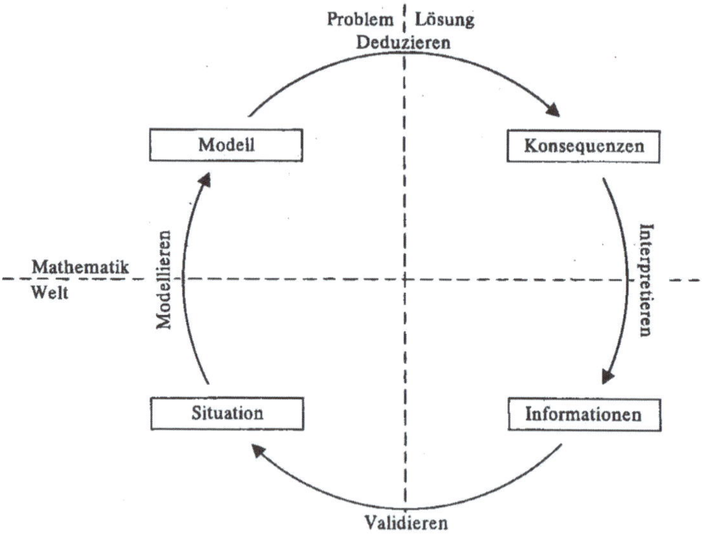

Abb. 3.4 Modellbildungskreislauf nach Schupp (1988, S. 11)

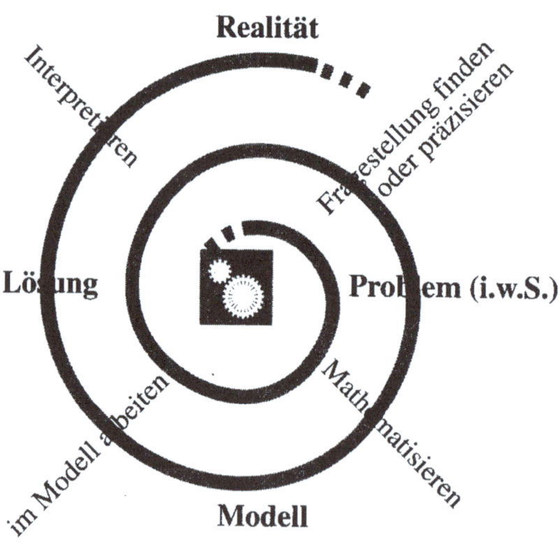

Abb. 3.5 Modellbildungsspirale nach Büchter und Leuders

Zu den genannten Modellen wird häufig ergänzt, dass der Kreislauf nicht immer vollständig oder mehrfach durchlaufen werden kann. Büchter und Leuders stellen diesen mehrfachen Durchlauf des Modellbildungskreislaufs als Modellbildungsspirale dar (Büchter & Leuders, 2005, S. 76). Dadurch wird auch die

Entwicklung während des Modellbildungsprozesses verdeutlicht. Nach jedem Umlauf vergrößert sich die Erfahrung mit dem Problem. Auch hier wird nicht zwischen realem Modell und mathematischem Modell unterschieden. Allerdings wird in diesem Modell das Präzisieren des Problems als eigener Schritt zwischen Realität und Modell formuliert (s. Abb. 3.5).

Spezielle Kreisläufe gibt es für Teilgebiete der Mathematik. So wird beispielsweise in der Stochastik die Modellierung von Axiomensystemen aus Erfahrungen beschrieben (Behnen & Neuhaus, 1984, S. 9). Für die Verwendung eines Dynamischen Geometriesystems verwendet Schumann den folgenden Kreislauf (s. Abb. 3.6).

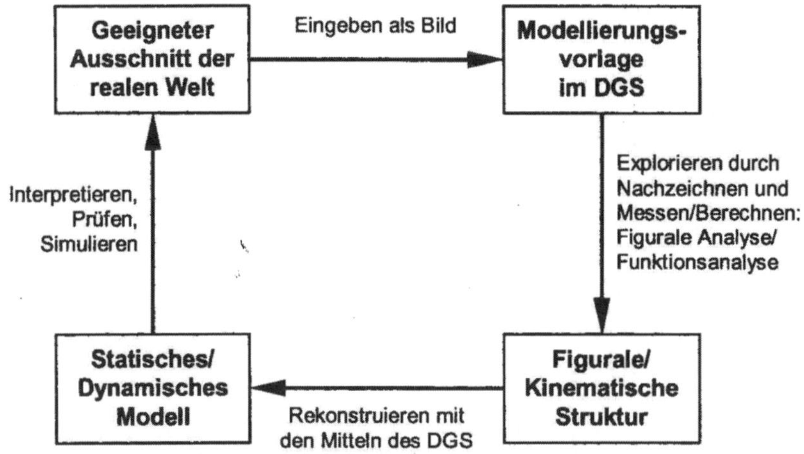

Abb. 3.6 Modellbildungskreislauf mit DGS (Schumann, 2001, S. 25)

Genaueres Mathematisieren

Der bekannteste Modellbildungskreislauf ist bei Blum (1985, S. 200) beschrieben (s. S. 37). Er stellt in gewisser Weise ein Standardmodell des Modellbildens für den Unterricht dar. Hier wird für das Erstellen des mathematischen Modells noch ein Zwischenschritt eingefügt. Vergleichbar mit dem Container-Problem (s. Abb. 3.2) wird hier die Vereinfachung in der Realität, das Reale Modell, noch als eigener Schritt betrachtet.

Dieses Modell wird beispielsweise von Henn (Henn, 1995, S. 56), Humenberger und Reichel (Humenberger & Reichel, 1995, S. 35), Kaiser (Kaiser, 1984, S. 75), Maaß (Maaß K. , 2002, S. 11) und Borromeo Ferri (Borromeo Ferri, 2004, S. 109) verwendet. Maaß führt allerdings noch als Zwischenschritt von den Mathematischen Resultaten bzw. der Mathematischen Lösung zur realen Situation bzw. Realität die *interpretierte Lösung* ein (Maaß K. , 2005, S. 117).

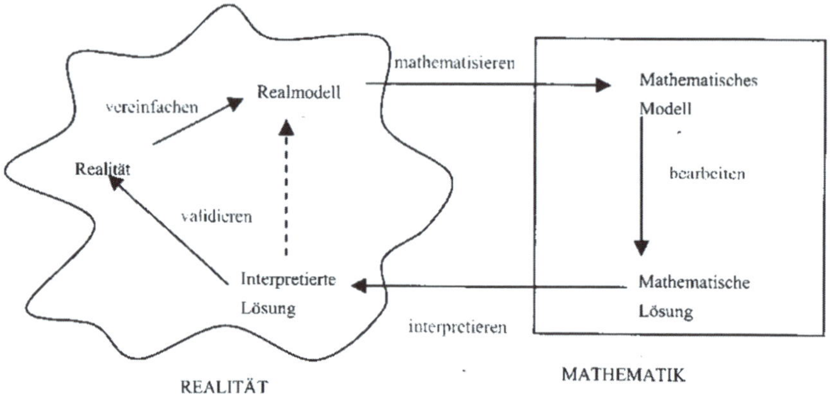

Abb. 3.7 Modellbildungskreislauf nach Maaß (Maaß K. , 2005, S. 117)

Komplexes Mathematisieren

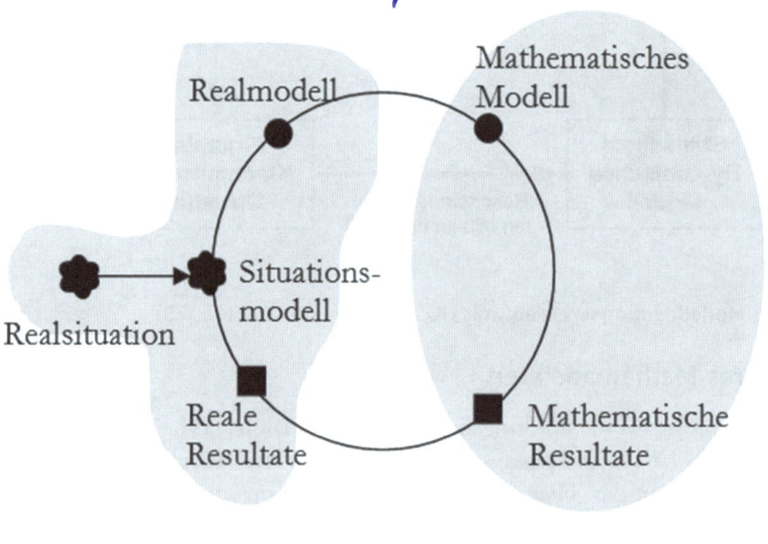

Abb. 3.8 Modellbildungskreislauf von Blum und Leiß (Blum & Leiß, 2005, S. 19)

Ein neueres Modell des Modellierens von Blum und Leiß, das auch von Borromeo Ferri verwendet wird, ist unter kognitiven Gesichtspunkten erstellt worden (s. Abb. 3.8). Es wurde im Vergleich zum Modell von Blum aus dem Jahr 1985 um das Situationsmodell erweitert (Borromeo Ferri, 2006, S. 92). Die Erstellung des mathematischen Modells wird detaillierter betrachtet, und es wird der Prozess des Individuums, welches das Modell erstellt, detaillierter dargestellt. Das Situationsmodell beschreibt die mentale Darstellung der Situation durch das Individuum.

Auch im Modell von Fischer und Malle (Fischer & Malle, 1985) wird der Schritt von der Situation zum mathematischen Modell detailliert beschrieben. Insbesondere das Einfügen der Datenbeschaffung ist hier interessant und spielt bei vielen offenen Aufgaben im Sachrechnen eine Rolle (s. Abb. 3.9). Beispielsweise müssen bei den sogenannten Fermi-Aufgaben viele Informationen durch Schätzen ermittelt werden.

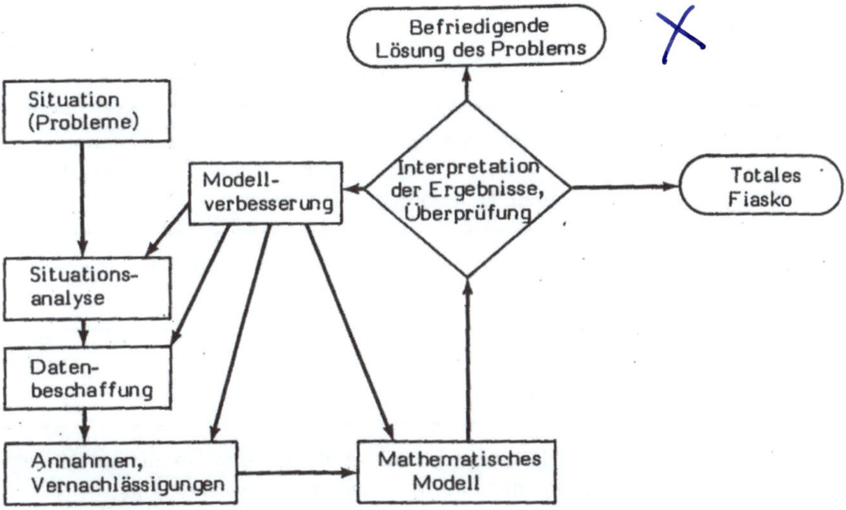

Abb. 3.9 Modellbildungsprozess nach Fischer und Malle (Fischer & Malle, 1985)

Je nach Zielgruppe, Forschungsgegenstand oder -interesse haben die dargestellten Modelle des Modellierens andere Schwerpunkte. Häufig ist der Zweck der dargestellten Modelle des Modellierens unterschiedlich. Insbesondere sind normative und deskriptive Modelle des Modellierens zu unterscheiden. So könnte ein bestimmtes Modell des Modellierens für die Beschreibung von Schülertätigkeiten verwendet werden. Hierzu eignen sich auch sehr komplexe Modelle. Ebenso könnte aber im Rahmen einer Lehrerfortbildung zum Modellieren ein leicht merkbarer Kreislauf als Unterstützung für den Unterricht vorgestellt werden.

3.1.4 Teilkompetenzen des Modellierens

In der Vereinbarung der Kultusministerkonferenz über Bildungsstandards für den Mittleren Schulabschluss vom 3. Dezember 2003 (KMK, 2004) bzw. in den entsprechenden Lehrplänen der Bundesländer, z. B. im Kernlehrplan Nordrhein-Westfalens (Ministerium für Schule NRW, 2004), wird Modellieren als eine allgemeine mathematische Kompetenz bzw. als prozessbezogene Kompetenz beschrieben.

Tabelle 3.1 Teilkompetenzen des Modellierens

Teilkompetenz	Indikator
Vereinfachen	Die Schülerinnen und Schüler trennen wichtige und unwichtige Informationen einer Realsituation.
Mathematisieren	Die Schülerinnen und Schüler übersetzen Realsituationen in Mathematische Modelle (z. B. Term, Gleichung, Figur, Diagramm, Funktion)
Rechnen	Die Schülerinnen und Schüler arbeiten mit dem mathematischen Modell.
Interpretieren	Die Schülerinnen und Schüler beziehen die im Modell gewonnenen Informationen auf die Realsituation.
Validieren	Die Schülerinnen und Schüler überprüfen die im Modell gewonnenen Informationen an der Realsituation. Sie vergleichen und bewerten verschiedene mathematische Modelle für eine Realsituation.
Beurteilen	Die Schülerinnen und Schüler beurteilen kritisch das verwendete mathematische Modell.
Realisieren	Die Schülerinnen und Schüler ordnen einem mathematischen Modell eine passende Realsituation zu bzw. finden zu einem mathematischen Modell eine passende Realsituation.

Da aber das Modellieren in den Lehrplänen neben den inhaltsbezogenen Kompetenzen wie Algebra, Funktionen, Geometrie und Stochastik sowie neben weiteren allgemeinen Kompetenzen wie z. B. Problemlösen und Argumentieren steht, kann das Modellieren nur im Zusammenspiel mit Inhalten und weiteren allgemeinen Kompetenzen betrachtet werden. Das Aufteilen des Modellierens in Teilkompetenzen bzw. Teilprozesse ist ein möglicher Weg, um die Komplexität der Problematik zu reduzieren.

Es ist sinnvoll, den Blick nicht nur auf die Zwischenschritte während des Modellierungsprozesses zu richten, sondern ebenso auf die Teilprozesse, die während dieser Schritte (z. B. vom Realmodell zum mathematischen Modell) ablaufen. In einigen der oben beschriebenen Modelle des Modellierens, werden auch diese Teilprozesse benannt. So finden wir beispielsweise die Prozesse Modellieren (Müller & Wittmann, 1984, S. 253), Mathematisieren (Büchter & Leuders, 2005, S. 76) und Vereinfachen (Blum, 1985, S. 200). Für den zweiten Teil des Modellierungskreislaufs werden Interpretieren (Müller & Wittmann, 1984, S. 253) und Validieren (Schupp, 1988, S. 11) genannt. Winter beschreibt als wichtigste Prozesse: Situation wahrnehmen, Modell entwerfen, evtl. Daten beschaffen, Datenverarbeitung im Modell, Interpretieren, Bewerten, Transfers versuchen (Winter, 2003, S. 33).

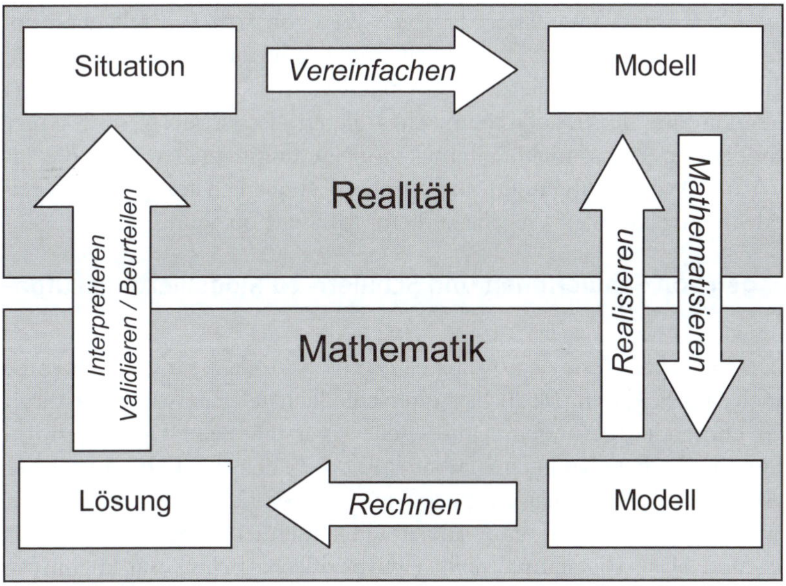

Abb. 3.10 Teilkompetenzen im idealisierten Modellbildungskreislauf

Auch in den Kernlehrplänen von Nordrhein-Westfalen (Ministerium für Schule NRW, 2004) werden einige dieser Prozesse als Teilkompetenzen des Modellierens beschrieben. Dort werden beispielsweise das Mathematisieren, das Validieren und das Realisieren explizit genannt. Mit Hilfe von genaueren Beschreibungen, die wir hier Indikatoren nennen, wird klargestellt, was unter diesen Teilkompetenzen zu verstehen ist. Dieses Verfahren kann auch auf andere Modelle des Modellierens übertragen werden. Wir erhalten dann eine umfangreiche Liste von Teilkompetenzen des Modellierens.

Abb. 3.10 zeigt, wie sich der Prozess der Modellentwicklung aus Vereinfachen und Mathematisieren zusammensetzt. Das Realisieren ist hier genannt, weil es auch im Kernlehrplan Nordrhein-Westfalens vorkommt. Diese Kompetenz scheint zunächst im Kreislaufprozess unnötig zu sein. Sie ist aber beispielsweise bei der Diskussion von Modellen sinnvoll. Einige Autoren (z. B. Schupp) führen zwischen Interpretieren und Validieren noch einen Zwischenschritt ein. Darauf ist hier aus Gründen der Übersichtlichkeit verzichtet worden (Schupp, 1988, S. 11).

3.1.5 Einige empirische Untersuchungsergebnisse zum Modellieren

Die Durchführung von Modellierungsaktivitäten im Unterricht ist vielfach untersucht worden. Dabei interessiert beispielsweise, ob sich Einstellungen von Lehrenden und Lernenden auf die Modellierungsaktivitäten auswirken und ob die Durchführung von Modellierungsaktivitäten Einfluss auf die Einstellungen von Lehrenden und Lernenden zum Modellieren hat. Ebenso sind Unterrichtsmethoden im Zusammenhang mit Modellierungsaufgaben und die tatsächliche Arbeit von Schülerinnen und Schülern verglichen mit dem theoretischen Modellierungskreislauf Gegenstand empirischer Forschung.

Einstellungen von Schülerinnen und Schülern zu Modellierungsaufgaben

Es gibt offenbar relativ festgelegte Einstellungen zu Modellierungsaufgaben bei Schülerinnen und Schülern. Maaß hat unterschiedlichste Beliefs in einer Gruppe von 35 Lernenden gefunden. Unter Beliefs versteht man Überzeugungen und Auffassungen über das Fach Mathematik oder auch das Lehren und Lernen von Mathematik. Maaß hat die Beliefs in prozessorientierte, schemaorientierte, formalismusorientierte und anwendungsorientierte Beliefs gruppiert. Außerdem fand Maaß sogenannte nicht-fachspezifische Beliefs mit kognitivem bzw. affektivem Schwerpunkt. Es zeigt sich in dieser Studie, dass Schülerinnen und Schüler mit schemaorientierten, formalismusorientierten oder kognitiv geprägten, nicht fachspezifischen mathematischen Weltbildern Modellierungsbeispiele vehement ablehnen, während die anderen Gruppen diesen teilweise positiv oder sehr positiv gegenüber stehen (Maaß K. , 2003, S. 51 f.; Maaß K. , 2005, S. 131 ff.).

Befragt man Schülerinnen und Schüler nach geeigneten Anwendungen von Mathematik, dann werden wirkliche Modellierungsprobleme selten als brauchbare, anwendbare Gebiete genannt. Humenberger untersuchte dies im Rahmen einer schriftlichen Befragung von 491 Schülerinnen und Schülern hauptsächlich der 11. Klasse. Als brauchbare anwendbare Gebiete der Mathematik wurden am häufigsten Wahrscheinlichkeitsrechnung, Prozentrechnung, die Grundrechenarten und Extremwertaufgaben genannt. Gleichzeitig wurde erhoben, wie beliebt Mathematik im Vergleich zu anderen Schulfächern ist. Dabei wurde Mathematik als Lieblingsfach im Vergleich mit anderen Fächern erst an der 7. Stelle genannt. Die Schülerinnen und Schüler, die Mathematik als Lieblingsfach wählten, zeigten gleichzeitig höhere Mathematikleistungen (Humenberger, 1997).

Nicht nur gute Leistungen der Schülerinnen und Schüler, sondern auch der Unterricht mit Modellierungsaktivitäten kann die Meinung zum Fach Mathematik allgemein günstig beeinflussen. Galbraith und Clatworthy haben in Rahmen einer zweijährigen Studie zum Modellieren erhoben, dass die durchgeführten Modellierungen die Meinung zum Fach Mathematik deutlich positiv verändert haben (Galbraith & Clatworthy, 1990, S. 156).

Einstellungen von Studierenden und Lehrenden

Modellierungsprobleme und Anwendungen werden von vielen Lehrerinnen und Lehrern grundsätzlich positiv gesehen. Es scheint aber noch großen Verbesserungsbedarf zu geben. Humenberger berichtet von einer schriftlichen Befragung von 202 Studierenden des Mathematiklehramtes für Gymnasien. Diese nannten als für den Mathematikunterricht geeignete außermathematische Gebiete am häufigsten Physik-Technik, Wirtschaft-Handel-Finanzen und Informatik. Er befragte auch 174 Lehrerinnen und Lehrer nach ihrer Position zur Anwendungsorientierung. 58 % der Lehrerinnen und Lehrer gaben an, dass eine Steigerung der Anwendungsorientierung im Unterricht nötig sei und 85 % waren der Meinung, dass mit Hilfe von Anwendungsaufgaben auch neuer mathematischer Lernstoff erarbeitet werden kann. Als wichtige Einflussfaktoren für das Ausmaß an Anwendungen im Unterricht wurden der Lehrstoff und die Klassensituation angesehen. Fortbildungsangebote und Schulbuchaufgaben wurden als verbesserungsbedürftig angesehen (Humenberger, 1997).

Wenn Lehrerinnen und Lehrer eine positive Einstellung gegenüber Anwendungen im Mathematikunterricht haben, dann ist dies häufig deshalb der Fall, weil sie sich eine höhere Lernmotivation der Schülerinnen und Schüler erhoffen. Die aus Sicht des Sachrechnens und Modellierens gewünschte Umwelterschließung scheint dagegen für viele Lehrerinnen und Lehrer kein wichtiges Ziel des Mathematikunterrichts zu sein. So untersuchte Förster Vorstellungen von Lehrerinnen und Lehrern im Rahmen einer qualitativen Studie. Dabei zeigte sich der Trend, dass die Motivation als dominierendes Argument für Anwendungen im Vordergrund steht. Daher spielt bei den befragen Lehrerinnen und Lehrern die Modellbildung praktisch keine Rolle. Das Fach Mathematik wird in vielen Fällen in erster Linie als formalbildend angesehen (Förster, 2002, S. 67).

Lehrerinnen und Lehrer sind in vielen Fällen aber an Möglichkeiten des Einsatzes von Modellierungsaufgaben im Mathematikunterrich interessiert. Sie sehen noch einen großen Bedarf, mehr über die Modellierungstätigkeiten und Anwendungsbeispiele im Mathematikunterricht bereits an der Universität zu erfahren. Tietze berichtet von einer Befragung in Niedersachsen. Demnach fordern Gymnasiallehrerinnen und Gymnasiallehrer eine stärkere Berücksichtigung von Anwendungen der Mathematik in der Hochschulausbildung (Tietze, 1986, S. 191 ff.).

Es scheint schulformspezifische Unterschiede bei Lehrerinnen und Lehrern zur Einstellung zu Anwendungen im Mathematikunterricht zu geben. Grigutsch et al. haben über 300 Mathematiklehrerinnen und Mathematiklehrer zu ihren Einstellungen befragt. Zwei Drittel der Lehrer attestierten darin der Mathematik einen z. T. starken Anwendungsbezug. Nur 7 % sahen keinen Nutzen in der Mathematik. Diese Einstellung war allerdings schulformabhängig. Lehrerinnen und Lehrer an Hauptschulen schätzten die Anwendbarkeit von Mathematik stärker ein als Lehrerinnen und Lehrer an Realschulen und Gymnasien (Grigutsch, Raatz, & Törner, 1998).

Präferenzen und Denkstile von Schülerinnen und Schülern bei Modellierungsaktivitäten

Es gibt Schülerinnen und Schüler mit unterschiedlichen *Präferenzen* für Anwendungen in der Mathematik. Maaß unterscheidet vier Typen von Modellierern nach der Einstellung gegenüber der Mathematik bzw. gegenüber Modellierungsbeispielen. Während der desinteressierte Modellierer, der weder gegenüber der Mathematik noch gegenüber Modellierungsbeispielen eine positive Einstellung hat, Schwächen in allen Bereichen zeigt, ist es beim reflektierenden Modellierer genau umgekehrt. Bei realitätsfernen Modellierern liegt eine Schwäche im Bereich der kontextbezogenen Mathematik vor. Sie haben aber eine positive Einstellung zur kontextfreien Mathematik. Umgekehrt liegt bei mathematikfernen Modellierern eine Präferenz für den Sachkontext und eine Schwäche beim Bilden und Lösen des mathematischen Modells vor (Maaß K. , 2005, S. 135 f.).

Auch die *Denkstile* von Schülerinnen und Schülern haben Einfluss auf die Modellierungsaktivitäten. Borromeo Ferri berichtet, dass Schülerinnen und Schüler mit ausgeprägten internen bildlichen Vorstellungen auch extern bildliche Darstellungen anfertigen und einen visuellen Denkstil zeigen. Schülerinnen und Schüler mit internen formalen Vorstellungen wurden als eindeutige analytische Denker beschrieben. Es ergeben sich die Hypothesen (Borromeo Ferri, 2004, S.

112), dass bildlich ganzheitliche Denker beim Übersetzen ins mathematische Modell eher im realen Kontext argumentieren, während symbolisch-zergliedernde Denker schnell formal argumentieren (Borromeo Ferri, 2003).

Die unterschiedlichen Präferenzen und Denkstile der Schülerinnen und Schüler müssen im Unterricht berücksichtigt werden. Schülerinnen und Schüler mit ablehnender Haltung gegenüber Modellierungsbeispielen können durch weniger komplexe Modelle in Einstiegsaufgaben langsam herangeführt werden, während reflektierende Modellierer auch gern komplexe Probleme bearbeiten. Ebenso sollten die unterschiedlichen Denkstile der Schülerinnen und Schüler im Unterreicht berücksichtigt werden und sowohl für visuell als auch formal arbeitende Modellierer Materialien (z. B. Grafiken, Daten etc.) zur Verfügung stehen.

Unterrichtformen für Modellierungsaktivitäten

Neue Unterrichtsformen können die Arbeit mit anwendungsbezogenen Aufgaben erleichtern. So wurden mit verstärkten Schreibaktivitäten im Mathematikunterricht gute Erfahrungen bezüglich des Kontextbezugs von Lösungen gemacht. Hollenstein stellt eine Unterrichtsform zur Entwicklung von Schreibanlässen im Mathematikunterricht dem traditionellen Lösen von Aufgaben gegenüber (n = 42). Dabei wurden in der Experimentalgruppe vergleichsweise weniger häufig mechanisch-assoziative Muster der Problembewältigung angewendet und Strategien, die ein Bemühen um Einsicht in den Kontext bedingen, häufiger beobachtet. An nicht adäquaten Lösungen der Kontrollgruppe konnten so genannte Kapitänssymptome nachgewiesen werden (Hollenstein, 1996).

Die Durchführung von Modellierungsaktivitäten kann einen positiven Einfluss auf innermathematische Fähigkeiten haben. Gialamas et al. untersuchten 97 Schülerinnen und Schüler eines 11. Jahrgangs. Sie verglichen die Ergebnisse von Unterricht mit Modellierungsaufgaben mit Unterricht ohne Modellierungsaufgaben. In einem Abschlusstest zeigte die Experimentalgruppe nicht nur in realitätsbezogenen Aufgaben, sondern auch in entsprechenden rein mathematischen Aufgaben signifikant bessere Leistungen (Gialamas, Karaliopoulou, Klaoudatos, Matrozos, & Papastavridis, 1999).

Blum schließt aus verschiedenen Untersuchungen, dass Modellierungskompetenz langfristig und gestuft aufgebaut werden muss. Dabei sollte sich die Aufgabenkomplexität begleitet von häufigen Übungs- und Festigungsphasen langsam steigern und die Kontexte systematisch variiert werden. Auch heuristische Fähigkeiten müssen parallel aufgebaut werden (Blum, 2007).

Phasen im Modellbildungskreislauf – eine Untersuchung

Borromeo Ferri beschreibt empirisch gefundene Phasen im Modellbildungskreislauf. Hierbei handelt es sich außer dem Realmodell, dem mathematischen Modell, dem mathematischen Resultat und dem realen Resultat noch um die mentale Repräsentation der Situation. Dabei werden zwei Aspekte betrachtet: Die Vereinfachung der Situation und die individuelle Präferenz im Umgang mit dem Problem im Modellbildungsprozess. Dies zeigt, dass die im theoretischen Modell aufgestellten Modellierungskreisläufe durch empirisch gewonnene Ergebnisse ergänzt und bestätigt werden können. Allerdings sind nicht alle Phasen im Modellbildungskreislauf immer deutlich zu unterscheiden. So war es insbesondere bei überbestimmten Modellierungsproblemen schwierig, Realmodell und mathematisches Modell zu trennen (Borromeo Ferri, 2006, S. 92).

3.2 Problemlösen

Das Problemlösen stellt wie das Modellieren eine allgemeine bzw. prozessbezogene Kompetenz dar. Setzt man einen Modellierungskreislauf voraus, so kann man die inhaltbezogenen Kompetenzen im Modellierungskreislauf relativ klar lokalisieren. Sie spielen im Schritt vom mathematischen Modell zur mathematischen Lösung eine besondere Rolle. Das Problemlösen dagegen lässt sich nicht so exakt in diesem Kreislauf lokalisieren. Es kann prinzipiell in allen Schritten eines Modellbildungskreislaufs auftreten.

Problemlösen wird häufig im Zusammenhang mit Modellieren genannt, da Modellierungsaufgaben oder Modellierungs*probleme* in der Regel für die Schülerinnen und Schüler nicht mit Standardverfahren bearbeitet werden können, also in diesem Sinne auch *Probleme* sind. Der Begriff des *Problemlösens* hängt vom Verständnis des Begriffs Problem ab.

Mit Problemen ist häufig ein weites Feld verschiedener Aufgaben- und Problemtypen gemeint, denn die Bezeichnung Problem oder offenes Problem wird nicht einheitlich verwendet (Pehkonen, 2001; Silver, 1995; Graf, 2001). Ein Problemlöseprozess kann auch als Weg von einem Anfangszustand zu einem Zielzustand beschrieben werden, der durch eine Barriere zunächst verstellt ist (Klix, 1971, S. 641 ff.).

Einige Autoren unterscheiden die Begriffe offene Aufgabe und offenes Problem. Die Bezeichnung offenes Problem wird von diesen Autoren verwendet, wenn

- Informationen auf für die Schülerinnen und Schüler neue Weise verknüpft werden sollen (Pehkonen, 2001),

- die Transformation, d. h. der Weg vom Anfangszustand zum Zielzustand der Aufgabe, unklar ist (Wiegand & Blum, 1999),
- die Transformation keine geläufige Routine ist (Schulz, 2000) oder
- der Zielzustand nicht eindeutig ist (Schulz, 2000).

In den anderen Fällen, wenn z. B. lediglich der Anfangszustand nicht genau beschrieben ist, verwenden diese Autoren die Bezeichnung offene Aufgabe. Wir verwenden einen weiten Aufgabenbegriff, der die offenen Probleme einschließt. Unter Problemlösen wird hier also der Prozess der Lösung von offenen Problemen oder offenen Aufgaben verstanden.

3.2.1 Modelle des Problemlösens

Polya entwickelte 1949 in seinem Buch *Schule des Denkens* einen Katalog heuristischer Fragen, die bei der Bearbeitung von Problemlöseaufgaben helfen sollen. Dabei wird der Problemlöseprozess in die folgenden Abschnitte eingeteilt (Polya, 1949):

- Verstehen der Aufgabe
- Ausdenken eines Planes
- Ausführen des Planes
- Rückschau

Tabelle 3.2 Struktur von Problemlöseprozessen

Polya	Schoenfeld	Garofalo und Cai
Verstehen der Aufgabe	Lesen	Orientierung
Ausdenken eines Planes	Analysieren Exploration Planung	Organisation
Ausführen des Planes	Ausführung	Ausführung
Rückschau	Verifikation Übergang	Prüfung

In der Literatur findet man sehr viele Strukturierungen von Problemlöseprozessen. Exemplarisch ist die Grobstruktur von Problemlöseprozessen von Polya (Polya, 1949), Schoenfeld (Schoenfeld, 1985) und Garofalo (Garofalo & Lester, 1985) bzw. Cai (Cai, 1994) in Tabelle 3.2 dargestellt.

Bezogen auf den Modellierungsprozess, der auch als Problemlöseprozess im weiteren Sinne angesehen werden kann, findet das Problemlösen im engeren Sinn dann schließlich im Rahmen des mathematischen Modells statt (Büchter & Leuders, 2005, S. 30). Wir sehen die gesamte Bearbeitung von Problemen bzw. Aufgaben als Problemlöseprozess an und betrachten bereits die Schaffung des Modells als Teil eines Problemlöseprozesses.

3.2.2 Problemlösekreislauf

Nicht nur Modellbildungsprozesse, sondern auch Problemlöseprozesse können als Kreislauf dargestellt werden. Hier sind insbesondere das Finden von Beweisen oder Widerlegungen mit heuristischen Mitteln nach dem Lakatos-Modell (s. Abb. 3.11) und die Schritte von Polya zu nennen.

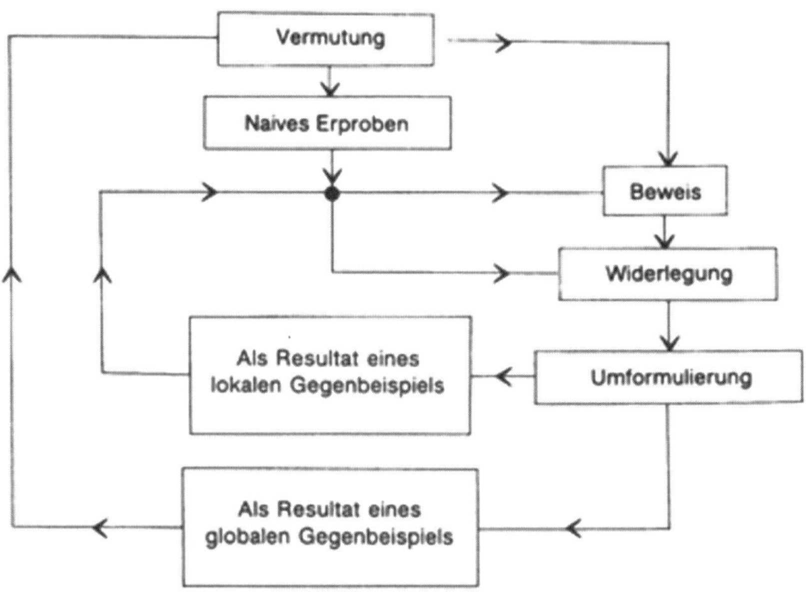

Abb. 3.11 Lakatos-Modell (Davis & Hersh, 1986, S. 306)

Das Lakatos-Modell ist für das Sachrechnen zwar nur bedingt von Bedeutung, da Beweise in der Regel im Rahmen des Sachrechnens nicht geführt werden, dennoch zeigt dieses Modell sehr schön die den Modellbildungs-Kreisläufen analoge Kreislauf-Struktur von Problemlöseprozessen.

Entsprechend dem Lakatos-Modell kann auch der Problemlöseprozess nach Polya als Kreislauf dargestellt werden (s. Abb. 3.12).

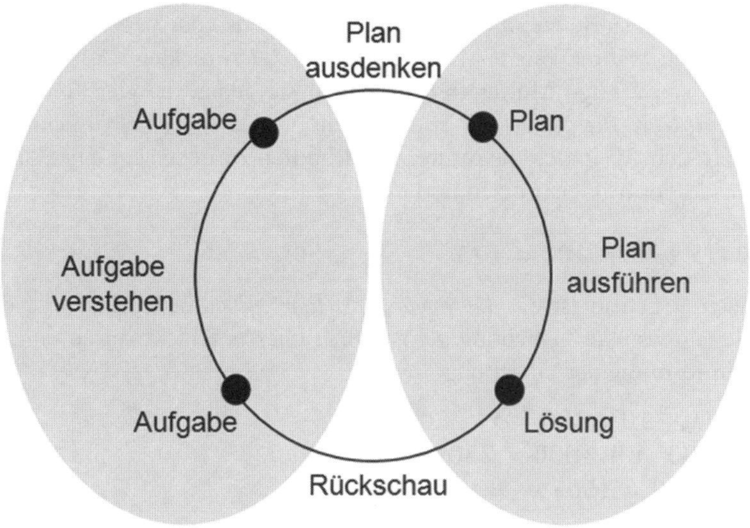

Abb. 3.12 Problemlösekreislauf in Anlehnung an Polya

Dieser Kreislauf kann bereits Schülerinnen und Schülern in der Sekundarstufe I als Hilfe bei Problemlöseaufgaben an die Hand gegeben werden. Wir wählen dazu als Beispiel eine Aufgabe, die auch als einfache Modellierungsaufgabe angesehen werden könnte. Wir wollen hier aber den Aspekt des Problemlösens in den Vordergrund stellen.

> Stefan startet um 7:15 Uhr seinen Schulweg. Die Schule ist 2,5 Kilometer entfernt. Kurz danach bemerkt seine Mutter, dass er sein Frühstück vergessen hat, und fährt um 7:25 Uhr mit dem Fahrrad hinterher. Stefan läuft etwa 100 Meter pro Minute. Die Mutter fährt ca. 250 Meter pro Minute. Wann bekommt Stefan sein Frühstück?

Der erste Schritt ist das *Verstehen der Aufgabe.* Hier fragen die Schülerinnen und Schüler, was die wesentlichen Informationen sind und was unbekannt ist. Zu den wesentlichen Informationen gehört die Entfernung der Schule, die Geschwindigkeiten von Stefan und seiner Mutter. Unbekannt dagegen ist die Zeit, zu der sich Stefan und seine Mutter treffen.

Der zweite Schritt im Problemlösekreislauf ist das *Ausdenken eines Plans*. Der Plan kann in diesem Fall darin bestehen, die Informationen des Textes mit Hilfe von Termen darzustellen und für die unbekannte Größe eine Variable zu verwenden. Die Zeit, die die Mutter mit dem Fahrrad fährt, wird x (in Minuten) genannt. Stefan startet zehn Minuten eher, er legt also die Strecke $(x + 10) \cdot 100$ Meter zurück, während seine Mutter $x \cdot 250$ Meter zurücklegt. An der Stelle, wo sich Stefan und seine Mutter treffen, haben sie genau die gleiche Strecke zurückgelegt, d. h. der Weg, den Stefan nach $10 + x$ Minuten zurückgelegt hat, entspricht dem Weg, den die Mutter in x Minuten zurückgelegt hat. Wir können dann beide Terme gleichsetzen und erhalten

$$(x + 10) \cdot 100 = x \cdot 250.$$

Der nächste Schritt ist das *Durchführen des Plans*. Dies bedeutet in diesem Fall, dass die aufgestellte Gleichung gelöst wird. Dies geschieht durch eine äquivalente Umformung der Gleichung:

$$\begin{aligned}
&(x + 10) \cdot 100 = x \cdot 250 \\
&100 \cdot x + 1000 = 250 \cdot x \\
&1000 = 150 \cdot x \\
&x = \frac{20}{3} \\
&x \approx 6{,}7
\end{aligned}$$

Stefan und seine Mutter treffen sich also etwa 7 Minuten nach dem Start der Mutter.

Der vierte und letzte Schritt ist die *Rückschau*. Hier ist zunächst zu überlegen, ob das Ergebnis sinnvoll und plausibel ist. Nach 17 Minuten hat Stefan $17 \cdot 100 = 1700$ Meter zurückgelegt. Er ist also noch nicht an der Schule angekommen, da diese 2500 Meter entfernt ist. In 7 Minuten kann man auch ca. 1,7 Kilometer mit dem Fahrrad fahren. Das Ergebnis ist somit sinnvoll. Setzt man das gerundete Ergebnis in beide Terme ein, so erhält man

$$\left(\frac{20}{3} + 10\right) \cdot 100 = 1666\frac{2}{3}$$

bzw.

$$\frac{20}{3} \cdot 250 = 1666\frac{2}{3}$$

Die Probe liefert ein korrektes Ergebnis. Der Antwortsatz könnte lauten: Stefan und seine Mutter treffen sich etwa 7 Minuten nach dem Start der Mutter. Um 7:32 Uhr bekommt Stefan sein Frühstück.

Tabelle 3.3 Problemlöseprozess

Schritt	Fragen	Beispiel
Verstehen der Aufgabe	Was ist wesentlich? Was ist unbekannt?	Stefan: 100 m/Min; Start 7:15 Uhr Mutter 250 m/Min; Start 7:25 Uhr Entfernung 2,5 km Zeit des Treffens ist unbekannt.
Ausdenken eines Plans	Wie kann ich die Informationen verarbeiten? z. B.: Kann ich Terme aufstellen?	$(x + 10) \bullet 100 = x \bullet 250$. x (in Min.) ist die Zeit nach dem Start der Mutter
Durchführen des Plans	z. B.: Kann ich die Gleichung lösen?	$100 \bullet x + 1000 = 250 \bullet x$ $x = 20/3$ $x \approx 6{,}7$
Rückschau	Ist das Ergebnis plausibel? Kann man eine Probe durchführen? Wie lautet der Antwortsatz?	Das Ergebnis ist plausibel. $\left(\frac{20}{3} + 10\right) \cdot 100 = \frac{20}{3} \cdot 250$ Um 7:32 Uhr bekommt Stefan sein Frühstück.

3.2.3 Problemlösestrategien

Da sich Probleme gerade dadurch auszeichnen, dass man zunächst keinen Lösungsweg zur Verfügung hat, ist es besonders schwierig, Strategien zur Lösung von Problemen anzugeben, die für alle Probleme Gültigkeit haben. Dies zeigt bereits das Beispiel mit dem Schulweg. Dort wird auf die in der Situation mögliche Lösung mit Hilfe einer Gleichung verwiesen. Dies kann aber keine allgemeine Anweisung zur Lösung von Problemen sein.

Man kann also nur eine Liste von Möglichkeiten angeben, die helfen könnten, ein solches Problem zu lösen. Welche dieser Strategien dann tatsächlich auch erfolgreich eingesetzt werden kann, hängt zum einen vom konkreten Problem und zum anderen von den Schülerinnen und Schülern ab. Polya hat einige grundsätzliche Prinzipien für das Lösen von Problemen zusammengestellt (Polya, 1964). Dazu zählen *Rationalität*, *Ökonomie* und *Durchhalten*. Gemeint ist damit, dass Schülerinnen und Schüler nicht ohne Begründungen arbeiten sollen und möglichst alle zur Verfügung stehenden Informationen nutzen sollen. Außerdem soll man nicht zu früh aufgeben.

Leuders formuliert Problemlösestrategien schülergerecht für die Sekundarstufe I (Leuders, 2003, S. 134). Wir stellen daraus im Folgenden eine Auswahl zusammen (s. Tabelle 3.4). Daran wird deutlich, was Problemlösestrategien leisten können und wie damit gearbeitet werden kann.

Tabelle 3.4 Problemlösestrategien

Name	Erklärung
Alternativen suchen	völlig anderen Ansatz wählen, um das Problem zu lösen
Analogien bilden	Übertragung von einer bekannten Situation auf eine andere Situation
Aufteilen	Zerlegen eines Problems in Teilprobleme
Darstellungswechsel	Darstellung von Informationen in einer anderen Form, z. B. als Bild, Tabelle oder Formel
Muster suchen	nach Regelmäßigkeiten und Wiederholungen suchen
Probieren	Durchprobieren von möglichen Zahlenwerten und Beobachten der Ergebnisse
Rückwärtsarbeiten	ausgehend von einer Lösung zur Problemstellung finden
Spezialfälle suchen	Suchen besonderer Fälle und Ziehen von Rückschlüssen für das Problem
systematisches Vergleichen	Gemeinsamkeiten und Unterschiede von zwei Situationen feststellen und daraus Schlüsse ziehen
Vereinfachen	Weglassen von Bedingungen, um das Problem zu reduzieren
Voraussetzungen variieren	Veränderung der Voraussetzungen, um Auswirkungen zu erkunden

3.2.4 Problemlösen und Modellieren – eine Fallstudie

Im Rahmen einer Fallstudie wurden Schülerinnen und Schüler bei der Bearbeitung von Modellierungsaufgaben beobachtet. Diese Beobachtungen wurden unter Problemlöse- und Modellbildungsgesichtspunkten ausgewertet.

Wir betrachten dazu die gesamte Bearbeitung von Modellierungsproblemen sowohl als Problemlöse- wie auch als Modellierungsprozess. So wird beispielsweise die Schaffung des Modells nicht nur aus der Sicht des Modellierens, sondern auch aus der Sicht eines Planungsprozesses im Rahmen des Problemlösens angesehen. Sehr grob betrachtet und idealisiert kann man sich Modellbildungs- und Problemlöseprozesse – wie in der folgenden Tabelle parallel dargestellt – vorstellen.

Tabelle 3.5 Modellbildungs- und Problemlöseprozesse

Modellbildungsprozess	Problemlöseprozess
Analysieren	Verstehen der Aufgabe
Vereinfachen	Planen
Mathematisieren	Verstehen der Aufgabe Planen Ausführen Rückschau
Daten verarbeiten	Ausführen Verstehen der Aufgabe Planen Ausführen Rückschau
Interpretieren Validieren	 Rückschau

Dabei können einzelne Schritte des Modellierens, wie hier das Mathematisieren, evtl. einen weiteren Teil-Problemlöseprozess benötigen, der in der Tabelle eingerückt dargestellt ist.

Für die Untersuchung wurden offene Aufgaben mit Realitätsbezug verwendet. Schülerpaare bearbeiteten beispielsweise eine Aufgabe, bei der der Preis für das Verputzen eines Hauses mit Hilfe von Fotos der entsprechenden Flächen bestimmt werden sollte (Greefrath, 2007, S. 58 f.). Eine mögliche Lösung dieser Aufgabe besteht darin, mit Hilfe von Stützpunktvorstellungen Längen oder Flächen zu schätzen und auf dieser Grundlage ein Modell für das Haus zu entwickeln, um schließlich den Preis für das Verputzen zu ermitteln.

Die Arbeit der Schülerinnen und Schüler an den Aufgaben wurde videografiert. Um die Lösung der Aufgaben nicht zu beeinflussen, wurden die Schülerinnen und Schüler bei der Bearbeitung der Aufgaben lediglich beobachtet.

Zur Auswertung der Beobachtungen wurden die Videos komplett transkribiert. Im Rahmen eines offenen Kodierens mit drei Ratern wurden den einzelnen Äußerungen der Schülerinnen und Schülern konzeptuelle Bezeichnungen zugeordnet, die in mehreren Durchgängen diskutiert und modifiziert wurden. Diese Bezeichnungen wurden anschließend zu Kategorien zusammengefasst (Corbin & Strauss, 1996, S. 43 ff.). Die entwickelten Kategorien sind: Planung, Datenbeschaffung, Datenverarbeitung und Kontrolle. Abschnitte, die keiner der genannten Kategorien zugeteilt werden konnten, wurden einer sog. Restkategorie zugeordnet. Diese Restkategorie hat einen maximalen Anteil von 5 % der Kodierungen je Beobachtung. Die Wahl von nur fünf Kategorien ist erfolgt, um eine reliable Kodierung der Beobachtungen durch unterschiedliche Rater zu ermöglichen. Die im Problemlöseprozess zentralen Kategorien Planung und Kontrolle sind dann auf wichtige Bausteine untersucht worden.

Insbesondere interessieren Bausteine von Planungs- und Kontrollprozessen, die von besonderer Bedeutung für die Lösung von Modellierungsaufgaben sind und häufiger in den Beobachtungen der Schülerinnen und Schüler vorkommen. Wir betrachten die in der Abbildung dargestellten zentralen Bausteine von Planungs- und Kontrollprozessen (s. Abb. 3.13).

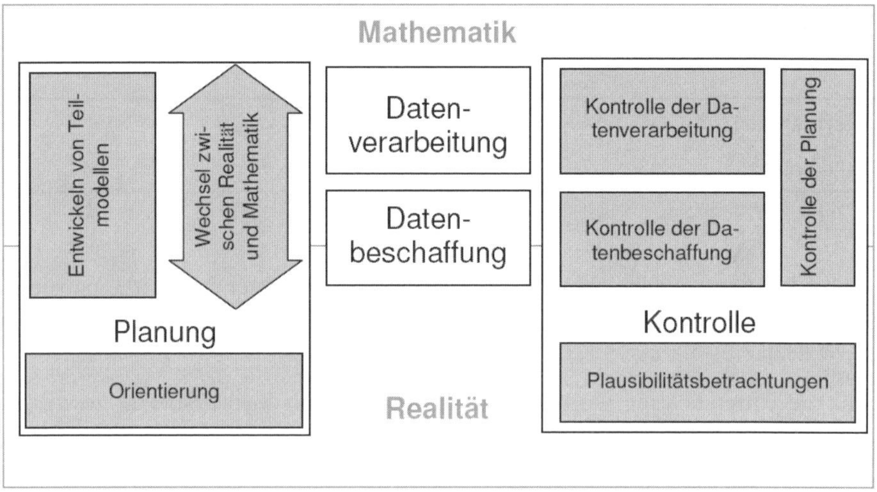

Abb. 3.13 Bausteine von Planungs- und Kontrollprozessen

Es zeigt sich, dass Problemlöse- und Modellierungsprozesse ineinander verschränkt auftreten. So würde ein Planungsprozess zum Problemlösen gezählt werden. Innerhalb dieser Planung findet man aber die Entwicklung von Teilmodellen und häufige Wechsel zwischen Realität und Mathematik. Dies sind Phasen, die durch einen Modellbildungsprozess dargestellt werden. Auch die Orientierungsphase kann mit dem Situationsmodell des Modellierungskreislaufs von Blum und Leiß in Verbindung gebracht werden. Weitere Verschränkungen von Problemlöse- und Modellbildungsprozessen findet man bei der Kontrolle.

Hier würde der entsprechende Schritt im Modellierungsprozess mit Validieren bezeichnet werden und im Problemlöseprozess mit Rückschau. Die gefundenen Bausteine zeigen, dass tatsächlich beide Beschreibungen hier zutreffend sind. Es ist also zum einen eine Frage der Sichtweise und zum anderen eine Frage des Zwecks, ob jeweils ein Modellbildungs- oder ein Problemlösekreislauf zugrunde gelegt werden. Eine umfassende Beschreibung einiger Probleme gelingt nur, wenn beides in den Blick genommen wird (Greefrath, 2008).

3.3 Aufgaben zur Wiederholung und Vertiefung

Modellieren und Problemlösen

Betrachten Sie die folgende Beispielaufgabe (s. Abb. 3.14).

Der Container soll bis zur Ladekante gefüllt werden. Wie viel Sand passt in den Container?

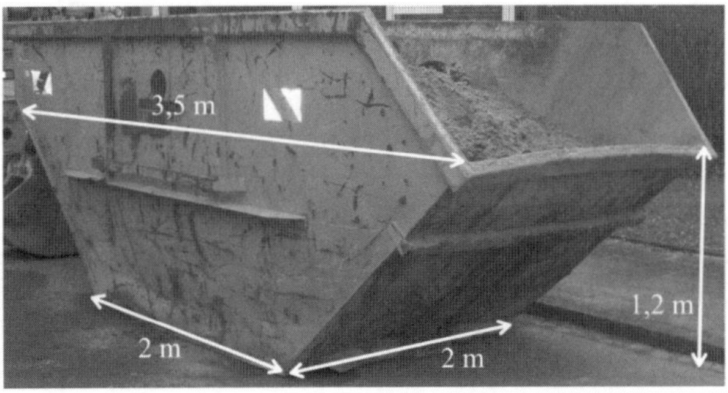

1. Beschreiben Sie wesentliche Phasen eines Modellierungsprozesses.
2. Betrachten Sie erneut die oben abgebildete Aufgabe. Notieren Sie mögliche Lösungsschritte dieser Aufgabe im Sinne des Modellbildungskreislaufs von Blum (Blum, 1985) bzw. von Fischer und Malle (Fischer & Malle, 1985).
3. Beschreiben Sie Unterschiede und Gemeinsamkeiten der beiden Modellierungskreisläufe aus Teil 2 im konkreten Beispiel. Erklären Sie auch die Unterschiede der beiden Modelle des Modellierens aus Teil 2 allgemein.
4. Stellen Sie eine mögliche Aufgabenlösung der Container-Aufgabe als Problemlöseprozess dar.

5. Diskutieren Sie mit Hilfe von 2. und 4. am konkreten Beispiel Gemeinsamkeiten und Unterschiede von Modellbildungs- und Problemlöseprozessen.
6. Bestätigen oder widerlegen Sie die folgenden Behauptungen:
   - Problemlösen ist immer auch Modellieren.
   - Modellieren ist immer auch Problemlösen.

4 Aufgabentypen beim Sachrechnen

Im Mathematikunterricht allgemein und im Sachrechenunterricht speziell spielen Aufgaben eine große Rolle. Die Betrachtung von einzelnen Aufgaben hat nicht den Anspruch, einen ausreichenden Blick auf die Gestaltung des Unterrichts, die Planung eines Schuljahres oder weiterführende didaktische Überlegungen zu ersetzen. Aufgaben sind im Prinzip die kleinsten Einheiten für Überlegungen zum Mathematikunterricht. Sie stellen aber gleichzeitig eine anschauliche und allgemein anerkannte Diskussionsgrundlage für Mathematikunterricht dar (Büchter & Leuders, 2005, S. 7).

Eine Typisierung von Aufgaben hat unterschiedliche Funktionen. So können beispielsweise aus Sicht von Lehrerinnen und Lehrern unter Berücksichtigung der Bildungsstandards (Blum, Drüke-Noe, Hartung, & Köller, 2006) Aufgaben im Hinblick auf ihren mathematischen Inhalt, ihren Schwierigkeitsgrad oder auf die mögliche Motivation durch ihren Kontext oder ihre Präsentationsform strukturiert und gezielt im Unterricht eingesetzt werden. Aufgaben können auch genutzt werden, um Lehrenden und Lernenden zu erreichende Kompetenzen, wie beispielsweise das Problemlösen oder das Modellieren, zu verdeutlichen. Ebenso werden Aufgaben für Forschungsprojekte klassifiziert (Jordan, et al., 2008).

Wir stellen hier unterschiedliche Aufgabentypen vor, die abhängig von der Situation genutzt werden können. Nicht alle Einordnungen sind eindeutig. Aufgaben können auch zu mehreren Kategorien gehören oder Mischformen darstellen. Außerdem kann die konkrete Unterrichtssituation, die Art der Bearbeitung oder die Person des Lernenden über den Aufgabentyp mitentscheiden.

Eine Klassifikation von Sachaufgaben ist auf Grund der Vielzahl von Aspekten, die das Sachrechnen bietet, schwierig. Beispielsweise sind Sachaufgaben häufig Textaufgaben, ggf. mit weiteren Informationen wie z. B. Bild, Tabelle etc. Aber nicht jede Textaufgabe ist eine Sachaufgabe, wie das folgende Beispiel zeigt.

> Das Dreifache einer Zahl ist um 5 kleiner als das Sechsfache der Zahl. Um welche Zahl handelt es sich? (Lösung: $x = 5/3$)

Es handelt sich zwar um eine Textaufgabe. Da aber kein Umwelt- oder Realitätsbezug vorhanden ist, handelt es sich nicht um eine Aufgabe aus dem Bereich des Sachrechnens. Eine erste Charakterisierung von Sachaufgaben als Textaufgaben ist also nicht erfolgreich. Wir werden im Folgenden unter anderem mathematische, kontextuelle und prozessorientierte Kriterien zur Charakterisierung von Sachaufgaben vorstellen.

4.1 Mathematische Kriterien

4.1.1 Mathematische Inhalte

Aufgaben mit Bezug zur Realität können das ganze Spektrum der mathematischen Inhalte der Sekundarstufe I abdecken. Daher ist es sinnvoll, Aufgaben nach den in der Sekundarstufe I zu unterrichtenden mathematischen Inhalten

- Arithmetik und Algebra
- Geometrie
- Stochastik

zu unterteilen. Ähnlich wie beispielsweise in den Kernlehrplänen Nordrhein-Westfalens für die Sekundarstufe I (Ministerium für Schule NRW, 2004) könnte noch ein Inhaltsbereich *Funktionen* hinzugefügt werden. Diesen Bereich wollen wir hier – wie auch Vollrath – zur Algebra zählen (Vollrath, 2003). Bei vielen Aufgaben aus Schulbüchern ist die Zuordnung zu diesen Inhaltsbereichen nicht schwierig, da die meisten Schulbücher eher inhaltsorientierte Kapitel enthalten.

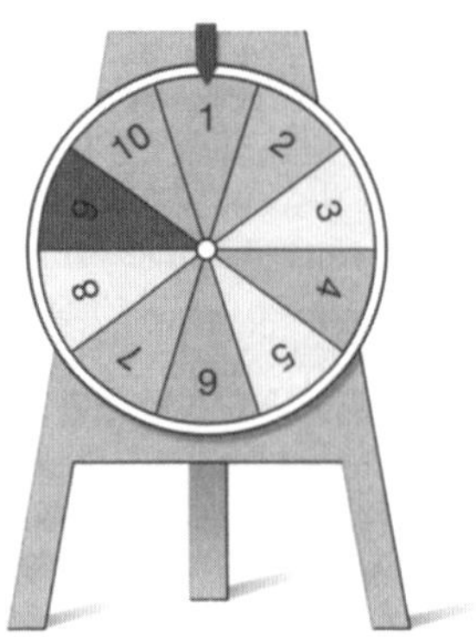

Welche Ergebnisse können beim Drehen des Glücksrads erzielt werden? Gib die Wahrscheinlichkeit der Ergebnisse an.
Welche Ergebnisse gehören zu dem Ereignis „gelb oder blau“ bzw. „grün und gerade Zahl“? Bestimme die Wahrscheinlichkeit dieser Ergebnisse.
Nenne ein Ereignis, das mit Sicherheit eintritt und ein Ereignis, das auf keinen Fall eintritt.

Abb. 4.1 Sachaufgabe zur Stochastik (Kietzmann, et al., 2004, S. 46)

1 In einem Elektrofachmarkt werden ältere CDs besonders günstig angeboten.

Anzahl der CDs	Preis (€)
1	1,50
2	3,00
3	4,50
4	6,00
5	7,50
6	9,00
7	■
8	■
9	■
10	■

a) Vergleiche den Preis für zwei CDs mit dem Preis für vier CDs (sechs CDs). Was fällt dir auf?
b) Gib die fehlenden Preise an. Nenne unterschiedliche Möglichkeiten zur Berechnung.

Abb. 4.2 Sachaufgabe zur Arithmetik und Algebra (Herling, Kuhlmann, & Scheele, Mathematik 7, 2008, S. 13)

6 In unserer Umwelt finden wir zahlreiche, meist nur annähernd symmetrische Figuren.
a) Welche Abbildungen sind zumindest annähernd achsensymmetrisch?
b) Finde weitere achsensymmetrische Figuren/Gegenstände.

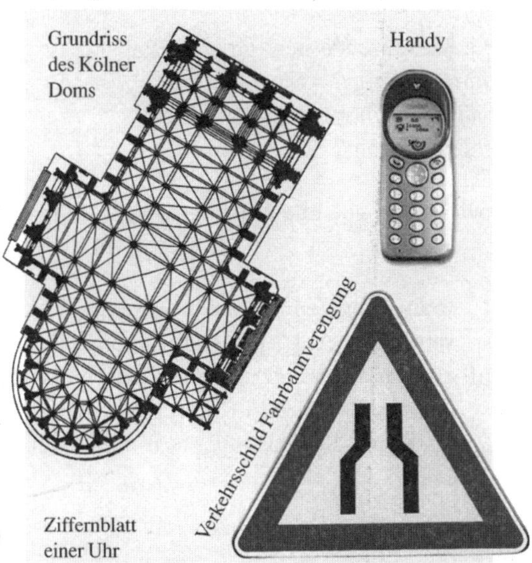

Abb. 4.3 Sachaufgabe zur Geometrie (Ausschnitt) (Schneider, Stindl, & Schönthaler, 2006, S. 91)

Mehr als 600 000 Kürbisse 300 verschiedener Sorten sind bis zum 5. November in Ludwigsburg zu sehen. Die kleinsten Exemplare sind so groß wie eine Kinderfaust, die größten haben fast einen Meter Durchmesser. Fantasiereich sind die Namen der Gewächse: Big Max, Sweet Mama, Baby Boo, Mandarin, Halloween oder Uchiki Kurit. *Süddeutsche Zeitung, Oktober 2000*

8 a) Wie hoch sind die Kürbispyramiden ungefähr?
b) Wie viele Kürbisse werden ungefähr für eine Pyramide benötigt?
c) Für wie viele solcher Pyramiden reicht die angegebene Anzahl?

Abb. 4.4 Sachaufgabe zur Geometrie sowie Arithmetik und Algebra (Böer, et al., mathe live 9, 2002, S. 169)

Es gibt auch Aufgabenbeispiele, die inhaltsübergreifend einzuordnen sind. Die abgebildete Sachaufgabe zur Kürbispyramide (s. Abb. 4.4) stellt – abhängig von der gewählten Lösung – eine Mischform aus Geometrie sowie Arithmetik und Algebra dar. Pyramiden zählen zur Geometrie, während die Berechnungen der Anzahl zur Arithmetik gehören. Ggf. könnte die Lösung sogar mit algebraischen Mitteln erarbeitet werden.

4.1.2 Sachaufgaben und Gleichungen

Vollrath betrachtet Probleme mit Sachaufgaben im Zusammenhang mit Aufgaben zu Gleichungen, die nach seiner Einschätzung bei Schülerinnen und Schülern besonders gefürchtet sind. Die besondere Schwierigkeit bei Aufgaben dieses Typs ist das Finden des Ansatzes, also der Gleichung. Hier sieht Vollrath (Vollrath, 2003, S. 207 ff.) zwei wesentliche Strategien:

- Die gesuchte Größe wird mit x bezeichnet, und damit werden Terme zusammengesetzt, die dann zueinander in Relation gesetzt werden.
- Es werden Relationen erkannt, die dann mit Hilfe von Termen ausgedrückt werden.

Sachaufgaben zu Gleichungen sind häufig nicht sehr realistisch und haben oft ausschließlich das Ziel, das Aufstellen und Lösen von Gleichungen zu üben. Besonders diese Art von Aufgaben zu Gleichungen kann besonders leicht und schnell für den Mathematikunterricht entwickelt werden. Die Aufgaben sollten aber einen echten Kontextbezug haben und einen wirklichen Modellbildungsprozess fordern, um Schwierigkeiten im Umgang mit realen Kontexten und einem falschen Bild von Mathematik vorzubeugen. Dies stellt allerdings höhere Anforderungen an Aufgabenentwicklung und Unterricht.

4.2 Offene Aufgaben

4.2.1 Anfangszustand, Transformation und Zielzustand

Es gibt verschiedene Klassifizierungen von offenen Aufgaben, von denen hier nur auf die von Bruder, Büchter & Leuders und Wiegand & Blum hingewiesen werden soll (Bruder, 2000; Bruder, 2003; Büchter & Leuders, 2005; Wiegand & Blum, 1999; Blum & Wiegand, 2000). Alle diese Klassifizierungen nutzen die aus der Problemlösepsychologie bekannte Beschreibung eines Problems durch *Anfangszustand, Zielzustand* und eine *Transformation,* die den Anfangs- in den Zielzustand überführt (Klix, 1971).

Offene Aufgaben werden dabei nach Klarheit von Anfangs- und Zielzustand sowie nach Klarheit und Mehrdeutigkeit der Transformation eingeteilt. Die oben genannten Autoren kommen dabei zu unterschiedlichen Klassifikationen, die hier nicht im Einzelnen diskutiert werden sollen. Wir beziehen uns speziell auf die von Wiegand und Blum vorgestellte Typisierung, die sechs Typen unterscheidet (s. Tabelle 4.1).

Tabelle 4.1 Klassifizierung offener Aufgaben (Wiegand & Blum, 1999)

Typ	Anfangszustand	Transformation	Zielzustand
Typ 1	unklar	unklar	unklar
Typ 2	unklar	unklar	klar
Typ 3	klar	unklar	unklar
Typ 4	klar	unklar	klar
Typ 5	klar	klar	unklar
Typ 6	klar	klar	klar

Bruder unterscheidet acht Aufgabentypen. Sie unterscheidet die Anfangs- und Endsituation allerdings durch die Begriffe *vorgegeben* und *nicht vorgegeben*. Dies führt zu einer etwas anderen Akzentsetzung (s. Tabelle 4.2).

Tabelle 4.2 Klassifizierung offener Aufgaben (Bruder, 2003)

Name	Anfangssituation	Transformation	Endsituation
vollständig gelöste Aufgabe	vorgegeben	vorgegeben	vorgegeben
Grundaufgabe	vorgegeben	vorgegeben	nicht vorgegeben
Umkehrung einer Grundaufgabe	nicht vorgegeben	vorgegeben	vorgegeben
Bestimmungsaufgabe	vorgegeben	nicht vorgegeben	nicht vorgegeben
Umkehrung einer Bestimmungsaufgabe	nicht vorgegeben	nicht vorgegeben	vorgegeben
Strategiefindungs- oder Begründungs-aufgabe	vorgegeben	nicht vorgegeben	vorgegeben
Eigenkonstruktionen – Anwendungen finden	nicht vorgegeben	vorgegeben	nicht vorgegeben
offene Aufgabensituationen	nicht vorgegeben	nicht vorgegeben	(nicht vorgegeben)

Die Tabellen zeigen, dass Blum und Wiegand mit *unklar* etwas anderes meinen als Bruder mit *nicht vorgegeben*. Blum und Wiegand betrachten die Sicht der Lehrenden, Bruder die Sicht der Lernenden.

Vergleicht man beispielsweise Typ 5 aus Tabelle 4.1 mit der Grundaufgabe aus Tabelle 4.2, so ist im ersten Fall auch für den Lehrer das Ergebnis der Aufgabe unklar. Er kann nicht alle Lösungen kennen, denn es gibt keine eindeutige Lösung. Bei der Grundaufgabe dagegen ist die Lösung der Aufgabe für den Schüler zwar nicht bekannt, die Lösung existiert aber eindeutig, und sie ist dem Lehrer bekannt.

Wir wollen hier die Typisierung aus Tabelle 4.1 noch etwas ausweiten. Man erhält dann folgende Liste von Aufgabentypen unter Berücksichtigung der Offenheit von Anfangs- und Zielzustand sowie Transformation.

Tabelle 4.3 Klassifizierung offener Aufgaben (Greefrath, 2004)

Typ der offenen Aufgabe	Anfangszustand	Transformation	Zielzustand
Problemsituation	unklar	unklar	unklar
unscharfes Problem	unklar	unklar	klar
Interpretationsproblem	klar	unklar	unklar
Strategiefindungsproblem	klar	unklar	klar
Interpretationsaufgabe	klar	klar	unklar
einfache offene Aufgabe	klar	klar	klar
Aufgabe erfinden	unklar	klar	unklar
Anfangssituation erfinden	unklar	klar	klar

Dabei muss zu den einfachen offenen Aufgaben – wie auch bei Wiegand und Blum – angemerkt werden, dass hier eine klare, aber mehrdeutige Transformation gemeint ist, da es sich sonst nicht mehr um eine offene Aufgabe handeln würde.

Als Beispiel wollen wir hier eine Aufgabe vom Typ unscharfes Problem betrachten. Dieser Typ umfasst Aufgaben mit unklarer Ausgangssituation, aber eindeutiger Fragestellung. In diesem Beispiel (s. Abb. 4.5) ist durch die Fotos nur eine unklare Ausgangssituation gegeben, da genaue Informationen zu dem Problem nicht vorliegen. Die Fragestellung beschreibt allerdings den Zielzustand klar, da genau benannt ist, was bestimmt werden soll. Die Transformation, also der mögliche Weg zum Erreichen des Zielzustandes, wird ebenfalls durch die Aufgabenstellung nur angedeutet und ist somit ebenfalls unklar.

Abb. 4.5 Beispielaufgabe: Was kostet das Verputzen dieses Hauses?

4.2.2 Überbestimmte und unterbestimmte Aufgaben

Aufgabentexte oder Aufgabenstellungen können Angaben enthalten, die zur Lösung der Aufgabe nicht erforderlich sind. In einem solchen Fall spricht man von einer *überbestimmten Aufgabe*. Zech spricht hier von erhöhter Abstraktionsanforderung (Zech, 1998, S. 328). Ein Beispiel für eine solche Aufgabe ist eine Frage zu einem Sachtext, aus dem nur einige Informationen zur Lösung der Aufgabe verwendet werden müssen. Möglich wäre auch noch der Fall, dass die Informationen nicht exakt zueinander passen und je nach Auswahl unterschiedliche Ergebnisse liefern.

Ebenso ist der umgekehrte Fall denkbar, bei dem die Aufgaben nicht alle Informationen enhalten, die zur Lösung benötigt werden. Das ist beispielsweise bei unscharfen Problemen der Fall, bei denen der Anfangszustand unklar ist. In solchen Fällen spricht man von einer *unterbestimmten Aufgabe*. Dann müssen die fehlenden Informationen beispielswiese durch Alltagswissen, Schätzen oder eine Recherche ermittelt werden.

4.2.3 Schätzaufgaben

Bei der Bearbeitung von unterbestimmten Aufgaben spielt häufig das Schätzen zur Datenbeschaffung eine große Rolle. *Schätzen* wird zur Ermittlung von Näherungswerten für reale Daten verwendet. Im Unterschied zum Raten, wobei Größen ohne Vergleich mit bekannten Größen ermittelt bzw. erfunden werden, wird beim Schätzen ein gedanklicher Vergleich mit bekannten Größen durchgeführt. Solche bekannten Größen sind die Stützpunktvorstellungen der Schülerinnen und Schüler. Dazu kann beispielsweise gehören, dass eine Tür in der Regel eine Höhe von 2 m oder ein DIN A4-Blatt eine Breite von 21 cm hat.

Falls der Schätzwert als Intervall von kleinst- und größtmöglichem Wert bestimmt wird, spricht man von *Abschätzen.* Während beim Schätzen und Abschätzen ein gedanklicher Vergleich vorliegt, wird beim *Messen* mit Hilfe von Messinstrumenten ein direkter Vergleich mit einer festgelegten Einheit durchgeführt. Das Messen ist daher in den meisten Fällen das genauere Verfahren. Allerdings sind nicht alle Größen auch tatsächlich dem Messen zugänglich bzw. ist nicht immer ein entsprechendes Messinstrument vorhanden.

Der Schwierigkeitsgrad einer Schätzaufgabe hängt von verschiedenen Faktoren ab. Diese sind zum einen individuelle Faktoren, wie das vorhandene Stützpunktwissen der Schülerinnen und Schüler, und zum anderen Faktoren der Schätzaufgabe selbst. So spielt die Anzahl der gleichzeitig zu schätzenden Größen genauso eine Rolle wie die Darstellung dieser Größen.

Wie viele Kürbisse wachsen auf einem Kürbisfeld?

Abb. 4.6 Schätzgröße nicht als Foto, sondern nur gedanklich vorhanden

Auf dem Foto ist ein Ausschnitt eines Kürbisfeldes zu sehen. Wie viele Kürbisse wachsen auf einem ganzen Kürbisfeld?

Abb. 4.7 Schätzgröße als Foto vorhanden

Bei der zweiten Kürbis-Aufgabe (Abb. 4.7) ist die Schätzgröße als Foto vorhanden. Die Schätzgrößen in der ersten Kürbis-Aufgabe (Abb. 4.6) sind nicht gegenständlich vorhanden, sie existieren zum Zeitpunkt der Aufgabenstellung nur gedanklich. Anders wäre das etwa, wenn die Schulklasse zur Bearbeitung dieser Aufgabe zu dem Feld mit den Kürbissen gehen würde und dort die Überlegungen mit direktem Vergleich unterstützen könnte. Für die Darstellung der Schätzgröße gibt es also im Prinzip die Möglichkeiten, dass sie als Gegenstand, als Foto oder nur gedanklich vorliegen. Um eine Schätzaufgabe handelt es sich aber nur, wenn der Gegenstand oder das Foto nicht zum direkten Messen benutzt wird bzw. werden kann.

Die Anzahl der zu schätzenden Größen beeinflusst ebenfalls den Schwierigkeitsgrad von Schätzaufgaben. In einer *einfachen Schätzaufgabe* wird nur eine Größe gesucht. Die könnte beispielsweise eine Schätzaufgabe zur Länge eines Traktoranhängers sein.

Wie lang ist ein Traktoranhänger?

In diesem Beispiel ist nur eine Länge zu schätzen. Dies kann z. B. durch den gedanklichen Vergleich mit bekannten Körpermaßen oder der Reifengröße geschehen. Der Erfolg solcher Vergleiche hängt vom Stützpunktwissen der Schülerinnen und Schüler ab. Eine Schwierigkeit dabei ist, dass nicht alle Anhänger die gleiche Länge haben. Hier muss also ein Durchschnittswert ermittelt werden, wenn der Anhänger nicht gegenständlich oder als Foto vorliegt. In einer *komplexen Schätzaufgabe* wird mit mindestens zwei Größen gearbeitet. Hier könnte man an das folgende Beispiel denken.

Wie groß ist die Ladefläche eines Traktoranhängers?

Für diese Aufgabe kann entweder die Fläche durch Vergleich mit einer geeigneten Stützpunktvorstellung (wie z. B. einem Quadratmeter) direkt geschätzt werden, oder es müssen zwei gleichartige Schätzwerte (Länge und Breite) ermittelt werden. Je nach Vorgehen handelt es sich also um eine einfache Schätzaufgabe oder bereits um eine komplexe Schätzaufgabe. Der Schwierigkeitsgrad erhöht sich, wenn weitere Schätzgrößen hinzukommen.

Wie viele Kürbisse passen auf einen Traktoranhänger?

Für diese Aufgabe müssen nicht nur die Fläche des Traktoranhängers, sondern auch die mögliche Höhe der Ladung sowie die Größe der Kürbisse bekannt sein. Das Beispiel kann zu einer Aufgabe mit drei Schätzgrößen ausgebaut werden:

> Wie viele Traktoranhänger werden bei der Ernte eines Kürbisfeldes gefüllt?

In diesem Abschnitt wurde deutlich, dass die Anzahl der zu schätzenden Größen einen Einfluss auf den Schwierigkeitsgrad der Aufgabe hat.

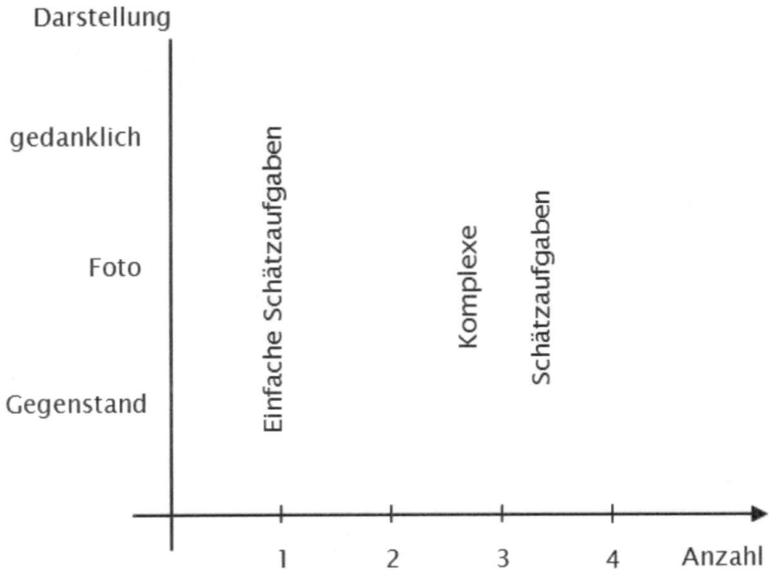

Abb. 4.8 Darstellung und Anzahl der Schätzgrößen

Allerdings ist auch die Darstellung der Schätzgröße für den Schwierigkeitsgrad verantwortlich; hier handelt es sich um eine weitere Dimension, die bei Schätzaufgaben betrachtet werden kann. Verwenden wir das Aufgabenbeispiel, in dem die Anzahl der Traktoranhänger ermittelt werden soll, die für die Ernte eines Kürbisfeldes benötigt werden, so können sich sicher viele Schülerinnen und Schüler nicht gut vorstellen, wie das konkret abläuft und wie die entsprechenden Größen zueinander in Beziehung stehen. Dazu könnte dann die Angabe der Schätzgrößen als Foto (s. Abb. 4.9) eine große Hilfe sein (Bönig, 2003; Franke, 2003; Greefrath, 2007; Greefrath & Leuders, 2009).

Wie viele Traktoranhänger werden bei der Ernte eines Kürbisfeldes gefüllt?

Abb. 4.9 Komplexe Schätzaufgabe mit Schätzgrößen als Foto

4.2.4 Fermi-Aufgaben

Fermi-Aufgaben sind im Prinzip unterbestimmte offene Aufgaben mit klarem Endzustand aber unklarem Anfangszustand sowie unklarer Transformation, bei denen die Datenbeschaffung – meist durch mehrfaches Schätzen – im Vordergrund steht. Sie gehen auf den Kernphysiker und Nobelpreisträger Enrico Fermi (1901–1954) zurück. Er war für schnelle Abschätzungen von Problemen bekannt, für die praktisch keine Daten vorliegen.

Das klassische Beispiel für eine Fermi-Aufgabe ist die Frage nach der Zahl der Klavierstimmer in Chicago. Hier liegen zunächst keine Informationen vor. Man kann aber die Größenordnung schrittweise durch sinnvolle Annahmen über die Einwohner von Chicago, die Größe eines Haushalts, den Anteil von Haushalten mit Klavier, den Zeitraum zwischen zwei Klavierstimmungen, die Dauer des Klavierstimmens und das Arbeitspensum eines Klavierstimmers auf etwa 100 schätzen und so die Frage sinnvoll beantworten. Die Antwort wird also durch geeignete Auswahl und sinnvolles Schätzen von Zwischenangaben bestimmt.

Fermi-Aufgaben zeichnen sich außer durch ihre Offenheit auch durch Realitätsbezug und eine besondere Zugänglichkeit aus. Sie sind herausfordernd und können nicht nur weitere Fragen, sondern auch die Verwendung von Mathematik in der Welt anregen.

Der Begriff Fermi-Aufgaben wird auch *im weiteren Sinne* für offene Aufgaben verwendet, bei denen die Aufgabenstellung nur aus einer Frage besteht. Wir bezeichnen Fermi-Aufgaben wie die Frage nach der Zahl der Klavierstimmer in Chicago, die durch Schätzen von Zwischenangaben gelöst werden, als Fermi-Aufgaben *im ursprünglichen Sinne*. Es handelt sich bei solchen Aufgaben also gleichzeitig auch um komplexe Schätzaufgaben.

Beim Einsatz von Fermi-Aufgaben im Mathematikunterricht steht weniger das Rechnen im Vordergrund als die anderen Schritte im Modellierungskreislauf wie das Vereinfachen und das Validieren. Speziell der Umgang mit Ungenauigkeit, der häufig keinen großen Raum im Mathematikunterricht einnimmt, kann mit Hilfe von Fermi-Aufgaben thematisiert werden. So werden durch eine Fermi-Aufgabe im ursprünglichen Sinne das Schätzen und die Arbeit mit ungenauen Angaben besonders gefördert. Auch das Mathematisieren zu (möglichst einfachen) Modellen spielt eine wichtige Rolle. Durch Fermi-Aufgaben im weiteren Sinne können außerdem das Recherchieren und Experimentieren sowie das Finden verschiedener Wege in den Mittelpunkt gestellt werden. Schülerinnen und Schüler lernen außerdem selbst Fragen zu stellen und so mit heuristischen Strategien zu arbeiten. Sie verwenden Alltagswissen und rechnen mit Größen.

Fermi-Aufgaben im weiteren Sinne können entsprechend ihrem Schwerpunkt im Umgang mit Daten klassifiziert werden:

- Schätzen und Überschlagen von Größen und Anzahlen
- Veranschaulichung gegebener Größen und Anzahlen
- Schätzen und Überschlagen sowie Veranschaulichen
- Gewinnen fehlender Daten aus Annahmen/Alltagswissen
- Bestimmen von Daten aus Abbildungen (s. Abb. 4.10)
- Bestimmen fehlender Daten durch Messung/Experiment (s. Abb. 4.11)
- Recherchieren von Daten
- experimentelles Überprüfen

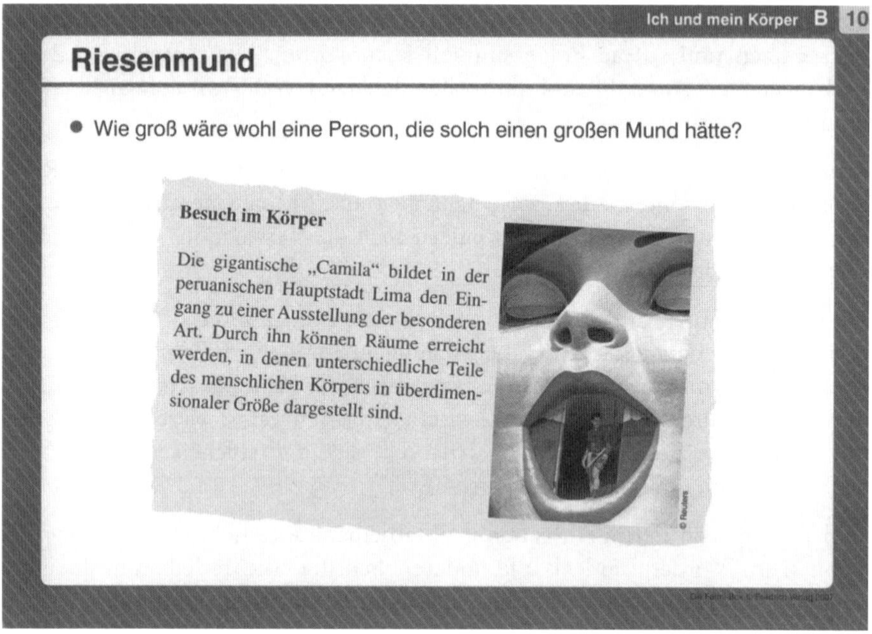

Abb. 4.10 Bestimmen von Daten aus Abbildungen (Büchter, Herget, Leuders, & Müller, 2006)

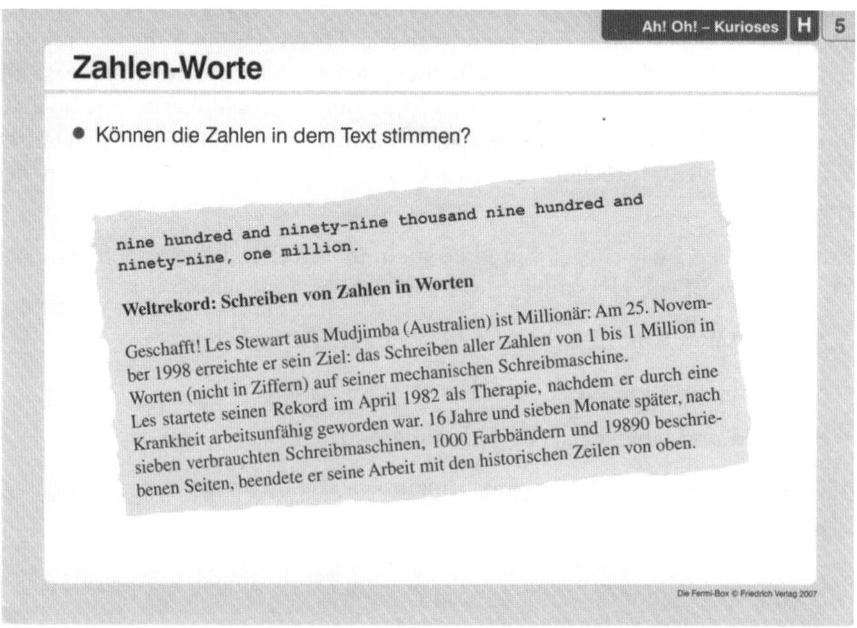

Abb. 4.11 Bestimmen fehlender Daten durch Messung/Experiment (Büchter, Herget, Leuders, & Müller, 2006)

Fermi-Aufgaben im ursprünglichen Sinne finden sich in den Typen *Schätzen und Überschlagen von Größen und Anzahlen* sowie *Gewinnen fehlender Daten aus Annahmen/Alltagswissen*. Die Arbeit mit Experimenten und Abbildungen sowie die Recherche kann Fermi-Aufgaben im weiteren Sinne zugeordnet werden (Büchter, Herget, Leuders, & Müller, 2006; Leuders, 2001, S. 104; Herget & Klika, 2003).

4.3 Kontextuelle und subjektive Kriterien

4.3.1 Klassische Aufgabentypen

Traditionell werden Sachaufgaben mit Blick auf die Ernsthaftigkeit des verwendeten Kontextes klassifiziert. Diese Einteilung wird häufig auf Aufgaben für die Grundschule bezogen, kann aber entsprechend auch für die Sekundarstufe verwendet werden.

Eingekleidete Aufgaben

Bei eingekleideten Aufgaben handelt es sich um Rechnungen ohne wirklichen Realitätsbezug. Der Sachkontext spielt für die Lösung der Aufgaben keine Rolle und kann beliebig ausgetauscht werden. Dies birgt die Gefahr, dass der Bezug zur Erfahrungswirklichkeit im Mathematikunterricht verloren geht (Schütte, 1994, S. 78 ff.). Das Ziel eingekleideter Aufgaben ist die Anwendung und Übung von Rechenfertigkeiten. Zu diesem Aufgabentyp zählen auch eingekleidete Knobelaufgaben, wie etwa das folgende Beispiel.

Beispiel für eine eingekleidete Aufgabe

In einem Stall werden 42 Tiere gezählt. Es sind Pferde und Fliegen. Zusammen haben sie 196 Beine. Wie viele Fliegen und wie viele Pferde sind es?

In der Beispielaufgabe ist nur relevant, dass Pferde vier und Fliegen sechs Beine haben. Ansonsten könnte der Kontext beliebig ausgetauscht werden. Außerdem hat die Fragestellung keinen wirklichen Realitätsbezug, da es viel leichter wäre, die Art der Tiere zu zählen als die Beine und die Anzahl der Tiere. Das Ziel ist also eine Lösung durch geschicktes Ausprobieren. Denkbar ist ebenso – bezogen auf die Sekundarstufe – das Aufstellen von Gleichungen und deren

Lösung. (Radatz & Schipper, 1983; Krauthausen & Scherer, 2007, S. 84 ff.; Franke, 2003, S. 32 ff.)

Die Problematik der eingekleideten Aufgaben setzt sich auch in die Sekundarstufe II fort. Sie wird durch die nun fast überall in Deutschland eingeführten zentralen Prüfungen noch verschärft (Henn, 2007, S. 263). So findet man häufig in Abiturprüfungen Aufgabenformulierungen, bei denen sogar die Einkleidung an einigen Stellen fehlt. Beispielsweise wird in einer Abituraufgabe zur Analysis eine Funktionsgleichung für die Zuflussgeschwindigkeit von Wasser angegeben, aber anschließend nicht nach dem in den See geflossenen Volumen, sondern nach dem Inhalt der Fläche zwischen Graph und t-Achse gefragt.

Beispielaufgabe aus einer zentralen Abiturprüfung

Die Zuflussgeschwindigkeit des Wassers in einem Stausee einer Bergregion lässt sich in den ersten 12 Stunden nach sehr starken Regenfällen näherungsweise durch die obige Funktion f, ... beschreiben. ...

d) Berechnen Sie den Inhalt der Fläche, die der Graph von f mit der t-Achse zwischen $t = 0$ und $t = 12$ einschließt. Interpretieren Sie das Ergebnis im Sachzusammenhang. (Ministerium für Schule NRW, 2007)

Das Fehlen der Einkleidung kann zum einen zeigen, dass die Aufgaben nicht ernsthaft im Kontext bearbeitet werden sollen, und zum anderen könnte es als Hilfe für die Schülerinnen und Schüler gedacht sein, da so die Übersetzung des Kontextes nicht mehr geleistet werden muss. Auch hier besteht die Gefahr, dass der Bezug zur Realität im Mathematikunterricht verloren geht.

Textaufgaben

Textaufgaben sind typisch für das klassische Sachrechnen. Sie bestehen aus Aufgaben in Textform – teilweise auch ergänzt durch ein Bild. Die Sache ist – ähnlich wie bei den eingekleideten Aufgaben – austauschbar, und die Realität ist häufig sehr vereinfacht dargestellt. Das Ziel ist die Förderung mathematischer Fähigkeiten. Daher wird in diesem Zusammenhang auch von *Sachrechenaufgaben* gesprochen (Schütte, 1994, S. 79). Allerdings muss dazu zunächst der Zusammenhang zwischen den angegebene Daten im Text erfasst und mathematisch dargestellt werden. Von einer Erstellung eines mathematischen Modells kann aber auf Grund des fehlenden echten Realitätsbezugs und der vorgegebenen Vereinfachungen nicht wirklich gesprochen werden. Dennoch besteht ein Hauptproblem für die Schülerinnen und Schüler in der Übersetzung des Textes in die entsprechenden mathematischen Objekte, wie z. B. Terme oder Gleichungen. Aus diesem Grund ist auch die aus der Modellbildung bekante Bezeichnung *Mathematisierung* in diesem Zusammenhang üblich (Schütte, 1994, S. 79). Bei Textaufgaben dominiert das mathematische Problem im Vergleich zu den eingekleideten Aufgaben. Ein weiterer Schwerpunkt liegt dann – abhängig von der konkreten Aufgabenstellung – in der Interpretation der mathematischen Ergebnisse auf die Sachsituation.

Beispiel für eine Textaufgabe

Herr Stein bekommt 11 € Stundenlohn. Die monatlichen Abzüge betragen 363 €. Er erhält daher am Ende des Monats Mai 2035 €. Wie viele Stunden hat er im Mai gearbeitet?

Der in der Beispielaufgabe dargestellte Sachverhalt ist zwar möglicherweise real, allerdings für Schülerinnen und Schüler nicht wirklich interessant. Vergleichbare Textaufgaben werden auch heute noch zu Übungszwecken im Unterricht eingesetzt. In den 70er Jahren des letzten Jahrhunderts hat man Textaufgaben als die eigentlichen Sachaufgaben angesehen (Maier & Schubert, 1978, S. 12).

Die ausgiebige Behandlung derartiger Textaufgaben im Mathematikunterricht ist stark kritisiert worden. Ein Grund dafür ist der fehlende echte Realitätsbezug. Ein weiterer Grund ist das Verfahren des Einübens mathematischer Sachverhalte an gleichartigen Textaufgaben, sodass noch schneller ein echtes Nachdenken über den verwendeten Kontext überflüssig wird. (Franke, 2003, S. 32 ff.; Krauthausen & Scherer, 2007, S. 84 ff.; Radatz & Schipper, 1983)

Sachprobleme

Bei Sachproblemen, die auch als Sachaufgaben bezeichnet werden, steht ein tatsächliches Problem aus der Umwelt im Vordergrund. Hier wird die Sachrechnen-Funktion der Umwelterschließung vermittelt. Dabei werden häufig reale Daten vorgegeben, zu denen dann authentische Fragen gestellt werden. Die entsprechenden Probleme können auch im projektartigen Unterricht eingesetzt werden.

Beispiel für ein Sachproblem

Sonja hat zum Geburtstag ein 21-Gang-Fahrrad bekommen. Kritisch fragt sie sich, wie viele Gänge es wohl wirklich hat. Was meint ihr? (Hinrichs, 2008, S. 164)

Da die bearbeitete Sache eine echte Rolle spielt, müssen auch Informationen über den entsprechenden Sachverhalt eingeholt und verarbeitet werden. Daher ist die Bearbeitung von Sachproblemen auch fachübergreifend bzw. im Idealfall sogar fächerverbindend. In diesem Sinne sind die Sachprobleme auch Modellierungsaufgaben gleichzusetzen. (Radatz & Schipper, 1983; Krauthausen & Scherer, 2007, S. 84 ff.; Franke, 2003, S. 32 ff.; Maier & Schubert, 1978)

Im Rahmen des modernen Sachrechens beschäftigt man sich mit Aufgaben, bei denen sowohl die Umwelt als auch die Mathematik etwa gleichberechtigt sind. Daher ist die klassische Einteilung im Prinzip überflüssig. Dennoch wird diese Einteilung noch häufig verwendet – allerdings auch nicht ganz eindeutig (Franke, 2003, S. 35).

Tabelle 4.4 Klassische Aufgabentypen

	eingekleidete Aufgabe	**Textaufgabe**	**Sachaufgabe**
Schwerpunkt	rechnerisch	mathematisch	sachbezogen
Ziel	Anwendung und Übung von Rechenfertigkeiten	Förderung mathematischer Fähigkeiten	Umwelterschließung mit Hilfe von Mathematik
Darstellung	in einfache Sachsituationen eingekleidet	in (komplexere) Sachsituationen eingekleidet	reale Daten und Fakten bzw. offene Angaben
Kontext	kein wirklicher Realitätsbezug	kein wirklicher Realitätsbezug	echter Realitätsbezug
Tätigkeiten	Rechnen	Übersetzen, Rechnen, Interpretieren	Recherchieren, Vereinfachen, Mathematisieren, Rechnen, Interpretieren, Validieren

4.3.2 Abstufungen des Realitätsbezugs

Der Realitätsbezug von Aufgaben kann außer durch die Charakterisierung als Sachaufgabe auch genauer durch Begriffe wie Authentizität, Lebensrelevanz, Lebensnähe und Schülerrelevanz gefasst werden.

Eine *authentische* Aufgabe ist für Schülerinnen und Schüler glaubwürdig und gleichzeitig bezogen auf die Umwelt realistisch. Für Mathematikaufgaben ist hier außerdem wichtig, dass sie den Bezug der Mathematik zur Realität echt wiedergeben. Die *Authentizität* von Aufgaben bedeutet noch nicht, dass Schülerinnen und Schüler die entsprechenden Anwendungen tatsächlich benötigen oder dass diese Aufgaben für ihr gegenwärtiges oder zukünftiges Leben wichtig sind.

Eine Aufgabe ist dagegen *relevant*, wenn Sie als bedeutsam für das gegenwärtige oder zukünftige Leben von Schülerinnen und Schülern angesehen wird. Wenn eine Aufgabe aus Sicht der Schülerinnen und Schüler bereits gegenwärtig als bedeutsam angesehen wird, sprechen wir von *Schülerrelevanz*. Wird eine Aufgabe dagegen erst in zukünftigen Situationen für Schülerinnen und Schüler relevant, dann sprechen wir von *Lebensrelevanz*. Etwas abgeschwächter ist mit *Lebensnähe* lediglich gemeint, dass die entsprechenden Aufgaben mit dem gegenwärtigen oder zukünftigen Leben der Schülerinnen und Schüler in Verbindung gebracht werden können, aber nicht unbedingt relevant sind (Leuders, 2001, S. 100 ff.).

4.3.3 Subjektive Kriterien

Ob eine Aufgabe aus Sicht der Schülerinnen und Schüler als interessant angesehen wird, kann vielfältige Gründe haben. Häufig werden zwar schülerrelevante Aufgaben als interessanter empfunden als nicht authentische Aufgaben, aber auch weniger relevante Aufgaben können, wenn sie beispielsweise interessant präsentiert sind oder in bestimmter Weise auf die Erfahrungswelt der Schülerinnen und Schüler eingehen, interessant sein.

Die folgende Beispielaufgabe (s. Abb. 4.12) ist zwar nicht relevant, da Elefanten vermutlich selten in randvollen Becken baden, sie wird aber von Schülerinnen und Schülern häufig als interessant charakterisiert.

Ein Grund für den möglicherweise stärkeren Aufforderungscharakter dieser Aufgabe ist sicherlich, dass eine solche Aufgabe im Mathematikunterricht eher selten bearbeitet wird und viele Schülerinnen und Schüler Elefanten sehr interessant finden. Es kann also eine Frage des *Unterrichtskontextes* und des *Inhalts* sein, ob Schülerinnen und Schüler eine Aufgabe interessant finden.

Schon kleine Unterschiede von Aufgaben können einen Beitrag zu einem erhöhten Interesse liefern. So ist beispielsweise eine Aufgabe, in der das eigene Zimmer der Schülerinnen und Schüler angestrichen werden soll, vermutlich interessanter als eine Aufgabe, in der bestimmte Maße eines fiktiven Zimmers angegeben sind. Hier wäre dann der Faktor *Schülerrelevanz* entscheidend.

Auch die Frage der *Aktualität* kann eine Rolle spielen. So ist beispielsweise die Frage, ob man mit Hilfe der Wahrscheinlichkeitsrechnung auch Aussagen über den zukünftigen Fußballweltmeister machen kann (Hußmann & Leuders, 2006) kurz vor der Fußballweltmeisterschaft sicher viel interessanter als ein Jahr später.

Der Elefant soll baden. Wie viel Wasser wird aus einem randvollen Becken überlaufen? (Greefrath, 2007, S. 109)

Abb. 4.12 Aufgabenbeispiel Elefant

Für Schülerinnen und Schüler kann auch eine Aufgabe interessant sein, die nicht im Einklang mit bisherigen Vorstellungen ist. Sie löst dann einen *kognitiven Konflikt* aus, der das Interesse an einer Lösung erhöht. Hierzu zählt beispielsweise das Ziegenproblem, in dem es um eine Spielshow geht, bei der ein Kandidat ein Auto gewinnen kann. Dazu werden folgende Regeln festgelegt (Wikipedia, Ziegenproblem, 2009).

- Ein Auto und zwei Ziegen werden zufällig auf drei Tore verteilt.
- Zu Beginn des Spiels sind alle Tore verschlossen, sodass Auto und Ziegen nicht sichtbar sind.
- Der Kandidat wählt ein Tor aus, welches aber vorerst verschlossen bleibt.
- Hat der Kandidat das Tor mit dem Auto gewählt, dann öffnet der Moderator zufällig ausgewählt eines der beiden anderen Tore, hinter dem sich immer eine Ziege befindet.
- Hat der Kandidat ein Tor mit einer Ziege gewählt, dann öffnet der Moderator dasjenige der beiden anderen Tore, hinter dem die zweite Ziege steht.
- Der Moderator bietet dem Kandidaten an, seine Entscheidung zu überdenken und das andere, ungeöffnete Tor zu wählen.

- Das vom Kandidaten letztlich gewählte Tor wird geöffnet, und er erhält das Auto, falls es sich hinter diesem Tor befindet.

Die Frage ist nun, wie sich der Kandidat entscheiden soll. Tatsächlich ist es vorteilhaft für den Kandidaten, das Tor zu wechseln. Dies ist für viele überraschend und kann Ausgangspunkt für eine Beschäftigung mit bedingten Wahrscheinlichkeiten sein.

Die Frage, ob eine Aufgabe von Schülerinnen und Schülern *subjektiv* als interessant angesehen wird, hängt also von Faktoren unterschiedlichster Dimension ab. Hier haben wir als Auswahl den kognitiven Konflikt, die Aktualität, die Schülerrelevanz, den Inhalt und den Unterrichtskontext vorgestellt.

4.4 Prozessorientierte Aufgaben

Aufgaben können auf verschiedene Aspekte fokussieren. Es kann interessant sein, nicht nur auf den Inhalt, den Kontextbezug und die Offenheit von Aufgaben zu schauen, sondern auch auf den Bearbeitungsprozess. Die Bildungsstandards und Lehrpläne beschreiben prozessbezogene Kompetenzen, die sich in Aufgaben des Sachrechnens widerspiegeln sollten. Der Bearbeitungsprozess von Aufgaben hängt zwar von vielen Faktoren und nicht nur von der Aufgabe allein ab, aber man kann bei der Erstellung von Aufgaben besonders den Lösungsprozess in den Blick nehmen.

4.4.1 Lernen, Leisten und Diagnostizieren

Aufgaben unterscheiden sich häufig abhängig vom Zweck, für den sie erstellt worden sind. Es gibt eher offene Aufgabenformate, die für den Lernprozess erstellt worden sind. Hier werden häufig nicht alle Informationen vorgegeben, und die Schülerinnen und Schüler sollen zunächst eigenständig recherchieren.

Aufgaben für den Lernprozess können noch dahin gehend unterschieden werden, welche Funktion im Lernprozess sie einnehmen sollen. So können es Aufgaben zum Entdecken, zum Systematisieren oder zum Üben sein. Aufgaben zum Entdecken sind vom Charakter her in der Regel offener, um unterschiedliche Wege zu ermöglichen. Aufgaben zum Systematisieren geben dagegen häufig eine Struktur vor.

Sind Aufgaben für eine Klassenarbeit konzipiert, so kann es sein, dass Lehrerinnen und Lehrer zunächst an möglichst gerechte und einfache Korrekturmöglichkeiten denken. Das Ziel ist dann die Feststellung der Leistung. Bei der individuellen Diagnose dagegen liegen die Interessen von Lehrerinnen und Lehrern im Auffinden von Schwächen und Stärken der Schülerinnen und Schüler mit dem Ziel der individuellen Förderung. Diagnoseaufgaben haben insbesondere das Ziel herauszufinden, was Schülerinnen und Schüler bereits können (Scherer, 1999, S. 170).

Hier sollten Aufgaben für die Lehrerinnen und Lehrer besonders informativ sein und beispielsweise ausreichend Möglichkeiten und Anreize für individuelle Erläuterungen und ausführliche Begründungen sowie Nebenrechnungen zur Verfügung stehen. So können beispielsweise Aufgaben durch eine systematische Serie von Veränderungen an den Zahlenwerten, durch Variationen von Formulierungen, durch die Veränderung der Darstellungsform oder durch die Aufforderung, die Vorgehensweise zu erklären, für die Lehrerinnen und Lehrer informativ werden und so eine individuelle Diagnose ermöglichen. Dabei ist es stets das Ziel, dass die Schülerinnen und Schüler in möglichst hohem Maße Eigenproduktionen erzeugen und auf diese Weise nicht nur deutlich wird, ob eine Schülerin oder ein Schüler eine Aufgabe gelöst hat, sondern auch, an welcher Stelle und auf welchem Niveau Schwierigkeiten aufgetreten sind (Sundermann & Selter, 2006, S. 79 ff.; Leuders, 2006).

Des Weiteren sollten Diagnoseaufgaben im Hinblick auf die zu untersuchende Kompetenz oder Teilkompetenz valide sein und diese nicht mit anderen Aspekten vermischen (Büchter & Leuders, 2005, S. 173; Abel, M. et al., 2006). Erfordern die Diagnoseaufgaben unterschiedliche Teilkompetenzen gleichzeitig, so ist die Analyse von Aufgabenlösungen schwieriger als für Aufgaben, die nur eine Teilkompetenz erfordern.

Eine Möglichkeit, um solche Eigenproduktionen zu motivieren, sind Aufgaben, die mit authentischem Material arbeiten und auffordern, vorhandene Widersprüche oder Fehler zu finden und richtig zu stellen.

Schnellfahrer

Fuhr vor einigen Jahren noch jeder zehnte Autofahrer zu schnell, so ist es mittlerweile heute „nur noch" jeder fünfte. Doch auch fünf Prozent sind zu viele, und so wird weiterhin kontrolliert, und die Schnellfahrer haben zu zahlen (in: Norderneyer Badezeitung; Herget & Scholz, 1998, S. 32).

Auf diese Weise können auch Lehrende feststellen, ob Schülerinnen und Schüler die Zusammenhänge von Bruch- und Prozentrechnung und deren Anwendung auf reale Situationen verstanden haben (Herget, 2006).

Insbesondere die Gestaltung von Prüfungsaufgaben mit Anwendungsbezug ist problematisch, wenn nicht nur eingekleidete Aufgaben verwendet werden sollen. Hier könnte es auch eine Lösung sein, wieder häufiger die Erstellung von

Texten über Mathematik in Prüfungen zu verlangen. Beispielsweise könnte in einer Prüfungsaufgabe zum Dreisatz auch ein kurzer Text über die Anwendungsmöglichkeiten des Dreisatzes und über Situationen, in denen er nicht verwendet werden kann, verlangt werden.

Dieses Vorgehen ist auch in der Sekundarstufe II noch empfehlenswert. Beispielsweise könnte in einer Prüfung zur Integralrechnung folgende Aufgabe gestellt werden.

> Beschreibe ein Anwendungsbeispiel, in dem die Integralrechnung verwendet werden kann.

Das Ziel einer solchen Aufgabe ist die Reflexion der Verwendung von Mathematik im Alltag. Dieser Aufgabentyp gibt keinen spezifischen Anwendungsbezug vor, sondern ist – auch in zentralen Prüfungen – flexibel auf den Unterricht bezogen (Greefrath, Leuders, & Pallack, 2008).

4.4.2 Teilkompetenzen des Modellierens

Schülerinnen und Schüler können bei der Bearbeitung einer Modellierungsaufgabe an vielen Stellen auf Probleme stoßen. Für eine gezielte Förderung oder eine genaue Diagnose von Modellierungskompetenzen ist es sinnvoll, Modellierungsaufgaben zu Teilaufgaben zu reduzieren, die Teilschritte des Modellierungskreislaufs besonders in den Blick nehmen. Diesen Teilschritten entsprechen die schon angesprochenen Teilkompetenzen des Modellierens (s. S. 52).

Das Entwickeln von Aufgaben für einzelne Teilkompetenzen des Modellierens ist schwierig, da bei der Reduktion von Modellierungsaufgaben auf eine Teilkompetenz die *Authentizität* der Aufgabe verloren gehen kann. Gerade die Authentizität ist aber für Modellierungstätigkeiten eine unverzichtbare Voraussetzung. Ob die entsprechende Aufgabe tatsächlich geeignet ist, (nur) auf eine Teilkompetenz des Modellierens zu fokussieren, muss jeweils kritisch hinterfragt werden. Wird beispielsweise mehr als eine Teilkompetenz angesprochen oder ist die Aufgabe keine Modellierungsaufgabe mehr, so kann sie nicht zur Diagnose einer bestimmten Teilkompetenz des Modellierens eingesetzt werden.

Im Folgenden sollen Aufgaben zu Teilkompetenzen des Modellierens vorgestellt werden, die durch das Einschränken einer vorhandenen Modellierungsaufgabe (s. Abb. 4.13) durch Angabe von weiteren Informationen gewonnen wurden. So werden die Schülerinnen und Schüler von bestimmten Tätigkeiten im Modellbildungsprozess entlastet und können sich auf eine (oder auch wenige) Teilkompetenz(en) des Modellierens konzentrieren. Dadurch wird eine

Diagnose oder Förderung dieser Teilkompetenzen möglich. Diese Vorgehensweise stellen wir an einer Modellierungsaufgabe zum Themenbereich Stau vor und schränken diese im ersten Beispiel auf das Vereinfachen und im zweiten Beispiel auf das Validieren ein.

Die Sommerferien beginnen häufig mit vielen Kilometern Stau in Deutschland. Im letzten Jahr waren es an einem Tag insgesamt 180 km. Wie viele Menschen befanden sich dann vermutlich im Stau?

Abb. 4.13 Modellierungsaufgabe Stau

In der Teilkompetenzaufgabe 1 (s. Abb. 4.14) werden Möglichkeiten zur Vereinfachung des Problems vorgegeben. Nicht alle angegebenen Möglichkeiten sind zur Lösung der Stau-Aufgabe sinnvoll. Bei einigen ist sogar eine Entscheidung schwierig, da beispielsweise die Tageszeit auf Grund von Berufspendlern schon Einfluss auf die Anzahl der Personen im Auto haben könnte. Deshalb wird auch eine Begründung eingefordert. In dieser Aufgabe wird keine Rechnung oder weitere Bearbeitung verlangt. Sie zielt allein auf die Wahl geeigneter Modellparameter ab. Die Aufgabe ist – obwohl sie deutlich eingeschränkter ist als die Modellierungsaufgabe – weiterhin offen, da ja die Wahl einiger Möglichkeiten auch von den entsprechenden Begründungen abhängt. Außerdem hat die Aufgabe durch die Einschränkung nicht ihre Authentizität verloren. Sie ist als Diagnose- und Förderaufgabe zur Teilkompetenz Vereinfachen geeignet, weil sie sehr gezielt nur diese Kompetenz anspricht und auf Grund der eingeforderten Begründungen viele Informationen über die Gedanken der Schülerinnen und Schüler liefert.

In der Teilkompetenzaufgabe 2 dagegen werden zwei Berechnungsmöglichkeiten vorgegeben. Die Schülerinnen und Schüler sollen diese Rechnungen vergleichen und bewerten. Dazu müssen die gegebenen mathematischen Modelle analysiert und mit der realen Situation in Beziehung gesetzt werden. Die Schülerinnen und Schüler müssen dazu die entsprechenden Faktoren aus der Rechnung in der Realität deuten und auf Plausibilität überprüfen. Dies spricht die Teilkompetenz des Validierens an. Die Bewertung der beiden Rechnungen erfordert eine längere Begründung, die hier ermöglicht, dass die Gedanken der Schülerinnen und Schüler erfasst werden können (Greefrath, 2008).

Katja und Toni wollen berechnen, wie viele Menschen sich vermutlich in einem Stau der Länge 180 km befinden. Sie haben sich überlegt, welche Informationen wichtig sein könnten, und eine Liste von benötigten Informationen erstellt. Für welche dieser Informationen würdest du dich entscheiden? Begründe!

Fahrzeuglänge

Wetter

Art des Fahrzeugs

Benzinverbrauch

Bundesland

Abstand zum nächsten Pkw

Anzahl der Fahrspuren

Jahreszeit

Alter des Fahrers

Anzahl der Mitfahrer

Tageszeit

Wochentag

Baustellen

Ferienzeit

Abb. 4.14 Teilkompetenzaufgabe 1

Katja und Toni wollen berechnen, wie viele Menschen sich vermutlich in einem Stau der Länge 180 km befinden. Sie gehen davon aus, dass ein Fahrzeug 10 m Platz auf der Straße benötigt, und haben sich folgende Rechnungen überlegt.

$3 \cdot 18\,000 \cdot 4 =$

$3 \cdot 18\,000 \cdot 2 =$

Vergleiche die beiden Rechnungen und bewerte sie!

Abb. 4.15 Teilkompetenzaufgabe 2

4.4.3 Deskriptive und normative Modelle

Aufgaben zu deskriptiven oder normativen mathematischen Modellen können sehr unterschiedlichen Charakter haben. Während es bei deskriptiven Modellen im Prinzip darum geht, mathematische Modelle zu verwenden, um realitätsbezogene Probleme zu beschreiben und schließlich zu lösen, so geht es bei normativen Modellen darum, mathematische Vorschriften zu entwickeln, die in bestimmten Situationen für Entscheidungen verwendet werden können.

Ein Beispiel für eine deskriptive Modellierung wäre die Ermittlung von Materialkosten von selbst hergestellter Marmelade. Dazu müssten die Schülerinnen und Schüler zunächst durch die Aufgabe oder durch eine Recherche die Informationen zusammenstellen, die man in diesem Zusammenhang benötigt. Die Kosten können dann auf der Basis entsprechender Annahmen und Berechnungen ermittelt werden (Leuders & Leiß, 2006).

Ein Beispiel für eine normative Modellierung ist die Verteilung der Heizkosten in einem Haus mit mehreren Wohnungen. Dies ist tatsächlich ein reales Problem, das von Schülerinnen und Schülern in der Sekundarstufe I verstanden und bearbeitet werden kann. Einen Unterrichtsvorschlag findet man dazu bei Maaß

(Maaß J. , 2007). Hier können Schülerinnen und Schüler erkennen, dass unterschiedliche Modelle gleichberechtigte Lösungen dieses Problems sein können.

Im ersten Beispiel bei der Preisermittlung der Marmelade wird die Realität mit Hilfe von Mathematik beschrieben, beispielsweise wird berechnet, wie schwer die Marmelade ist, wie viel Marmelade in ein herkömmliches Glas passt und wie teuer die Gläser sind. Im zweiten Beispiel wird die Realität durch die Entscheidung für ein bestimmtes mathematisches Modell, beispielsweise die Aufteilung der Kosten nach Fläche, Personenzahl oder Verbrauch, erst erschaffen.

4.5 Aufgaben zur Wiederholung und Vertiefung

Europapark-Aufgabe

Die Eurosat im Europa Park ist eine der schnellsten Indoor-Achterbahnen Deutschlands. Der gesamte Streckenverlauf ist in eine silberfarbene Kugel gebaut. Wie viele Fußbälle würden anstelle der Achterbahn in die Kugel passen?

Abb. 4.16 Aufgabenbeispiel Europapark

Untersuchen Sie das Aufgabenbeispiel (s. Abb. 4.16).

1. Erläutern Sie anhand des Inhalts und der Präsentationsform der Aufgabe, ob diese Aufgabe für Schülerinnen und Schüler interessant sein könnte.
2. Erklären Sie am Beispiel dieser Aufgabe die Begriffe *Sachaufgabe* und *eingekleidete Aufgabe*. Wie würden Sie diese Aufgabe zuordnen? Wie könnte man die Aufgabe verändern, sodass sie anders eingeordnet werden muss?
3. Lösen Sie die Aufgabe ohne Hilfsmittel (wie beispielsweise das Internet).
4. Welche Schwierigkeiten können für Schülerinnen und Schüler bei der Aufgabenbearbeitung entstehen? Gehen Sie in diesem Zusammenhang auf die Frage nach der Genauigkeit der Lösung ein.
5. Ein mathematisches Modell kann durch *Isolierte Wirklichkeit*, *Vereinfachung*, *Anwendung von Mathematik* und *Entsprechung* (s. 3.1.1) charakterisiert werden. Erläutern Sie dies am Beispiel der vorliegenden Aufgabe.
6. Sie haben verschiedene Modelle des Modellierens (Modellierungskreisläufe) kennengelernt. Welches dieser Modelle trifft am besten auf Ihre Lösung dieser Aufgabe zu?

Aufgabentypen

1. Suchen Sie in Schulbüchern der Sekundarstufe I zwei Sachrechenaufgaben zum gleichen mathematischen Inhalt heraus. Eine der beiden Aufgaben soll lediglich einen Realitätsbezug besitzen, während die andere Aufgabe zusätzlich noch authentische Materialien verwendet.
2. Entwickeln Sie zum Themenbereich *lineare Funktionen* eine eingekleidete Aufgabe, eine Textaufgabe und eine Sachaufgabe.
3. Lösen Sie die folgende Fermi-Aufgabe, und ordnen Sie die Aufgabe in das Schema für Schätzaufgaben ein.

> Wie viele Kopien werden in unserer Schule in einem Jahr gemacht?

Projekt

1. Entwickeln Sie ein Projekt zum Themenbereich „kostbares Wasser" für die Hauptschule. Stellen Sie dar, welche Informationen Schülerinnen und Schülern gegeben werden und welche Ziele Sie mit dem Projekt verfolgen.
2. Welche Eigenschaften kennzeichnen Projektarbeit im Unterschied zu anderen Unterrichtsformen?

3. Welche Ziele und Funktionen des Sachrechnens werden durch Projektarbeit fokussiert?

Teilkompetenzen des Modellierens

1. In den Kernlehrplänen der Sekundarstufe I von Nordrhein-Westfalen wird das Modellieren als Kompetenz in drei Teilkompetenzen *Mathematisieren, Validieren* und *Realisieren* unterteilt. Erklären Sie diese drei Teilkompetenzen des Modellierens.
2. Formulieren Sie die oben abgebildete Europapark-Aufgabe so um, dass jeweils eine der in a) genannten drei Teilkompetenzen des Modellierens im Vordergrund steht.
3. Könnte man eine allgemeine Rangordnung bezüglich der Wichtigkeit einzelner Teilkompetenzen bei Modellierungsprozessen erstellen?
4. Erstellen Sie für die Sekundarstufe eine Modellierungsaufgabe zum Themenfeld *Volumenberechnung*. Analysieren Sie, welcher Teilkompetenz bzw. welchen Teilkompetenzen Ihre Aufgabe in erster Linie anspricht.

5 Ausgewählte Inhaltsbereiche des Sachrechnens

Insbesondere die Klassifizierung von Aufgaben hat gezeigt, dass Sachrechnen in allen Bereichen der Schulmathematik eine Rolle spielen kann. Im Prinzip können also alle Inhalte in den Sekundarstufen auch realitätsbezogen unterrichtet werden. In diesem Kapitel werden einige typische Inhaltsbereiche ausgewählt, in denen Aspekte des Sachrechnens eine besondere Rolle spielen.

Die Inhalte dieses Kapitels sollen auch im Hinblick auf den Modellbildungsprozess betrachtet werden. Dazu verwenden wir einen vereinfachten Modellbildungskreislauf, der für diese Zwecke ausreicht. Das soll natürlich nicht darüber hinwegtäuschen, dass tatsächliche Modellbildungsprozesse in der Regel wesentlich komplexer sind. Hier hat die Betrachtung der Modellbildungsprozesse eher theoretischen und normativen Charakter.

Abb. 5.1 Die „preußische halbe Ruthe“ an der Außenwand des Rathauses in Münster

Ein klassischer Inhalt des Sachrechnens ist die Beschäftigung mit Größen. Wir wollen uns hier auf die Aspekte von Größen konzentrieren, die in der Sekundarstufe eine besondere Rolle spielen.

5.1 Größen

Größen begegnen uns an vielen Stellen im Alltag, sind aber gleichzeitig idealisierte mathematische Objekte. Daher stellen Aufgaben, die Größen aus dem Alltag beinhalten, in gewisser Weise eine ideale Verbindung zwischen Realität und Mathematik dar. Es gibt eine mathematische und eine physikalische Sichtweise auf Größen, die im Sachrechenunterricht zusammenfließen. Größen eignen sich besonders gut für die Auseinandersetzung mit der Umwelt und stellen den Kernbereich des Sachrechnens dar.

5.1.1 Grundlagen und ausgewählte Grundgrößen

Größen dienen der Beschreibung einer bestimmten Eigenschaft realer Objekte. Allerdings wird nicht eine beliebige Eigenschaft eines realen Objektes ausgewählt, sondern eine objektiv messbare Eigenschaft. Diese existiert aus physikalischer Sicht nur dann, wenn es möglich ist, eine eindeutige und reproduzierbare Messvorschrift anzugeben. Eine solche Messvorschrift könnte im Beispiel der preußischen halben Rute (s. Abb. 5.1) so formuliert werden, dass die Länge einer halben Rute dem Abstand der äußeren Begrenzungen des am Rathaus angebrachten Prototyps entspricht.

Für die Rute war allerdings diese Messvorschrift im 19. Jahrhundert nur lokal einheitlich. So waren beispielsweise die in Tabelle 5.1 aufgeführten Längen einer Rute üblich.

Tabelle 5.1 Die Länge einer Rute im 19. Jahrhundert (Wikipedia, Rute, 2009)

Gebiet	Länge einer Rute
Baden	3 m
Bremen	4,63 m
Hessen	3,99 m
Hildesheim	4,47 m
Köln	4,60 m
Preußen	3,766 m
Schleswig-Holstein	4,58 m

Abb. 5.2 Tafel an der Außenwand des Rathauses in Münster

Das Messen einer Größe kann aus physikalischer Sicht direkt oder indirekt geschehen. Direktes Messen besteht beispielsweise aus dem Vergleich mit dem oben beschriebenen Prototyp der Rute. Indirektes Messen kann auf der Grundlage eines Naturgesetzes geschehen. Beispielsweise kann die Temperatur mit Hilfe der Längenausdehnung einer Quecksilbersäule im Thermometer gemessen werden.

Es gibt Grundgrößen und abgeleitete Größen. Die Festlegung kann prinzipiell nach Zweckmäßigkeit erfolgen. Durchgesetzt hat sich das 1960 eingeführte Internationale Einheitensystem (Système international d'unités) für physikalische Größen. Es beruht auf sieben festgelegten Basiseinheiten zu entsprechenden Grundgrößen. Zu den Grundgrößen gehören Länge, Masse, Zeit, Stromstärke, thermodynamische Temperatur, Stoffmenge und Lichtstärke (s. Tabelle 5.2).

Für den Mathematikunterricht sind von den Grundgrößen in erster Linie Länge, Masse (bzw. Gewicht) und Zeit relevant. Auch die Temperatur wird im Mathematikunterricht behandelt, allerdings nicht – wie physikalisch üblich –

mit der Einheit Kelvin, sondern gemessen in Grad Celsius (°C). Die Definitionen in der Tabelle zeigen, dass es sowohl Grundgrößen gibt, die direkt, als auch solche, die indirekt definiert werden. Beispielsweise wird die Masse durch Vergleich mit einem Prototyp, z. B. mit Hilfe einer Balkenwaage, gemessen, während das Meter nicht als Längenmessung, sondern mit Hilfe einer Zeitmessung über die konstante Lichtgeschwindigkeit definiert ist.

Tabelle 5.2 Ausgewählte Grundgrößen mit der Definition der Grundeinheiten (Wikipedia, Internationales Einheitensystem, 2009)

Größe	Einheit	Definition
Länge	Meter	Länge der Strecke, die das Licht im Vakuum während der Dauer von 1/299 792 458 Sekunden durchläuft
Masse	Kilogramm	entspricht der Masse des Internationalen Kilogrammprototyps
Zeit	Sekunde	das 9 192 631 770-fache der Periodendauer der dem Übergang zwischen den beiden Hyperfeinstrukturniveaus des Grundzustands von Atomen des Nuklids 133Cs entsprechenden Strahlung

Auch sogenannte abgeleitete Größen werden im Mathematikunterricht behandelt. Das sind beispielsweise die Fläche (Länge mal Breite), die Geschwindigkeit (Weg pro Zeit) oder die Dichte (Masse pro Volumen). Sie setzen sich aus einer oder mehrerer Basisgrößen (z. B. im Fall der Fläche und der Geschwindigkeit) oder aus Basisgrößen und anderen abgeleiteten Größen (z. B. im Fall der Dichte) oder nur aus anderen abgeleiteten Größen zusammen.

Für jede Größe wird eine Maßeinheit festgelegt. Hier ist zwischen natürlichen und willkürlichen Maßeinheiten zu unterscheiden. Eine natürliche Maßeinheit ist beispielsweise die Lichtgeschwindigkeit im Vakuum, weil diese unveränderlich feststeht. Willkürlich festgelegte Maßeinheiten sind beispielsweise das Meter oder auch die preußische halbe Rute.

Die Messung erfolgt im Prinzip in drei Schritten. Zunächst muss eine passende Maßeinheit ausgewählt werden. Dann werden die entsprechenden Vertreter nebeneinandergelegt. Die Einheit wird dazu ggf. vervielfacht oder zerlegt. Zur Messung wird die Anzahl der entsprechenden Einheiten oder Untereinheiten gezählt (Peter-Koop & Nührenbörger, 2007).

Die Angabe einer Größe setzt sich zusammen aus einer (reellen) Maßzahl und einer Maßeinheit. Die Größenangabe kann als Produkt aus Maßzahl und Maßeinheit dargestellt werden, z. B. 4 m für die Länge eines Objektes mit der Maßzahl 4 und der Maßeinheit m (Meter).

Wenn der Quotient zweier Größenangaben eine reelle Zahl ist, so sind die zugehörigen Größen gleichartig. Die *Größenart* ist der Oberbegriff für alle Größen, für die das möglich ist. Beispielsweise ist die Angabe einer Länge mit 4 m und die Angabe einer Breite mit 300 cm gleichartig, da der Quotient

$$\frac{4\,m}{300\,cm} = \frac{4\,m}{300 \cdot 10^{-2}\,m} = \frac{4}{3}$$

eine reelle Zahl ist. Die Angabe einer Länge mit 4 m und die Angabe einer Fläche mit 30 000 cm² ist dagegen nicht gleichartig, da der Quotient

$$\frac{4\,m}{30\,000\,cm^2} = \frac{4m}{30\,000 \cdot 10^{-4}\,m^2} = \frac{4}{3}m^{-1}$$

keine reelle Zahl ist, sondern noch die Einheit m^{-1} enthält.

Länge und Breite sind also von der gleichen Größenart. Ebenso sind der Durchmesser eines Rohres, die Niederschlagshöhe und die Wellenlänge Größen der Größenart *Länge*. Länge und Fläche dagegen sind nicht von der gleichen Größenart (Gerthsen, Kneser, & Vogel, 1989, S. 3 ff.; Kuchling, 1985).

5.1.2 Weitere Größen

Die Größen Anzahl, Temperatur, Gewicht, digitale Speicherkapazität und Geld spielen in gewisser Weise – aus unterschiedlichen Gründen – eine Sonderrolle.

Anzahl

Die Anzahl benötigt keine Maßeinheit. Es handelt sich im Prinzip um die Natürlichen Zahlen $\mathbb{N}$. Um eine Konsistenz mit der oben ausgeführten Überlegung herzustellen, kann der Anzahl die Einheit 1 zugeordnet werden. Dann ist in diesem Fall das Produkt aus Maßzahl (also Anzahl) und Maßeinheit (also 1) wieder die Anzahl.

Temperatur

Die der Grundgröße Temperatur zugrunde liegende thermodynamische Temperaturskala in Kelvin (K) bezieht sich auf den absoluten Nullpunkt. Da es physikalisch betrachtet keine niedrigere Temperatur als den absoluten Nullpunkt geben kann, sind alle Temperaturwerte positiv. Die Kelvin-Skala ist so geeicht, dass der Gefrierpunkt von Wasser einer Temperatur von 273,16 K entspricht. Daher passt die Kelvin-Skala zu den anderen bekannten physikalischen Einheiten, die auch positive Maßzahlen haben. Im Alltag und im Mathematikunterricht wird üblicherweise die Temperaturskala in Grad Celsius verwendet. Dies führt zu der Besonderheit, dass auch negative Werte für die Temperatur auftreten. Im Mathematikunterricht wird diese Besonderheit häufig zur Einführung der negativen rationalen Zahlen verwendet.

1 Im Jahre 1714 entwickelte der aus Danzig stammende Glasbläser und Mechaniker Gabriel Daniel Fahrenheit (1686–1736) das erste brauchbare Thermometer.
Als Flüssigkeit benutzte er Quecksilber. Die von ihm vorgeschlagene Messweise ist heute noch in englischsprachigen Ländern gebräuchlich.
a) Lies die markierten Fahrenheit-Temperaturen aus der Grafik ab.

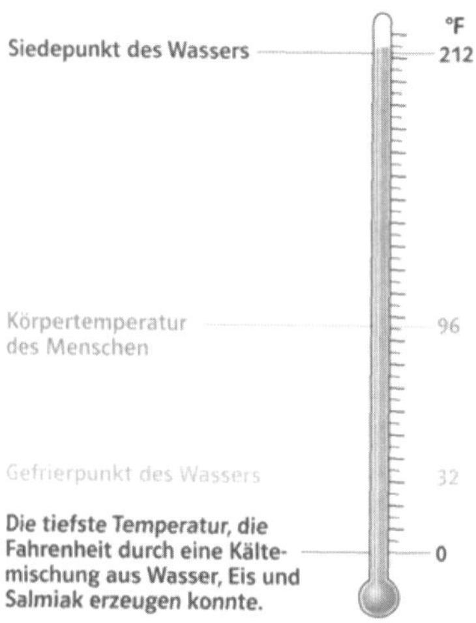

b) Später gab es Schwierigkeiten bei der Messung mit dem Fahrenheit-Thermometer, denn es gab einen Winter, der noch viel kälter war als Null Grad Fahrenheit.
Welche Probleme traten auf und wie würdet ihr sie lösen?
c) Vergleiche die Fahrenheit-Skala mit der bei uns üblichen Celsius-Skala.

Anders Celsius (1701–1744) legte 1742 die Celsius-Skala fest. Sie hatte als Fixpunkte den Gefrierpunkt und Siedepunkt des Wassers.

Abb. 5.3 Einführung der negativen rationalen Zahlen mit Hilfe der Temperatur (Herling, Kuhlmann, & Scheele, 2008, S. 102)

Gewicht

Umgangssprachlich meint man häufig mit Masse und Gewicht das gleiche. Physikalisch bezeichnet das Gewicht (oder besser die Gewichtskraft) eines Objekts seine nach unten gerichtete Anziehungskraft durch die Gravitation. Gemessen wird das Gewicht in der Einheit Newton, also einer Einheit der Kraft. Masse dagegen wird in Kilogramm gemessen und kann mit Hilfe der Trägheit von Körpern beschrieben werden. Auf der Erde können zwei Massen mit Hilfe einer Balkenwaage verglichen werden. Allgemeiner werden zwei Massen als gleich bezeichnet, wenn sie nach einem unelastischen Stoß bei entgegengesetzt gleichen Geschwindigkeiten zur Ruhe kommen. Gewicht wird im Mathematikunterricht häufig – physikalisch nicht korrekt – im Sinne von Masse verwendet.

Wie viel Gramm pro Mahlzeit darf eines dieser Kätzchen bekommen? Wie viel Kilogramm sind das pro Woche?

Alter/Gewicht	Fütterungen pro Tag	Menge pro Tag
Jungtiere 7–12 Wochen	5	90 g
Halberwachsene 3–6 Monate 1,5 kg	2	140 g
Erwachsene ab 7 Monate etwa 4 kg	2	340 g

Übrigens
In der Physik verwendet man statt Gewicht den Begriff Masse.

Kilogramm ist die Grundmaßeinheit für Gewichte.

Tonne	t	**1 t** = 1000 kg
Kilogramm	kg	**1 kg** = 1000 g
Gramm	g	**1 g** = 1000 mg
Milligramm	mg	

Die Umwandlungszahl ist 1000.

Für die Umwandlung von Gewichtsangaben in andere Gewichtseinheiten oder in die **Kommaschreibweise** eignet sich die Darstellung in einer Stellenwerttafel:

t			kg			g			mg			
H	Z	E	H	Z	E	H	Z	E	H	Z	E	Beispiele:
		3	7	6	2							3,762 t = 3 t 762 kg = 3762 kg
				4	2	1	8	5				42,185 kg = 42 kg 185 g = 42185 g
								7	0	5	8	7,058 g = 7 g 58 mg = 7058 mg

Abb. 5.4 Verwendung von Gewicht im Sinne von Masse (Kliemann, Puscher, Segelken, Schmidt, & Vernay, 2006, S. 108)

Digitale Speicherkapazität

Die digitale Speicherkapazität ist eine relativ neue Größe aus der Informatik bzw. der Informationstechnik und wird daher noch selten im Mathematikunterricht behandelt. Sie wird in Bit (b) oder Byte (B) gemessen. Bit ist die Abkürzung für *binary digit*, also Binärziffer. Ein Byte ist die Datenmenge von 8 Bit. Für Bit und Byte können auch die üblichen dezimalen Vielfachen (z. B. Kilo für 1000) verwendet werden. Allerdings ist die Verwendung nicht ganz einheitlich, da der Faktor 2^{10} teilweise an Stelle von 1000 verwendet wird. Dann entspräche 1 kB also 1024 B und nicht 1000 B. Hier versucht man durch die Einheit KiBiByte *(kilo binary)* den Unterschied zu verdeutlichen. Dies hat sich aber noch nicht durchgesetzt.

Tabelle 5.3 Ausgewählte Größenarten in der Sekundarstufe I

Größenart	Einheiten	Vertreter	Zusammenhang
Länge	m, cm, mm, km, …	Stäbe, Autos, Personen, …	Grundgröße
Fläche	m^2, cm^2, mm^2, km^2, …	Fliesen, Grundstücke, …	Länge·Länge
Volumen	m^3, l, ml, hl (=100 l), …	Gläser, Milchpackungen, Kannen, Badewannen, …	Länge^3
Masse	g, kg, mg, t, …	Lebensmittel (Käse, Fleisch), Personen,…	Grundgröße
Zeit	s, min, h, ms, …	100-m-Lauf, Schulstunde, …	Grundgröße
Frequenz	Hz, 1/s, …	Musik, Martinshorn, …	1/Zeit
Temperatur	K, °C, °F, …	Backofen, Außentemperatur, …	Grundgröße
Dichte	kg/m^3, kg/l, g/m^3, …	Steine, Federn, Sand, …	Masse/Volumen
Geschwindigkeit	m/s, km/h, mph, …	100-m-Läufer	Länge (Strecke)/Zeit
Winkel	1 rad = 1	Dreieck, Rampe, Tisch, …	dimensionslos
Anzahl	1	Äpfel, Schüler, Autos, …	dimensionslos
Geld	€, $, …	Münzen, Geldscheine, Überweisungen, …	ökonomische Einheit
digitale Speicherkapazität	Bit, Byte	Festplatte, USB-Stick, …	informatische Einheit

Geld

Geld wird nicht als physikalische, sondern als ökonomische Größe verwendet. Hier gibt es keine eindeutige und reproduzierbare Messvorschrift, um den Geldwert eines bestimmten Gegenstandes zu bestimmen. Ansonsten wird die Größe Geld analog zu den physikalischen Größen mit Maßzahl und Maßeinheit (z. B. Euro) verwendet. In diesem Zusammenhang muss noch zwischen Bargeld und Buchgeld unterschieden werden, da Bargeld nicht in beliebig kleinen Beträgen existiert, sondern durch die kleinste Einheit 1 Eurocent begrenzt wird. Buchgeld dagegen kann theoretisch in beliebig kleinen Beträgen auftreten.

5.1.3 Größen als mathematisches Modell

Bei Größen handelt es sich um idealisierte Eigenschaften von realen Objekten. Der Übergang vom Arbeiten mit realen Objekten zum Rechnen mit Größen im Mathematikunterricht kann daher als Modellbildungsprozess angesehen werden.

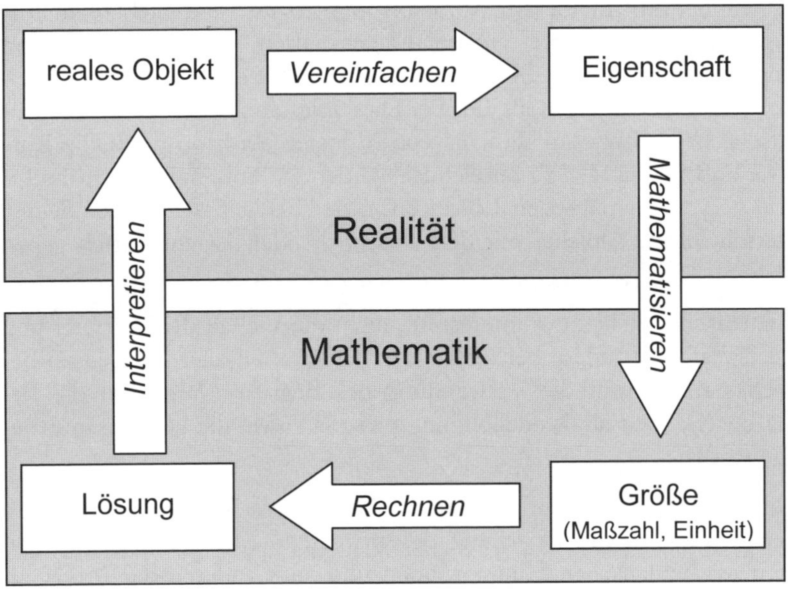

Abb. 5.5 Größen als mathematisches Modell

Bei vielen im Mathematikunterricht verwendeten Aufgaben im Zusammenhang mit Größen sind ein oder mehrere reale Objekte der Ausgangspunkt. Die Objekte werden zunächst auf der realen Ebene vereinfacht, da nur eine oder wenige idealisierte Eigenschaften der Objekte betrachtet werden. Diese Eigenschaften können beispielsweise die Länge oder das Gewicht dieser Objekte sein (s. Abb. 5.5).

Bei der mathematischen Bearbeitung der idealisierten Eigenschaften als Maßzahl mit Einheit spielt die konkrete Konstellation dieser Eigenschaften am realen Objekt dann keine Rolle mehr. Beispielsweise müssen für die Addition von zwei Längen aus mathematischer Sicht keine besonderen Bedingungen erfüllt sein. In der Realität dagegen ist die Addition von zwei Längen im Prinzip nur sinnvoll, wenn die entsprechenden Objekte hintereinander liegen und damit ein neues Objekt mit der entsprechenden Länge entsteht.

Das mathematische Modell *Größe* ist unabhängig vom jeweiligen Vertreter, also dem konkreten realen Objekt mit der betrachteten Eigenschaft. Die nach der mathematischen Bearbeitung einer oder mehrerer Größen erhaltenen Ergebnisse, beispielsweise die Summe von zwei Längen oder die Fläche (als Produkt von zwei Längen), werden schließlich in der konkreten Situation als Eigenschaft eines bestimmten Vertreters interpretiert. An dieser Stelle schließt sich dann der Modellierungskreislauf bei der Arbeit mit Größen.

Die einzelnen Schritte in diesem Modellierungsprozess sind nicht eindeutig bestimmt. Jedes Objekt besitzt mehrere Eigenschaften, die jeweils betrachtet werden können, und zu jedem Objekt gibt es – sogar für dieselbe Eigenschaft – unterschiedliche Darstellungen als Größe. Dies zeigt auch schon die Tafel für die preußische halbe Rute am Rathaus von Münster. So kann die halbe Rute etwa mit 12 Fuß oder 144 Zoll bezeichnet werden (s. Abb. 5.2). Auch die Interpretation von mathematischen Lösungen in der Realität ist nicht eindeutig, da es unterschiedliche Objekte mit den entsprechenden Eigenschaften geben kann.

Aus mathematischer Sicht ist es interessant, nicht die Vielfalt der Vertreter und deren Eigenschaften, sondern gemeinsame Eigenschaften aller Größen zu betrachten. Dies rechtfertigt die Verwendung des Begriffs *Modell* und die Beschreibung der Größen als Modellbildungsprozess sowie die gemeinsame Bezeichnung Größen.

Aus didaktischer Sicht sind für das Modell Größe zwei Bereiche interessant. Zum einen wollen wir die Erstellung des mathematischen Modells mit den zugehörigen mathematischen Hintergründen und zum anderen die Arbeit im Modell Größe genauer betrachten.

5.1.4 Mathematisieren von Größen

Bei der Erstellung des mathematischen Modells Größe werden Vereinfachungen durchgeführt, durch die mehreren Objekten die gleiche Größe zugeschrieben wird. In der Regel gibt es immer mehrere unterschiedliche reale Objekte für dieselbe Größe. Beispielsweise gibt es sehr viele Gegenstände mit gleichem Rauminhalt oder auch viele unterschiedliche Situationen, in denen Objekte die gleiche Geschwindigkeit haben. Das Volumen ist dann die gemeinsame Eigenschaft aller Objekte mit gleichem Rauminhalt und die Geschwindigkeit die gemeinsame Eigenschaft aller Situationen, die gleich schnell ablaufen.

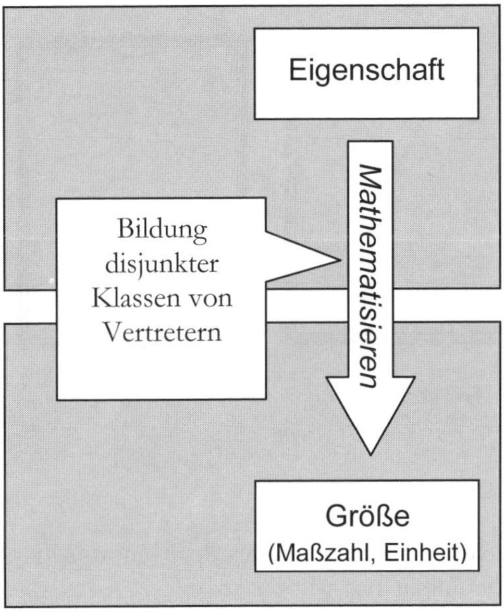

Abb. 5.6 Bildung disjunkter Klassen

Wir fassen also alle Objekte mit gleichem Volumen – unabhängig von ihren sonstigen Eigenschaften – zu einer Klasse von Objekten zusammen, die mathematisch gleich behandelt werden kann. Bezüglich dieser Größe, also hier des Volumens, kann ein bestimmtes Objekte nur genau zu einer Klasse gehören. Zu einer Größe kann es selbstverständlich unendlich viele Klassen geben, da im Beispiel des Volumens zu jeder reellen Zahl eine Klasse von Objekten existieren kann, deren Größe genau den Wert der gewählten Maßzahl hat. Beispielsweise gibt es Körper mit dem Rauminhalt 2 m^3, aber auch 2,01 m^3 und $\sqrt{2}$ m^3. Nicht alle Größen können beliebige reelle Werte annehmen. Die Anzahl hat beispielsweise nur positive ganzzahlige Werte.

Diese Aufteilung in disjunkte Klassen, die sich aus der Realität ergibt, definiert aus mathematischer Sicht eine Äquivalenzrelation (siehe z. B. Scheid und Schwarz 2008, S. 105). Es liegt daher die Beschreibung von Größen mit Hilfe einer Äquivalenzrelation nahe, die eine solche Zerlegung induziert. Eine Äquivalenzrelation ist transitiv, symmetrisch und reflexiv. Wir betrachten diese Eigenschaften am Beispiel des Vergleichs von Flächeninhalten.

Vergleicht man drei Fenster bezüglich ihres Flächeninhalts und stellt fest, dass das erste Fenster den gleichen Flächeninhalt wie das zweite Fenster hat und das zweite Fenster den gleichen Flächeninhalt wie das dritte Fenster, dann weiß man auch, dass das erste Fenster den gleichen Flächeninhalt wie das dritte Fenster hat (Transitivität). Alle drei genannten Fenster würden also bezüglich des Flächeninhalts zu einer Klasse gehören.

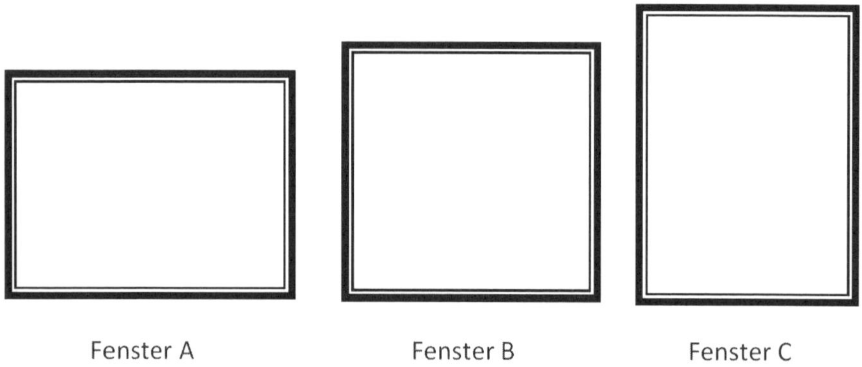

Abb. 5.7 Transitivität am Beispiel des Flächeninhalts von Fenstern

Ebenso klar ist, dass beim Vergleich von zwei Fenstern aus der Kenntnis, dass das erste Fenster den gleichen Flächeninhalt hat wie das zweite Fenster, dies auch umgekehrt gilt (Symmetrie). Außerdem hat ein Fenster den gleichen Flächeninhalt wie es selbst (Reflexivität). Diese Eigenschaft ist allerdings so offensichtlich, dass sie häufig nicht als eigene Aussage wahrgenommen wird. Kurz zusammengefasst gelten folgende Eigenschaften für eine Äquivalenzrelation R auf der Menge A der Größen:

- Reflexiv, wenn aRa für alle Größen a gilt.
- Symmetrisch, wenn aus aRb stets bRa folgt.
- Transitiv, wenn aus aRb und bRc stets aRc folgt.

Dabei ist A die Menge aller in Frage kommenden Vertreter einer Größe und die Relation R eine Teilmenge des kartesischen Produkts A × A (Scheid & Schwarz, 2008, S. 104); im Beispiel mit den Fenstern ist die zugehörige Relation „… hat den gleichen Flächeninhalt wie …“.

Die drei oben dargestellten Fenster sind bezüglich ihres Flächeninhalts in einer Äquivalenzklasse – zusammen mit allen Objekten gleichen Flächeninhalts. Beispielsweise gehört auch das folgende Fenster (Abb. 5.8) zu dieser Äquivalenzklasse.

Fenster D

Abb. 5.8 Beispiel für ein flächengleiches Fenster

Außer diesen Fenstern sind alle anderen Objekte mit gleicher Fläche in derselben Klasse und werden alle mit der gleichen Größe, z. B. 12 m^2, bezeichnet. Außer dieser Klasse gibt es unendlich viele andere Klassen mit jeweils vielen unterschiedlichen Objekten. Jedes Objekt kann bezüglich der Fläche aber nur in einer dieser Klassen sein.

Die drei Eigenschaften einer Äquivalenzrelation sind hier am Beispiel des Flächeninhalts beschrieben worden und gelten allgemein für den Mathematisierungsprozess bei Größen. Aus didaktischer Sicht erscheint es zentral, nicht die Eigenschaften der Äquivalenzrelation in den Vordergrund zu stellen, sondern die Aufteilung in disjunkte Klassen von Objekten zu thematisieren, die die Äquivalenzrelation bewirkt. Die Aufteilung in disjunkte Klassen verdeutlicht auch die Vereinfachungsschritte bei der Erstellung des mathematischen Modells *Größe*. Der Modellbildungsprozess bei Größen kann mathematisch also mit Hilfe der disjunkten Einteilung von ausgewählten Eigenschaften in Klassen beschrieben werden.

5.1.5 Größen im Unterricht

Häufig werden für die Einführung von Größen sogenannte *Stufenmodelle* benutzt. Dabei wird das Rechnen mit Größen in mehreren Schritten erarbeitet, und insbesondere die standardisierten Maßeinheiten werden erst nach umfangreichen Erfahrungen mit exemplarischen Objekten und selbstgewählten Maßeinheiten verwendet. Eine Schwierigkeit dabei ist allerdings, die Vorerfahrungen der Kinder adäquat aufzugreifen. Beispielsweise sind standardisierte Maßeinheiten wie Meter und Stunde häufig bereits vor der Behandlung der entsprechenden Größen im Unterricht bekannt. Es ist daher nicht sinnvoll dieses Wissen zu ignorieren und die Schülerinnen und Schüler zunächst mit unterschiedlichen selbstgewählten Einheiten arbeiten zu lassen, um schließlich die – schon bekannten – standardisierten Maßeinheiten nacherfinden zu lassen. So ist es kaum möglich, in jedem Fall eine festgelegte Stufenfolge einzuhalten, sondern es kann nur im Einzelfall entschieden werden, welche Erfahrungsmöglichkeiten noch angeboten werden müssen.

Außerdem wird bei derartigen Stufenmodellen auf die Besonderheiten der einzelnen Größen nicht eingegangen. Dies ist speziell in der Sekundarstufe interessant, da hier die Anzahl der Größenarten höher ist als in der Primarstufe. Die Problematik der Einführung von Größen ist sehr vielfältig und muss daher immer an die eigene Lerngruppe angepasst werden (Franke, 2003, S. 201 ff.; Picker, 1987; Radatz & Schipper, 1983, S. 125; Ruwisch, 2003; Krauthausen & Scherer, 2007, S. 106).

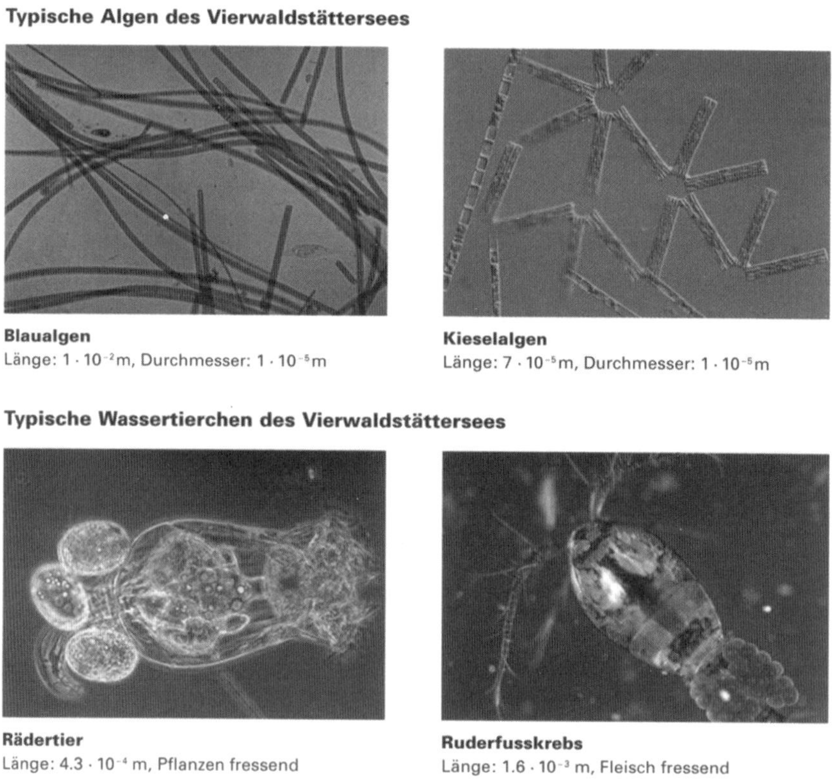

Abb. 5.9 Verfeinerung von Längen (Affolter, et al., 2003, S. 20)

In der Primarstufe werden fast alle im Mathematikunterricht zu behandelnden Größenarten bereits eingeführt. In der Sekundarstufe liegt der Schwerpunkt der Arbeit mit Größen eher in der Verfeinerung und Vergröberung der bereits bekannten Maßeinheiten und im Rechnen mit Größen. Im gezeigten Beispiel (s. Abb. 5.9) wird die Größenart Länge verfeinert. In diesem Beispiel werden allerdings keine neuen Einheiten, sondern es wird die Dezimalschreibweise eingeführt.

In der Sekundarstufe wird – außer der Verwendung unterschiedlicher Maßeinheiten für eine Größenart – verstärkt der gleichzeitige Umgang mit unterschiedlichen Größenarten thematisiert.

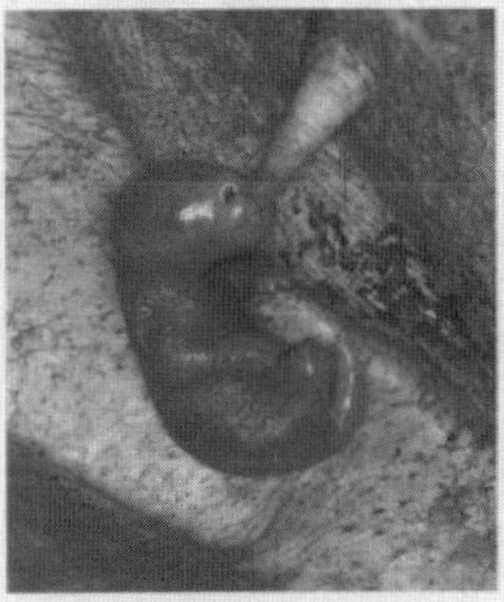

Känguru Das neugeborene Känguru krabbelt nach einer Tragzeit von 27 – 36 d sofort über den Bauch der Mutter in den Beutel. Es ist jetzt 2 – 3 cm gross und 0.8 g schwer. Im Beutel saugt es sich an einer Zitze fest. Erst nach rund 200 d ist es mit 2 – 4 kg kräftig genug für einen ersten Spaziergang. Es schlüpft jedoch immer wieder in den Beutel, besonders bei Gefahr und Hunger. Mit einem Jahr wiegt das Känguru 10 kg. Es ist nun erwachsen und verlässt den Beutel für immer.
Die Kängurumutter ist bis zu 60 kg schwer und 1.8 m lang. Sie frisst vor allem Gräser und Blätter.

5 Wähle Informationen zur Entwicklung von Lebewesen aus und stelle damit Berechnungsaufgaben zusammen. Bestimme zu jeder Aufgabe die Lösung und stelle deinen Lösungsweg dar. Gib die Aufgaben andern zu lösen.

Abb. 5.10 Umgang mit unterschiedlichen Größenarten (Affolter, et al., 2004, S. 5)

Ebenso wird in der Sekundarstufe die Berechnung der abgeleiteten Größen fortgesetzt. Beispielsweise wird die Fläche nicht nur für Rechtecke mit ganzzahligen Längen, sondern auch für beliebige Rechtecke, Dreiecke und Kreise eingeführt.

Nur wenige neue Größen spielen im Mathematikunterricht der Sekundarstufe eine Rolle. In vielen Schulbüchern findet man Sachaufgaben zu den Größenarten *Geschwindigkeit* und *Dichte*. Diese Größen werden häufig nicht systematisch eingeführt, sondern als bekannt vorausgesetzt oder durch die Angabe einer entsprechenden Formel erklärt.

6 Herr Peters legt mit seinem Auto eine Strecke von 300 km Länge in 2 h 30 min zurück.
a) Wie lange benötigt er bei gleicher Durchschnittsgeschwindigkeit für eine Strecke von 400 km (240 km, 90 km)?
b) Warum kann Herr Peters eine 3000 km lange Strecke nicht in 25 Stunden zurücklegen?

Abb. 5.11 Aufgabe zur Geschwindigkeit (Herling, Kuhlmann, & Scheele, 2008, S. 31)

Volumenbestimmung

Volumen von Prismen können mit der Formel «Grundfläche · Höhe» berechnet werden. Volumen unregelmässiger Körper kann man mit der Tauchmethode bestimmen.

1 A Beschreibt, wie man mit der Tauchmethode das Volumen eines Körpers bestimmen kann.
B Bestimmt mit dieser Methode Volumen verschiedener Körper.
C Bestimmt das Volumen einiger Körper durch Berechnung und mit der Tauchmethode. Vergleicht die Resultate.

1 l = 1 dm³
1 ml = 1 cm³
1000 l = 1 m³

Volumen und Gewicht

2 A Nehmt mehrere verschieden grosse Steine der gleichen Sorte. Bestimmt jeweils ihr Volumen und ihr Gewicht.
B Stellt die Ergebnisse in einer Tabelle dar.
C Stellt die Werte aus der Tabelle in einem Koordinatensystem dar.
D Was stellt ihr fest?

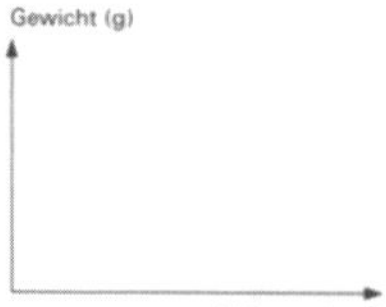

3 Definition: 1 g entspricht dem Gewicht von 1 cm³ Wasser bei 4 °C.
A Erstellt eine Tabelle für Volumen und Gewicht von Wasser.
B Stellt diese Beziehung wie in Aufgabe 2C dar.

Abb. 5.12 Aufgabe zur Erkundung der Dichte (Affolter, et al., 2003, S. 60)

Trotz der aufgeführten Vorbehalte möchten wir hier die in Stufenmodellen beschriebenen Schritte in den Modellbildungskreislauf zu Größen einordnen (s. Abb. 5.13).

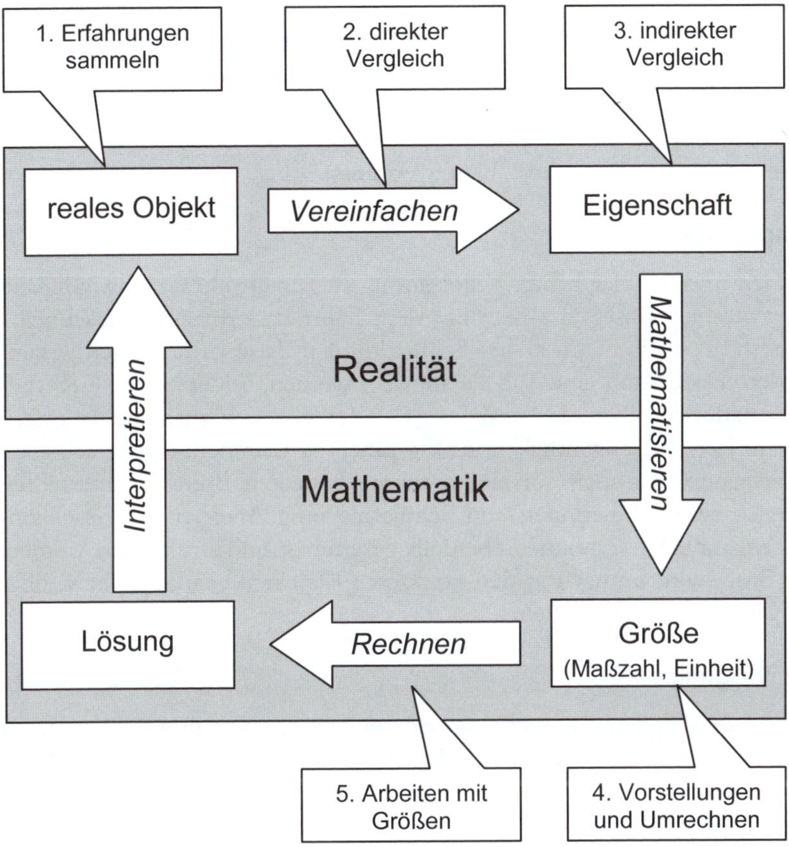

Abb. 5.13 Einordnung des Stufenmodells im Modellbildungskreislauf

Für die in der Sekundarstufe neu eingeführten Größen liegen häufig nur sehr unvollständige Vorerfahrungen vor, da es sich um zusammengesetzte Größen handelt, deren Messung beispielsweise nicht immer einfach möglich ist.

Typische Schritte in didaktischen Stufenmodellen zur Behandlung von Größen sind:

1. Erfahrungen in Sachsituationen sammeln
2. Direkter Vergleich von Objekten
3. Indirekter Vergleich von Objekten

4. Stützpunkt-Vorstellungen erwerben und Umrechnen von Maßeinheiten
5. Arbeiten mit Größen

(Franke, 2003; Radatz & Schipper, 1983; Krauthausen & Scherer, 2007, S. 106)

Wir wollen dies im Folgenden an der Größe *Geschwindigkeit* erläutern. Diese Größe wird in der Regel erst in der Sekundarstufe I thematisiert und tritt häufiger in Sachaufgaben unterschiedlicher Jahrgänge auf. Sie wird allerdings selten im Mathematikunterricht systematisch eingeführt. Für die Einführung des Grenzwertkonzepts in der Sekundarstufe II ist ein sicheres Verständnis der Größe Geschwindigkeit allerdings häufig Voraussetzung.

Erfahrungen sammeln

Schülerinnen und Schüler haben Vorerfahrungen zur Größe Geschwindigkeit. Sie wissen beispielsweise, dass man mit dem Fahrrad normalerweise schneller unterwegs ist als zu Fuß. Im ersten Schritt können diese Erfahrungen gesammelt werden. Dazu kann eine Tabelle angelegt werden, in der bewegte Körper und Informationen über die jeweilige Geschwindigkeit zusammengetragen werden. Um über Geschwindigkeit ins Gespräch zu kommen, eignet sich auch ein Spielzeugauto, das man auf einem schräg gestellten Brett herunterfahren lässt. Ebenso sind Schülerinnen und Schülern häufig Angaben zu Geschwindigkeiten bekannt. Diese können ebenfalls gesammelt und strukturiert werden. In dieser Stufe wird immer mit den konkreten Objekten gearbeitet bzw. über konkrete Situationen gesprochen.

Direkter Vergleich

Aufbauend auf den Erfahrungen können im zweiten Schritt Objekte direkt verglichen werden. Bei der Geschwindigkeit als zusammengesetzte Größe ist eine Besonderheit zu beachten. Da die Geschwindigkeit von der Strecke, also der Größenart Länge, und der Zeitdifferenz, also der Größenart Zeit, abhängt, kann sie nur direkt verglichen werden, wenn die beobachteten Gegenstände zur gleichen Zeit am gleichen Ort sind. Beispielweise kann die Geschwindigkeit von zwei Spielzeugautos vergleichen werden, wenn sie die gleiche Strecke gleichzeitig durchfahren. Am Ende der Strecke kann direkt festgestellt werden, welches Spielzeugauto eine höhere (Durchschnitts-)Geschwindigkeit hat. Ebenfalls möglich ist der Vergleich von Fahrradgeschwindigkeiten auf dem Schulhof. Dazu wird eine bestimmte Strecke gekennzeichnet, die von den Schülerinnen und Schülern durchfahren wird. Dazu ist es allerdings nötig, dass beide (oder mehrere) Fahrräder zum gleichen Zeitpunkt den Startpunkt durchfahren. Auf dieser Stufe werden die Objekte bzw. Situationen vereinfacht, und es wird nur noch ihre Geschwindigkeit betrachtet. Allerdings ist es nötig, die Objekte noch gleichzeitig an einem bestimmten Ort zu betrachten, um die Geschwindigkeiten vergleichen zu können. Es handelt sich hier um eine Arbeit mit konkreten Objekten. Die Vereinfachung besteht darin, dass nicht zu beachtende Eigenschaften wie beispielsweise das Volumen der Objekte bereits ignoriert werden.

Indirekter Vergleich

Die Schwierigkeit beim direkten Vergleich von Geschwindigkeiten, dass die Startlinie zum gleichen Zeitpunkt überschritten werden muss, motiviert den indirekten Vergleich von Geschwindigkeiten. In den unterschiedlichen Stufenmodellen wird dieser Schritt in der Regel unterteilt in den indirekten Vergleich mit Hilfe willkürlicher bzw. selbstgewählter Maßeinheiten und den indirekten Vergleich mit Hilfe standardisierter Maßeinheiten. Diese Unterscheidung ist im Fall einer abgeleiteten Größe wie der Geschwindigkeit nur in begrenztem Umfang sinnvoll. Verwendet man eine beliebige, aber fest gewählte Strecke und vergleicht Zeiten, die Fahrräder oder Spielzeugautos für diese Strecke benötigen, so hat die Geschwindigkeit tatsächlich eine selbstgewählte Einheit, in der allerdings schon eine standardisierte Maßeinheit (Sekunde) vorkommt. Hier wäre es ja nicht sinnvoll, die schon bekannten standardisierten Maßeinheiten zu ignorieren. Vergleicht man die zurückgelegten Strecken bei gleichen Zeitintervallen, so werden beide Größen, die für die Geschwindigkeit benötigt werden, mit standardisierten Maßeinheiten gemessen.

Abb. 5.14 Bewegungssensor EA-2 der Firma Casio

Ein indirekter Vergleich von Geschwindigkeiten wäre ebenso mit Hilfe von Messinstrumenten möglich, die die Geschwindigkeit direkt anzeigen. Dazu ist die Verwendung von Tachometern, die an vielen Fahrrädern vorhanden sind, ebenso möglich wie der Einsatz einer Laserpistole, die von der Polizei für die Geschwindigkeitsmessung verwendet wird. Für einige grafikfähige Taschenrechner gibt es auch Bewegungssensoren, die die Geschwindigkeit direkt aufzeichnen können (s. Abb. 5.14). Wenn die entsprechenden Taschenrechner im

Mathematikunterricht ohnehin eingesetzt werden, dann können auf diese Weise auch Messungen durchgeführt werden.

In dieser Stufe wird die Vereinfachung der Objekte konsequent weitergedacht. Die Eigenschaft Geschwindigkeit der Objekte kann unabhängig von Ort und Zeit festgestellt werden. Dennoch müssen konkrete Messungen an den realen Objekten durchgeführt werden.

Vorstellungen und Umrechnen

Der Aufbau von Stützpunktvorstellungen zur Geschwindigkeit ist wegen der beiden gleichzeitig zu berücksichtigenden Größen unterschiedlicher Art schwieriger als beispielsweise bei Längen oder Volumina. Die eigenen Versuche der Schülerinnen und Schüler können dazu beitragen, einen Fundus an Repräsentanten anzulegen. Für höhere Geschwindigkeiten muss allerdings auf eine Recherche, z. B. im Internet oder Lexikon, zurückgegriffen werden. In der Tabelle sind einige Beispiele für solche Repräsentanten aufgeführt. Dabei wurden die Geschwindigkeiten in zwei Maßeinheiten angegeben und jeweils auf glatte Werte gerundet.

Tabelle 5.4 Repräsentanten (Stützpunktvorstellungen) für Geschwindigkeiten

Repräsentant	Geschwindigkeit in m/s	Geschwindigkeit in km/h
Schnecke	0,002 m/s	0,007 km/h
Fußgänger	1,5 m/s	5 km/h
Radfahrer	6 m/s	20 km/h
Auto im Wohngebiet	8 m/s	30 km/h
100-m-Läufer	10 m/s	36 km/h
Auto in Ortschaft	15 m/s	50 km/h
Auto auf der Landstraße	30 m/s	100 km/h
Orkan	33 m/s	120 km/h
Auto auf der Autobahn	35 m/s	130 km/h
ICE	80 m/s	280 km/h
Verkehrsflugzeug	250 m/s	900 km/h
Schallgeschwindigkeit	340 m/s	1200 km/h
Lichtgeschwindigkeit	300 000 000 m/s	1 100 000 000 km/h

Die bekanntesten Einheiten für Geschwindigkeit sind km/h und m/s. Zur Verdeutlichung der Schreibweise und Bewusstmachung, dass die Zeit jeweils im

Nenner steht, sollten die Maßeinheiten zur Einführung besser in Bruchstrichschreibweise notiert werden. Das unterstützt auch das Umrechnen zur Vergröberung und Verfeinerung der Einheiten. Das Umrechnen von Maßeinheiten der Geschwindigkeit ist auf Grund der Unterschiede in der Umrechnung von Längen und Zeiten schwieriger als bei anderen zusammengesetzten Größenarten. Während bei Längen mit dezimalen Vielfachen und Teilen gearbeitet wird, verwendet man bei Zeiten unterschiedliche Vielfache.

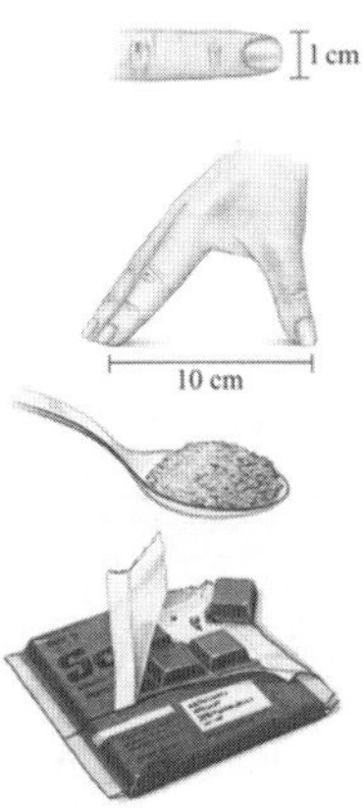

Beispiele
von Vergleichsgrößen zu Längen:
dein Zeigefinger ist etwa 1 cm breit – ein Stichling ist etwa 4 cm lang
die Spanne zwischen Daumen und Zeigefinger ist etwa 10 cm – ein junger Goldhamster ist etwa 10 cm lang
eine Schrittlänge ist etwa 1 m – ein Schäferhund misst bis zur Schwanzspitze etwa 1 m.

von Vergleichsgrößen zu Gewichten:
1 Füllerpatrone wiegt etwa 1 g – ein Zaunkönig wiegt etwa 1 g
1 Füller wiegt etwa 10 g – ein Esslöffel voll Weizenkörner wiegt etwa 10 g
1 Tafel Schokolade wiegt etwa 100 g – ein neu geborener Hund wiegt etwa 100 g
1 Packung Zucker wiegt etwa 1 kg – ein erwachsenes Meerschweinchen wiegt etwa 1 kg

Abb. 5.15 Stützpunktvorstellungen zu Längen und Gewichten (Kliemann, Puscher, Segelken, Schmidt, & Vernay, 2006, S. 88)

Tabelle 5.5 Dezimale Vielfache und Teile für Längen

Faktor	Vorsatz	Zeichen	Faktor	Vorsatz	Zeichen
10^{1}	Deka	da	10^{-1}	Dezi	d
10^{2}	Hekto	h	10^{-2}	Zenti	c
10^{3}	Kilo	k	10^{-3}	Milli	m
10^{6}	Mega	M	10^{-6}	Mikro	µ
10^{9}	Giga	G	10^{-9}	Nano	n
10^{12}	Tera	T	10^{-12}	Piko	p
10^{15}	Peta	P	10^{-15}	Femto	f
10^{18}	Exa	E	10^{-18}	Atto	a

Tabelle 5.6 Zeiteinheiten

Jahr	Monat	Woche	Tag	Stunde	Minute	Sekunde
1	12	ca. 52	365	8760	525 600	31 536 000
			366	8784	527 040	31 622 400
	1	ca. 4	28	672	40 320	2 419 200
			29	696	41 760	2 505 600
			30	720	43 200	2 592 000
			31	744	44 640	2 678 400
		1	7	168	10 080	604 800
			1	24	1440	86 400
				1	60	3600
					1	60

Während die Zeiteinheiten Woche, Tag, Stunde, Minute und Sekunde konstante – aber unterschiedliche – Umrechnungsfaktoren haben, ist dies bei Jahr, Monat, Woche und Tag nicht der Fall, da durch die Schaltjahrregelung nicht immer gleich viele Tage zu einem Jahr gezählt werden. Die Schaltjahrregelung besagt, dass ein Schalttag eingefügt wird, wenn die Jahreszahl durch vier teilbar ist, außer in vollen Jahrhunderten, die nicht durch 400 teilbar sind. Dies hat dann auch Auswirkungen auf die Anzahl der Wochen. Für die Umrechnung der Geschwindigkeitseinheiten km/h und m/s wird nur der eindeutige Faktor 3600 von Stunden und Sekunden verwenden. Die Umrechnung für die Längen- und Zeiteinheiten sollte bereits sicher beherrscht werden. Dann kann etwa durch die folgende Rechnung die Umrechnung der beiden bekannten Einheiten für die Geschwindigkeit vorgenommen werden.

$$1\,\frac{\text{m}}{\text{s}} = \frac{3600\text{ m}}{3600\text{ s}} = \frac{3{,}6 \cdot 1000\text{ m}}{3600\text{ s}} = \frac{3{,}6\text{ km}}{1\text{ h}} = 3{,}6\,\frac{\text{km}}{\text{h}}$$

bzw.

$$1\,\frac{\text{km}}{\text{h}} = \frac{1000\text{ m}}{60 \cdot 60\text{ s}} = \frac{1000\text{ m}}{3600\text{ s}} = \frac{10\text{ m}}{36\text{ s}} = \frac{1}{3{,}6}\,\frac{\text{m}}{\text{s}}$$

Die Messung der Größe Geschwindigkeit hängt auf Grund der Zusammensetzung der Größe aus Länge und Zeit von zwei Messungen ab.

Arbeiten mit Größen

Im idealisierten Modellbildungskreislauf findet die Arbeit mit Größen im Bereich der Mathematik statt. Bei der Arbeit im mathematischen Modell kommen praktisch aber auch Rückgriffe auf die reale Ebene vor, da die Operationen der disjunkten Klassen mit Hilfe entsprechender Operationen der Vertreter selbst erklärt werden.

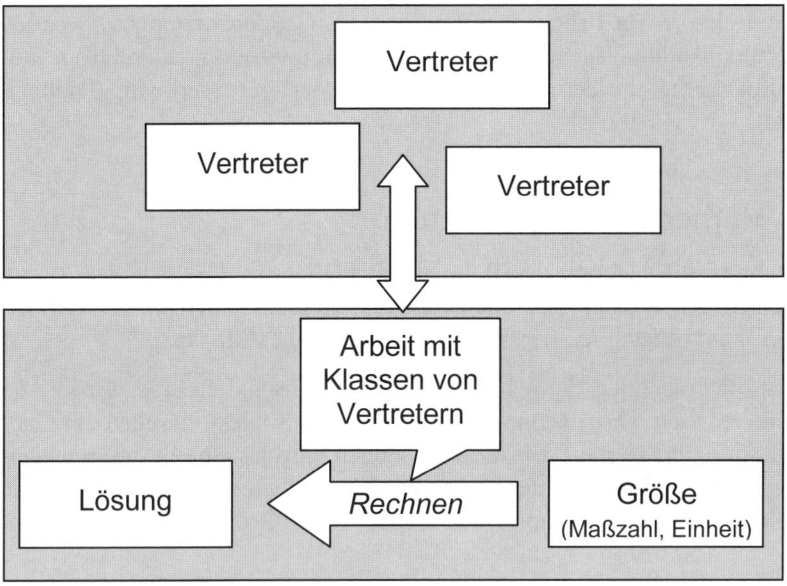

Abb. 5.16 Arbeit mit Klassen von Vertretern

Für die Arbeit mit Größen kann man zunächst den Vergleich von zwei Größen nennen. Im Beispiel der Geschwindigkeit könnte es interessant sein, ob zwei Fahrräder die gleiche Geschwindigkeit haben. Hier ist zuerst zu klären, ob es sich um eine momentane Geschwindigkeit oder um eine durchschnittliche Geschwindigkeit handeln soll. Es ist durchaus möglich, dass ein Fahrradfahrer mit einer niedrigeren Durchschnittsgeschwindigkeit (über einen längeren Zeitraum ausgewertet) zu einem bestimmten Zeitpunkt eine höhere momentane Geschwindigkeit hat als ein anderer Fahrradfahrer, der eine höhere Durchschnittsgeschwindigkeit fährt. Dabei können nun die Geschwindigkeiten der Objekte auf Grund der entsprechenden Maßzahlen vergleichen werden, ohne die konkreten Objekte direkt zu verwenden. Dies ist noch ein Abstraktionsschritt mehr als der indirekte Vergleich mit Hilfe von Messungen konkreter Objekte. Dennoch wird man zur Veranschaulichung und zur Validierung immer wieder die konkreten Vertreter in den Blick nehmen. Dies wird auch in der Abbildung zur Arbeit mit Klassen von Vertretern deutlich.

Außer dem Vergleich von Größen kann komplexer mit Größen operiert werden, beispielsweise können die Geschwindigkeit eines Flusses und des in Fließrichtung fahrenden Bootes addiert werden. Diese Operationen können auch ausgeführt werden, ohne dass die entsprechenden Vertreter diese Aktion tatsächlich ausführen.

Das Rechnen mit Größen spielt auch im Rahmen der Bruchrechnung eine wichtige Rolle. Hier wird es zur Veranschaulichung und Motivation der Addition und Subtraktion von Brüchen im Rahmen des Größenkonzepts verwendet. Für die Multiplikation dagegen kann nur die Multiplikation einer Größe mit einer Zahl betrachtet werden, da sonst die Größenart verlassen wird (Padberg, 2009, S. 14).

5.1.6 Mathematische Vertiefung

Wir betrachten noch einmal das Beispiel der Größenart *Länge*. Länge, Breite und Höhe gehören alle zur Größenart Länge. Allgemein haben wir die Größen als eine *Größenart* bezeichnet, deren Quotient eine reelle Zahl ist.

Wir wollen im Folgenden die mathematischen Eigenschaften einer Größenart genauer untersuchen. Dazu kann ein entsprechendes Objekt, nämlich ein Größenbereich, definiert werden. Ein Größenbereich wird als eine bestimmte algebraische Struktur definiert, in der addiert und verglichen werden kann und die die üblichen im Mathematikunterricht behandelten Größen sinnvoll zusammenfasst.

Definition Größenbereich

Eine Menge G mit Elementen a, b, c, ..., für die eine innere Verknüpfung +, die wir Addition nennen, und eine strenge Ordnungsrelation <, die wir Kleinerrelation nennen, erklärt sind, heißt Größenbereich genau dann, wenn für beliebige a, b, c $\in$ G gilt:

Assoziativgesetz der Addition: $(a + b) + c = a + (b + c)$,

Kommutativgesetz der Addition: $a + b = b + a$,

Trichotomiegesetz: Für $a, b \in G$ gilt stets genau einer der drei Fälle $a < b$, $b < a$, $a = b$.

Lösbarkeitsgesetz: $a + x = b$ ist lösbar mit $x \in G$ genau dann, wenn $a < b$.

Der Größenbereich wird durch die Menge G, die Addition und die Kleinerrelation festgelegt. Schreibweise: $(G, +, <)$.

Die Definition des Größenbereichs stellt sicher, dass man Größen eines Größenbereichs addieren und vergleichen kann.

Es handelt sich hier, bezogen auf die bekannten Strukturen Gruppe und Ring, um eine neue algebraische Struktur. Ein Größenbereich ist beispielsweise auf Grund des Lösbarkeitsgesetzes keine Gruppe, da in einer Gruppe eine entsprechende Gleichung immer (eindeutig) lösbar wäre.

Das Lösbarkeitsgesetz ist ebenfalls ein Grund dafür, warum eine der bekannten Größen aus mathematischer Sicht keinen Größenbereich darstellt. Die Temperatur – gemessen in Grad Celsius (°C) – kann auch negative Werte haben. Dies ist nicht im Einklang mit dem Lösbarkeitsgesetz, da beispielsweise die Gleichung 7°C + x = 5°C lösbar ist mit x = −2°C. Nach dem Lösbarkeitsgesetz ist eine solche Gleichung $a + x = b$ aber genau dann lösbar, wenn a < b gelten würde. Dies ist hier nicht der Fall, da 7 > 5 ist. Wird die Temperatur, wie in der Physik üblich, in Kelvin angegeben, so tritt dieses Problem nicht auf. Des Weiteren ist es in einigen Fällen üblich, manchen Größen – beispielsweise der Geschwindigkeit – negative Absolutbeträge zuzuordnen, um eine entgegengesetzte Richtung zum Ausdruck zu bringen. Auch dies passt nicht mit dem Lösbarkeitsgesetz zusammen.

Die Definition des Größenbereichs schließt die Menge $\mathbb{N}$ der natürlichen Zahlen (ohne Null), die Menge $\mathbb{Q}^+$ der positiven rationalen Zahlen und die Menge $\mathbb{R}^+$ der positiven reellen Zahlen ein.

Man kann Größen mit natürlichen Zahlen multiplizieren. Dies wird mit Hilfe der Addition rekursiv definiert.

Definition Multiplikation

Für jedes a ∈ G sei $1 \cdot a = a$, und wenn $n \cdot a$ schon definiert ist, $(n + 1) \cdot a = n \cdot a + a$ für alle natürlichen Zahlen n.

Die Multiplikation von zwei Größen führt allerdings (mit Ausnahme der Größen mit der Einheit 1) aus der Größenart heraus. Beispielsweise erhält man durch Multiplikation von zwei Längen die Größenart Fläche.

Die Division von Größen durch natürliche Zahlen ist nicht in allen Fällen uneingeschränkt möglich. Beispielsweise ist es bei der Größe Geld – zumindest bezogen auf das Bargeld – nicht möglich, beliebig zu dividieren und wieder ein durch Bargeld darstellbares Ergebnis zu erhalten. So ist zum Beispiel 1 € : 200 = 0,005 € = 0,5 ct. Eine solche Münze gibt es aber nicht. Ebenso ist die Division von Anzahlen, die auf nicht-ganze Zahlen führt, ein Beispiel für eine nicht ausführbare Division von Größen. Falls aber die Division doch uneingeschränkt möglich ist, spricht man von einem Größenbereich mit Teilbarkeitseigenschaft.

Definition Teilbarkeitseigenschaft

Der Größenbereich $(G, +, <)$ hat die Teilbarkeitseigenschaft genau dann, wenn es zu jedem $a \in G$ und $n \in \mathbb{N}$ stets ein $x \in G$ gibt, sodass $n \cdot x = a$.

Beispielsweise haben die Längen und Temperaturen die Teilbarkeitseigenschaft. In diesen Größenbereichen kann durch beliebige natürliche Zahlen dividiert werden.

Eine weitere Frage ist, ob sich in einem Größenbereich eine gegebene Größe uneingeschränkt messen lässt. Das Messen ist der Vergleich mit der bekannten Einheit. Aus mathematischer Sicht wäre Messen mit einer gegebenen Einheit ein Vorgang, bei dem die Größe als Vielfaches einer Einheit geschrieben werden kann. Wenn in einem Größenbereich das Messen uneingeschränkt möglich sein soll, dann muss zu zwei beliebigen Größen eine Einheit existieren, sodass beide Größen als Vielfache dieser Einheit geschrieben werden können.

Definition Kommensurabilität

Ein Größenbereich $(G, +, <)$ heißt kommensurabel, wenn es zu zwei beliebigen Größen g und h eine Einheit $e \in G$ gibt, sodass gilt: $g = n \cdot e$ und $h = m \cdot e$ mit $m, n \in \mathbb{N}$.

Wenn zwei Größen kommensurabel sind, dann ist die eine Größe als Produkt der anderen Größe mit einer positiven rationalen Zahl darstellbar. In einem solchen Fall gilt nämlich

$$g = n \cdot e \text{ und } h = m \cdot e \Rightarrow g = n \cdot \frac{1}{m} \cdot h = \frac{n}{m} \cdot h$$

für zwei Elemente $g, h \in G$ und zwei natürliche Zahlen $m, n \in \mathbb{N}$. Gilt umgekehrt für zwei beliebige Elemente $g, h \in G$ und zwei natürliche Zahlen $m, n \in \mathbb{N}$, die Gleichung

$$g = \frac{m}{n} \cdot h,$$

so könnte man $1/n \cdot h$ als Einheit wählen und damit g messen. Umgekehrt könnte man auch $1/m \cdot g$ als Einheit wählen und damit h messen. In einem solchen Größenbereich ist die Division ohne Einschränkungen möglich. Außerdem ist der Quotient der beiden Größen g und h eine rationale Zahl, also auch eine reelle Zahl. Die Größen gehören damit zur gleichen Größenart.

Die Größen Anzahl und (Bar-)Geld sind beispielsweise kommensurabel. Im Fall von Euro kann als Einheit immer 1 ct gewählt werden; in vielen Beispielen ist auch eine andere Wahl möglich. Die Länge dagegen ist nicht kommensurabel, da beispielsweise ein Kreis mit dem Durchmesser 1 m einen Umfang von π m hat und π keine rationale Zahl ist (Picker, 1987; Strehl, 1979, S. 46 ff.).

5.2 Zuordnungen von Größen

Die Behandlung von Zuordnungen und speziell funktionalen Zusammenhängen gehört nicht prinzipiell zum Sachrechnen. Sehr häufig werden aber Zuordnungen von zwei Größen (z. B. Strecke und Geschwindigkeit) im Mathematikunterricht betrachtet.

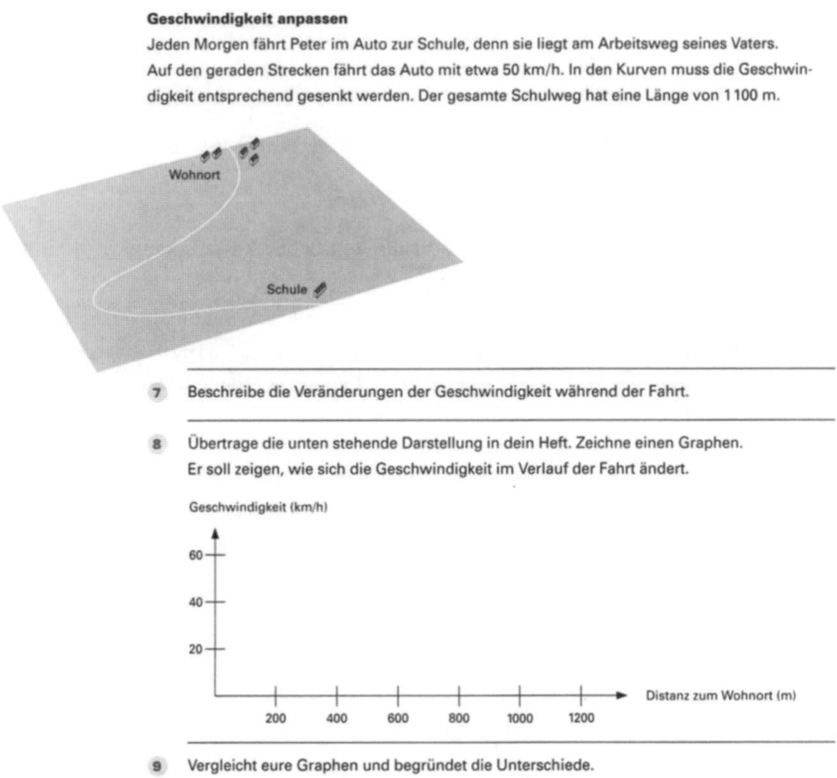

Geschwindigkeit anpassen

Jeden Morgen fährt Peter im Auto zur Schule, denn sie liegt am Arbeitsweg seines Vaters. Auf den geraden Strecken fährt das Auto mit etwa 50 km/h. In den Kurven muss die Geschwindigkeit entsprechend gesenkt werden. Der gesamte Schulweg hat eine Länge von 1 100 m.

7 Beschreibe die Veränderungen der Geschwindigkeit während der Fahrt.

8 Übertrage die unten stehende Darstellung in dein Heft. Zeichne einen Graphen. Er soll zeigen, wie sich die Geschwindigkeit im Verlauf der Fahrt ändert.

9 Vergleicht eure Graphen und begründet die Unterschiede.

Abb. 5.17 Zuordnung von zwei Größen (Affolter, et al., 2004, S. 7)

Umgekehrt ist es auch sehr gut möglich, mit Hilfe des Zusammenhangs von zwei Größen den Begriff der Funktion zu verdeutlichen (s. Abb. 5.18). Die Gegenstände des Sachrechnens und zentrale Bereiche des Mathematikunterrichts der Sekundarstufe können sich hier wechselseitig ergänzen.

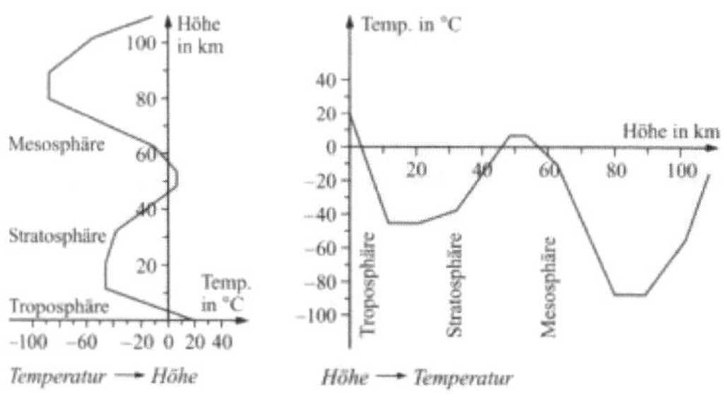

Beide Schaubilder beschreiben den Zusammenhang zwischen Höhe und Temperatur.
Wähle einige Höhen aus. Welche Temperatur herrscht dort jeweils?
Wähle einige Temperaturen aus. In welcher Höhe findest du sie jeweils?
Die erste Frage lässt sich eindeutig beantworten, die zweite nicht.

! Der Zusammenhang zwischen zwei Größen kann durch eine Zuordnung beschrieben werden: *erste Größe → zweite Größe.*
Gibt es zur ersten Größe immer nur eine zweite Größe, dann ist die Zuordnung eine **Funktion**.
Funktionen können durch Terme, Tabellen und Schaubilder beschrieben werden.

Abb. 5.18 Einführung von Funktionen mit Hilfe von Größen (Kietzmann, et al., 2004)

In lebendem organischem Material, z. B. in einem Baumstamm, kommt Kohlenstoff in den Isotopen C12 und C14 im Verhältnis 10^{12} : 1 vor. C14 ist radioaktiv. Sobald der Tod eintritt und der Stoffwechsel zum Erliegen kommt, halbiert sich der C14-Anteil etwa alle 5 700 Jahre.

Alter des Fossils	0T (lebend)	1T (≈ 5 700 a)	2T (≈ 11 400 a)	3T (≈ 17 000 a)	4T (≈ 23 000 a)
Anzahl C12-Atome	10^{15}	10^{15}	10^{15}	10^{15}	10^{15}
Anzahl C14-Atome	1 000	500	250	125	≈ 60
Anteil C14-Atome	100 %	50 %	25 %	12.5 %	6.25 %

A Erklärt einander die Bedeutungen und Beziehungen der einzelnen Angaben in der Tabelle.

Abb. 5.19 Zuordnungen als Mittel zur Umwelterschließung (Affolter, et al., 2006, S. 39)

Die Zuordnungen sind damit eine Fortführung des Inhaltes Größen in der Sekundarstufe. Gerade bei der Behandlung von Zuordnungen wird deutlich, dass fast alle mathematischen Inhalte mit Hilfe von Realitätsbezügen motiviert oder bearbeitet werden können und umgekehrt die Umwelt mit Hilfe von Mathematik erschlossen und verstanden werden kann (s. Abb. 5.19). Man findet daher eine große Bandbreite von Unterrichtsmaterialien mit kaum vorhandenem bis sehr ernst genommenem Realitätsbezug. Diese Thematik ist im Zusammenhang mit den Funktionen des Sachrechnens bereits diskutiert worden.

5.2.1 Zuordnungen und Funktionen

Hintergrund

Bevor auf spezielle Funktionstypen oder Eigenschaften von Funktionen eingegangen wird, soll hier zunächst der allgemeine Begriff der Zuordnung von zwei oder auch mehr Größen betrachtet werden. Eine Funktion kann dann als Spezialfall einer Zuordnung angesehen werden. Gerade aus Sicht des Sachrechnens ist dieser allgemeinere Zugang sinnvoll, da nicht alle Beziehungen von Größen als funktionale Zusammenhänge modelliert werden können.

Zuordnung

Eine Zuordnung ist eine Menge von Paaren (x;y) mit x,y aus einer Menge V, bei denen die Reihenfolge der Zahlen x und y unterschieden wird. Bei solchen sogenannten geordneten Paaren sind (x;y) und (y;x) verschiedene Zahlenpaare.

Eine Zuordnung muss nicht eindeutig sein. So können mehrere Paare (x, a), (x, b), … mit $a \neq b$ existieren, die einem x-Wert unterschiedliche y-Werte zuordnen. Eine eindeutige Zuordnung dagegen wird als *Funktion* bezeichnet.

Funktion

Eine Funktion f ordnet jedem Element x einer Definitionsmenge D genau ein Element y einer Zielmenge Z zu.

Schreibweise: $f: D \to Z$ mit $x \mapsto y$ bzw. $f(x) = y$.

Wie bereits die Definition zeigt, beschränkt man sich bei der Einführung von Funktionen als Zuordnung von Größen sehr häufig auf die Termdarstellung. Die klassische Einteilung der Schulmathematik in lineare, quadratische, trigonometrische (z. B. Sinusfunktion) und Exponentialfunktionen beruht auch auf der Betrachtung der Struktur der Funktionsterme.

Tabelle 5.7 Typisierung von Funktionen nach Funktionstermen

Name	Funktionsterm
lineare Funktion	$f(x) = ax + b$
quadratische Funktion	$f(x) = ax^2 + bx + c$
Sinusfunktion	$f(x) = a \cdot \sin(bx + c)$
Exponentialfunktion	$f(x) = a \cdot b^x$

Gerade bei der Betrachtung von Zuordnungen von Größen wäre es in einigen Zusammenhängen sicherlich hilfreich, Funktionen nach Wachstumseigenschaften (z. B. monoton wachsend) oder Eigenschaften der Funktionalgleichung (z. B. additiv) einzuteilen.

Monoton wachsende und fallende Funktionen

Eine Funktion $f: D \to Z$ heißt monoton wachsend in D, wenn für je zwei Elemente x_1, x_2 der Definitionsmenge D mit $x_1 \leq x_2$ gilt: $f(x_1) \leq f(x_2)$.

Eine Funktion $f: D \to Z$ heißt monoton fallend in D, wenn für je zwei Elemente x_1, x_2 der Definitionsmenge D mit $x_1 \leq x_2$ gilt: $f(x_1) \geq f(x_2)$.

Additive und multiplikative Funktionen

Eine Funktion $f: D \to Z$ heißt additiv in D, wenn für je zwei Elemente x_1, x_2 der Definitionsmenge D gilt: $f(x_1 + x_2) = f(x_1) + f(x_2)$.

Eine Funktion $f: D \to Z$ heißt multiplikativ in D, wenn für je zwei Elemente x_1, x_2 der Definitionsmenge D gilt: $f(x_1 \cdot x_2) = f(x_1) \cdot f(x_2)$.

Die Funktionalgleichungen von additiven und multiplikativen Funktionen werden hier nur exemplarisch ausgewählt. Es gibt weitere Eigenschaften von Funktionen, die mit Hilfe von Funktionalgleichungen ausgedrückt werden können.

Ein Beispiel für eine monoton wachsende Funktion ist $f(x) = x^3$, da für beliebige $x_1 \leq x_2$ stets auch $x_1^3 \leq x_2^3$ gilt. Ein Beispiel für eine monoton fallende Funktion ist $f(x) = -7x$. Eine additive Funktion ist beispielsweise $f(x) = 3x$ und eine multiplikative Funktion $f(x) = x$ (Vollrath, 2003, S. 123).

Modellierung

Der Funktionsbegriff stellt ein gleichermaßen spezielles und flexibles mathematisches Modell dar. Es ist mit Blick auf allgemeine Zuordnungen speziell und bezogen auf die unterschiedlichen Funktionstypen flexibel. Der Funktionsbegriff kann im Rahmen des Sachrechnens ausgehend von anwendungsorientierten Zuordnungen von Größen entwickelt werden.

Der Schritt von der anwendungsorientierten Zuordnung von Größen zum fachwissenschaftlichen Funktionsbegriff sollte nicht zu schnell vollzogen werden. Anderenfalls besteht die Gefahr, dass Schülerinnen und Schüler den Funktionsbegriff nicht auf der Basis der Zuordnung von Größen und mit unterschiedlichen Darstellungsformen wie Graph, Tabelle, Beschreibung und Term aufbauen können, sondern nur einen eingeengten Blick auf dieses für die Schulmathematik zentrale mathematische Modell bekommen.

Der Funktionsbegriff spielt in den Bildungsstandards und Lehrplänen für die Sekundarstufe der einzelnen Bundesländer eine sehr zentrale Rolle. Der funktionale Zusammenhang ist beispielsweise als Leitidee in den Bildungsstandards für den mittleren Bildungsabschluss der Kultusministerkonferenz zu finden (KMK, 2004, S. 11). Die allgemeineren Zuordnungen dagegen werden häufig nur am Rande erwähnt, in den Bildungsstandards beispielsweise als ein Unterpunkt im Zusammenhang mit möglichen mathematischen Modellen und in den Kernlehrplänen Nordrhein-Westfalens an einigen Stellen im Sinne von Funktionen (Ministerium für Schule NRW, 2004).

Der zu schnelle Übergang von allgemeinen Zuordnungen zum Funktionsbegriff, also zu den üblicherweise zuerst behandelten linearen Funktionen, kann den Blick für andere Klassen von Funktionen einschränken. In der Realität spielen viele unterschiedliche Funktionenklassen eine Rolle, ebenso wie auch Zuordnungen und funktionale Zusammenhänge, die nicht durch eine einfach darzustellende Funktionsgleichung beschrieben werden können. Daher ist es hilfreich, zunächst eine breite Palette von möglichen Zuordnungen kennenzulernen. Da dies in der Jahrgangstufe 7, in der üblicherweise in diesen Inhaltsbereich eingeführt wird, nicht in der Termdarstellung möglich ist, sollten die Schülerinnen und Schüler in dieser Phase verstärkt mit Graphen, Beschreibungen und Tabellen arbeiten. Dann sind beispielsweise auch stückweise definierte Funktionsgraphen problemlos darstellbar.

Sehr häufig wird im Mathematikunterricht mit Hilfe von Funktionen modelliert. Die Modellbildung ist dabei natürlich abhängig von den vorhandenen „mathematischen Werkzeugen", also den Funktionenklassen, die den Schülerinnen und Schülern bekannt sind. Bis zur Klassenstufe 8 sind dies in der Regel nur lineare Funktionen. Daher liegt die Modellierung häufig auf der Hand. Eine wirkliche Wahl eines mathematischen Modells kann auf diese Weise häufig nicht stattfinden. Es kann sogar nicht einmal von einer Wahl der Funktionsart, sondern lediglich von der Bestimmung der Parameter der linearen Funktion gesprochen werden. Ein entsprechender Modellierungskreislauf mit vorgegebenem linearem Modell verdeutlicht dies (s. Abb. 5.20).

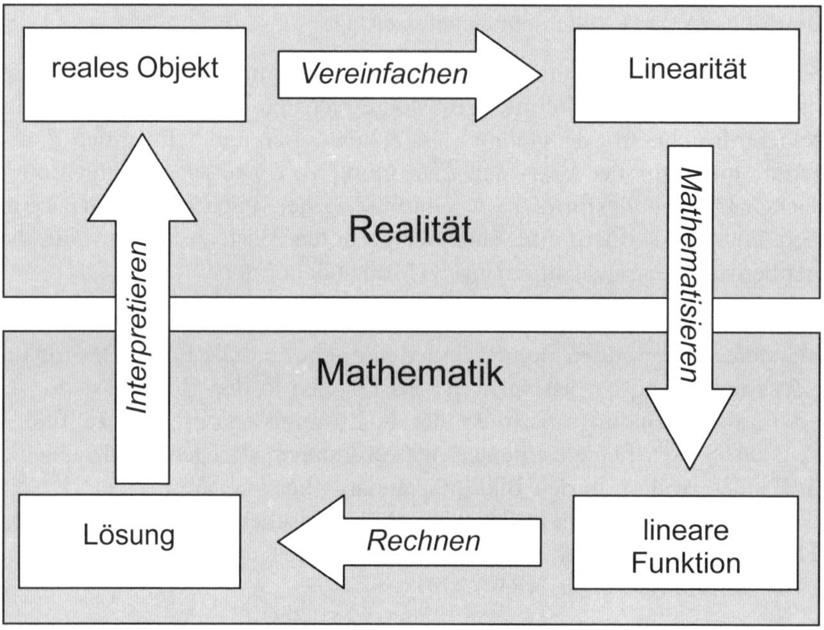

Abb. 5.20 Lineare Funktionen als mathematisches Modell

Der im Kreislauf dargestellte Vereinfachungsschritt zur Eigenschaft *Linearität* liegt allerdings auf der Hand. Wenn keine anderen Modelle zur Verfügung stehen, ist daher die Vereinfachung keine besondere Leistung. Bei der Bearbeitung von Problemen, denen ein derartiger enger Modellbildungsprozess zugrunde liegt, besteht die Gefahr, dass die Vereinfachung sowie die Mathematisierung der Sache nicht gerecht wird und – aus Mangel an alternativen realen Modellen – von linearen Zusammenhängen ausgegangen werden muss.

Bei Modellbildungsprozessen sollte aber die Wahl des Modells möglichst offen sein und die Diskussion der Vereinfachung der Realsituation Alternativen bieten. Modellierungsaufgaben mit vorgegebenem Modell sind daher kritisch zu sehen. Um zu vermeiden, dass im Mathematikunterricht Modelle nur als Funktionsterm wahrgenommen werden, können unterschiedliche Darstellungsformen von Funktionen immerhin eine größere Vielfalt von Bearbeitungsschritten liefern.

Darstellungsformen

Das Einführen von funktionalen Abhängigkeiten mit Hilfe von Graphen erfüllt mehrere Zielsetzungen. Zum einen werden nichttriviale Zusammenhänge von unterschiedlichen Größenarten untersucht, und zum anderen werden die mathematischen Methoden bereitgestellt, solche Zusammenhänge von Größen mathematisch zu beschreiben und zu untersuchen. Dazu können unterschiedliche Darstellungsformen verwendet werden.

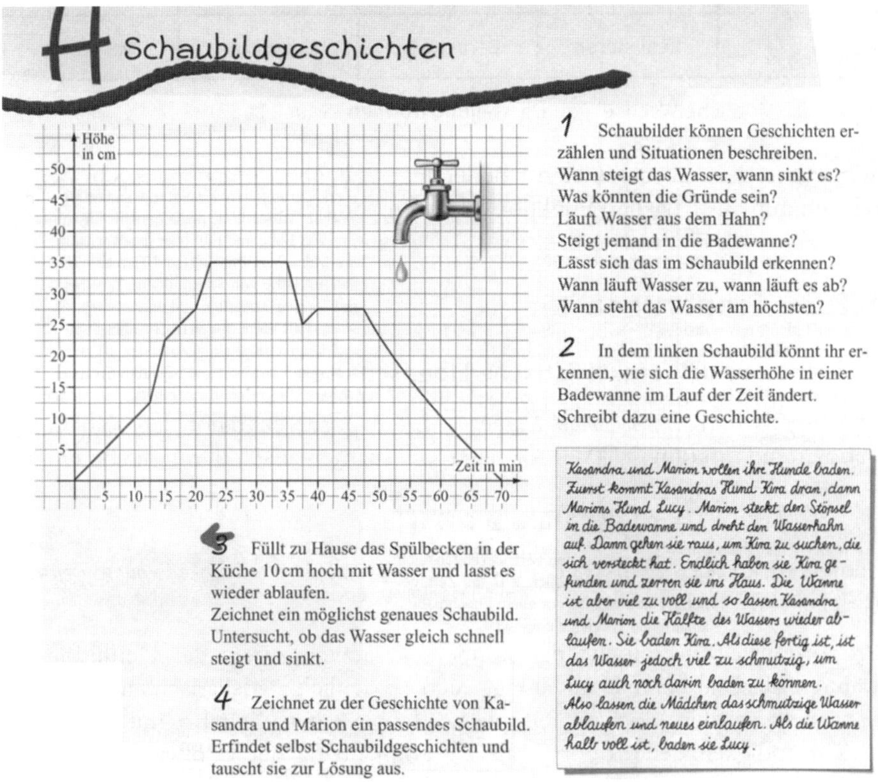

Abb. 5.21 Zeichnen und Interpretieren (Kietzmann, et al., 2004, S. 94)

Abb. 5.22 zeigt, dass es mit den vier Darstellungsformen für Funktionen zwölf unterschiedliche Tätigkeiten gibt, wenn Darstellungen ineinander überführt werden sollen. Im Mathematikunterricht findet man besonders häufig das Berechnen von Tabellenwerten aus Funktionstermen mit anschließendem Skizzieren von Funktionsgraphen. Seltener dagegen findet man das Arbeiten mit Tabellen und Graphen oder beispielsweise das Zeichnen von Graphen aus gegebenen Situationen, wie etwa im abgebildeten Schulbuchbeispiel (s. Abb. 5.21).

nach / von	Situation	Tabelle	Graph	Term
Situation		Ausmessen	Zeichnen	Mathematisieren
Tabelle	Ablesen		Einzeichnen	Anpassen
Graph	Interpretieren	Ablesen		Anpassen
Term	Realisieren	Berechnen	Skizzieren	

Abb. 5.22 Mögliche Wechsel von Darstellungsformen (Swan, 1982)

Wir wollen diese allgemeineren Überlegungen zu Zuordnungen von Größenbereichen nun an speziellen Funktionenklassen konkretisieren.

5.2.2 Proportionalität

Definition und charakteristische Eigenschaften

Die Eigenschaft *Proportionalität* einer auf den positiven rationalen Zahlen $\mathbb{Q}^+$ definierten Funktion $f: \mathbb{Q}^+ \to \mathbb{Q}^+$ lässt sich mathematisch durch die Bedingung

$$f(c \cdot x) = c \cdot f(x) \text{ für alle } c \in \mathbb{Q}^+ \qquad (5.1)$$

definieren. Diese Eigenschaft bezeichnet man auch als *Vervielfachungseigenschaft* (Fricke, 1987, S. 111).

Proportionale Zusammenhänge können, zusätzlich zur in der Definition gewählten algebraischen Darstellung, auch sprachlich, tabellarisch und grafisch dargestellt werden. So kann beispielsweise bei einer Zugfahrt mit konstanter Geschwindigkeit der proportionale Zusammenhang der Größen Länge (d. h. der zurückgelegten Strecke) und Zeit auch sprachlich formuliert werden.

Beispiel Proportionalität

Der Zug legt in gleichen Zeiten gleiche Strecken zurück. In drei Minuten legt er 10 km zurück. In doppelter Zeit wird auch die doppelte Strecke zurückgelegt, in dreifacher Zeit die dreifache Strecke und so weiter.

Ebenso ist eine Tabelle oder ein Graph zur Darstellung dieses Sachverhalts möglich. Die tabellarische Darstellung orientiert sich hier am Text. Sie beginnt mit dem im Text genannten Wert. Weitere Wertepaare werden wie im Text beschrieben erzeugt. Anschließend wird die Tabelle noch weiter fortgesetzt.

Tabelle 5.9 Zeit und zurückgelegte Strecke eines Zuges

Zeit (in Minuten)	zurückgelegte Strecke (in km)
3	10
6	20
9	30
12	40
...	...
60	200
...	...

Die folgende grafische Darstellung beruht auf den Daten der Tabelle. Die Art der Darstellung ermöglicht direkt auch ein Ablesen von Zwischenwerten und somit die Ergänzung bzw. Fortsetzung der Tabelle.

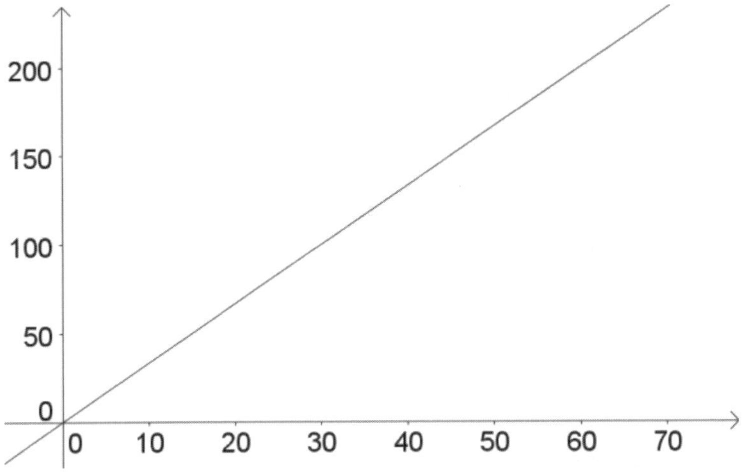

Abb. 5.23 Zeit (x-Achse) und zurückgelegte Strecke (y-Achse) eines Zuges

Auf der Basis der eingangs zitierten Definition gibt es unterschiedliche Eigenschaften, die im Zusammenhang mit der Proportionalität in den Vordergrund gestellt werden können. Die erste dieser Eigenschaften ist die *Verhältnisgleichheit.*

Die Verhältnisgleichheit bringt zum Ausdruck, dass der Quotient von zwei x-Werten dem Quotient der zugeordneten Funktionswerte entspricht, d. h.

$$\frac{x_1}{x_2} = \frac{f(x_1)}{f(x_2)}.$$

Die Eigenschaft (5.2) lässt sich für $x_2 = c \cdot x_1$ mit Hilfe der Definition (5.1) ableiten:

$$\frac{f(x_1)}{f(x_2)} = \frac{f(x_1)}{f(c \cdot x_1)} = \frac{f(x_1)}{c \cdot f(x_1)} = \frac{1}{c} = \frac{x_1}{c \cdot x_1} = \frac{x_1}{x_2}.$$

Ebenso kann man auch die *Quotientengleichheit* (Fricke, 1987, S. 112) aus der Verhältnisgleichheit ableiten. Sie besagt, dass der Quotient aus Funktionswert und entsprechendem x-Wert jeweils konstant ist, d. h.

$$\frac{f(x)}{x} = \text{const.}$$

für alle $x \in \mathbb{Q}^+$. Dies folgt aus der Verhältnisgleichheit für $x_1 = x$ und $x_2 = 1$:

$$\frac{x}{1} = \frac{f(x)}{f(1)} \Leftrightarrow \frac{f(x)}{x} = f(1).$$

Diese Rechnung zeigt auch, dass der konstante Faktor gleich dem Funktionswert an der Stelle 1 ist. Daraus lässt sich eine *Funktionsgleichung* ableiten. Wenn für den konstanten Faktor $f(1) = a$ gesetzt wird, erhalten wir

$$f(x) = a \cdot x. \qquad (5.2)$$

Alternativ sieht man mit Hilfe von (5.1) mit $c = x$, dass gilt

$$f(x) = f(x \cdot 1) = x\,f(1) = a \cdot x.$$

Der Proportionalitätsfaktor a ist gleich dem Funktionswert an der Stelle 1.

Eine weitere Eigenschaft ist die *Additivität* oder *Summeneigenschaft* (Fricke, 1987, S. 111), die nun aus der Funktionsgleichung (5.2) gefolgert werden kann. Es gilt

$$f(x_1 + x_2) = f(x_1) + f(x_2),$$

denn es ist

$$f(x_1 + x_2) = a \cdot (x_1 + x_2) = a \cdot x_1 + a \cdot x_2 = f(x_1) + f(x_2).$$

Außerdem gilt für proportionale Zuordnungen die sogenannte *Mittelwertseigenschaft* (Fricke, 1987, S. 112)

$$f\left(\frac{x_1 + x_2}{2}\right) = \frac{f(x_1) + f(x_2)}{2},$$

d. h. dem Mittelwert von zwei Größen oder Zahlen wird der Mittelwert der entsprechenden Funktionswerte zugeordnet. Dies folgt beispielsweise mit Hilfe der Definition (5.1) für $c = 1/2$ und der Additivität, denn

$$f\left(\frac{x_1+x_2}{2}\right) = \frac{1}{2}f(x_1 + x_2) = \frac{1}{2}(f(x_1) + f(x_2)) = \frac{f(x_1)+f(x_2)}{2},$$

oder direkt mit Hilfe der Funktionsgleichung (5.2)

$$f\left(\frac{x_1+x_2}{2}\right) = a\left(\frac{x_1+x_2}{2}\right) = \frac{a\cdot x_1+a\cdot x_2}{2} = \frac{f(x_1)+f(x_2)}{2}.$$

Diese Eigenschaft gilt allerdings nicht nur für proportionale Funktionen, sondern auch allgemein für lineare Funktionen $f: \mathbb{R} \to \mathbb{R}$ mit $f(x) = a \cdot x + b$, denn

$$f\left(\frac{x_1+x_2}{2}\right) = a\left(\frac{x_1+x_2}{2}\right) + b = \frac{a\cdot x_1+b+a\cdot x_2+b}{2} = \frac{f(x_1)+f(x_2)}{2}.$$

An proportionalen Funktionen können also auch Eigenschaften erkannt werden, die in allgemeineren Zusammenhängen gelten und nicht nur typisch für proportionale Funktionen sind. (Vollrath, 2003, S. 126 ff.)

Die oben beschriebenen Zusammenhänge können in Tabellenform zusammengefasst werden. Dabei benutzen wir die oben verwendeten Bezeichnungen.

Tabelle 5.10 Proportionalität von zwei Größen

Größe 1	Größe 2
x_1	$y_1 = f(x_1) = f(1) \cdot x_1$
$x_2 = c \cdot x_1$	$y_2 = f(x_2) = f(c \cdot x_1) = c \cdot f(x_1) = c \cdot f(1) \cdot x_1$

Bezogen auf das Beispiel des mit konstanter Geschwindigkeit bewegten Zuges, kann man mit Hilfe der ersten drei Zeilen der entsprechenden Tabelle 5.9 die oben dargestellten Eigenschaften konkret veranschaulichen.

Tabelle 5.11 Eigenschaften von proportionalen Zuordnungen am Beispiel Zug

Eigenschaft	Beispiel
Verhältnisgleichheit	$\frac{3\text{ min}}{6\text{ min}} = \frac{10\text{ km}}{20\text{ km}}$
Quotientengleichheit	$\frac{10\text{ km}}{3\text{ min}} = \frac{20\text{ km}}{6\text{ min}} = \cdots = \text{const.} = \text{f}(1)$
Funktionsgleichung	$f(x) = \frac{10\text{ km}}{3\text{ min}}x$

Additivität	$30\text{ km} = f(3\text{ min} + 6\text{ min}) = f(3\text{ min}) + f(6\text{ min}) = 10\text{ km} + 20\text{ km}$
Mittelwertseigenschaft	$f\left(\frac{3\text{ min} + 9\text{ min}}{2}\right) = \text{f}(6\text{ min}) = 20\text{ km} = \frac{10\text{ km} + 30\text{ km}}{2} = \frac{f(3\text{ min}) + f(9\text{ min})}{2}$

Modellierung

Häufig werden proportionale Zuordnungen im Zusammenhang mit Modellierungen des Kontextes *Einkaufen* verwendet, da viele Preise in bestimmten Bereichen proportional zur Anzahl oder Menge der Waren sind. Eventuelle Angebote oder Rabatte werden häufig in dieser Phase ignoriert, was bei einer ernsthaften Betrachtung des Kontextes bei Schülerinnen und Schülern zu Schwierigkeiten führen kann.

Abb. 5.24 Beispielaufgabe zur Proportionalität (Herling, Kuhlmann, & Scheele, 2008, S. 13)

In der Beispielaufgabe (s. Abb. 5.24) wird die Proportionalität von Menge und Preis vorausgesetzt, obwohl überhaupt nicht klar ist, ob es für die 6er-Packung gegebenenfalls einen Rabatt oder ein anderes Preismodell gibt und ob es überhaupt möglich ist, die Stifte in jeder Stückzahl zu kaufen. Hier wird also weniger der Kontext als das mathematische Modell der Proportionalität in den Vordergrund gestellt. Dies ist bei den vielen Aufgaben zu proportionalen Zuordnungen der Fall, da das Modell in den meisten Kontexten außerhalb bestimmter Intervalle an Grenzen stößt. Dies ist auch beim eingangs angeführten Zusammenhang von zurückgelegter Strecke und Zeit eines Zuges der Fall. Aus mathematischer Sicht handelt es sich also um ein normatives Modell, während im Kontext in der Regel das deskriptive Modell einschließlich seiner Grenzen im Vordergrund steht (s. S. 44).

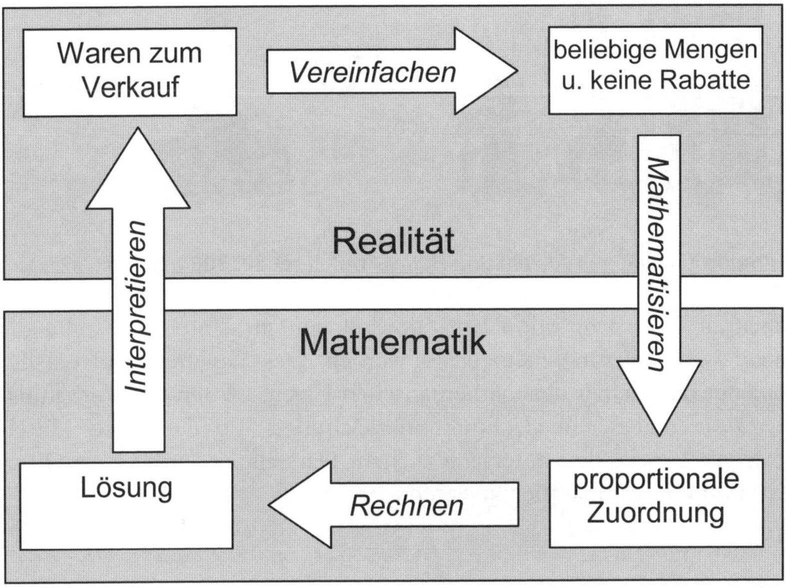

Abb. 5.25 Proportionalität im Einkaufskontext

Um den dadurch entstehenden gedanklichen Konflikt der Schülerinnen und Schüler zu lösen, muss explizit die Vereinfachung des Einkaufsproblems durch den Verzicht auf Rabatte und die Abgabe beliebiger Mengen in bestimmten Bereichen deutlich gemacht und diskutiert werden (s. Abb. 5.25). Dann kann die Modellierung als proportionale Zuordnung sinnvoll sein. Es handelt sich aber um ein Modell, das die Realität nur in bestimmten Grenzen abbildet.

Ein anderer Ansatz, zu einer sinnvollen Modellbildung zu kommen, ist, die Schülerinnen und Schüler auf der Basis eines Experiments das mathematische Modell der Proportionalität selbst entdecken zu lassen. Ein geeignetes Beispiel ist die Untersuchung des Gewichts von Münzen. Dazu wiegen die Schülerinnen und Schüler einige Münzstapel und können dann die Frage beantworten, wie schwer ein sehr hoher Münzstapel sein würde. Die Modellierung wird dann von den Schülerinnen und Schülern selbst entwickelt und verwendet. Auch Wechselkurse können sinnvoll mit proportionalen Zuordnungen modelliert werden. (Affolter, et al., 2004, S. 10 f.)

Abb. 5.26 Proportionalität von Anzahl und Höhe (Affolter, et al., 2004, S. 10)

Zur Bearbeitung von proportionalen Zuordnungen im Unterricht sollte die entsprechende Modellierung thematisiert werden. Des Weiteren sind bei der Proportionalität die Vielfalt der mathematischen Eigenschaften wie Verhältnisgleichheit, Quotientengleichheit, Funktionsgleichung, Additivität und Mittelwertseigenschaft sowie die unterschiedlichen Darstellungsformen als Text, Tabelle, Graph und Term zu thematisieren.

5.2.3 Dreisatz

Viele klassische Sachaufgaben können mit dem sogenannten Dreisatz gelöst werden. Hierbei handelt es sich um ein Verfahren zur Lösung von Aufgaben mit proportionalen Zuordnungen. Der Dreisatz taucht bereits in den Rechenbüchern von Adam Ries auf. Dort spielt die Methode des Dreisatzes (regula detri oder regula de tribus), dem beispielsweise im Rechenbuch mit dem Titel *Rechnung auf Linien und Federn* insgesamt 190 Sachaufgaben gewidmet sind, eine zentrale Rolle (Ries, 1522). Dreisatz ist anwendbar auf Aufgaben, für die die Proportionalität vorausgesetzt wird und ein Wertepaar gegeben ist. Von einem anderen Wertepaar ist ein Wert gesucht. Eine (nicht sehr authentische) Aufgabe zu diesem Themenbereich könnte dann etwa wie folgt formuliert sein (s. Abb. 5.27).

Die klassische Dreisatzrechnung, die sich in der im Folgenden dargestellten Form etwa in der ersten Hälfte des 19. Jahrhunderts entwickelt hat (Vollrath,

2003, S. 149), würde dann so aufgestellt, dass die gesuchte Größe, in diesem Fall die Zeit, auf der rechten Seite steht.

> Ein mit konstanter Geschwindigkeit fahrender Zug benötigt für 40 km 12 Minuten. Wie viel Zeit benötigt er für 75 km?

Abb. 5.27 Beispielaufgabe zum Dreisatz

In der ersten Zeile wird das bekannte Wertepaar (40 km; 12 Minuten) verwendet. In der zweiten Zeile wird auf der Basis der vorausgesetzten Proportionalität die Zeit für 1 km berechnet und in der dritten Zeile wird dann die gesuchte Zeit für 75 km bestimmt.

- Für 40 km benötigt der Zug 12 Minuten.
- Für 1 km benötigt der Zug 12 : 40 Minuten = 0,3 Minuten.
- Für 75 km benötigt der Zug 12 : 40 · 75 Minuten = 22,5 Minuten.

Vor der Verwendung des Dreisatzes in dieser Form wurde aus den drei gegebenen Daten (40 km in 12 Min; 75 km) direkt die Rechnung 12 : 40 · 75 = 22,5 durchgeführt. Diese Methode erscheint zwar einfacher, es besteht allerdings die Gefahr, dass sie unverstanden ausgeführt wird und von Schülerinnen und Schülern dann nicht geeignet auf andersartige Probleme wie antiproportionale oder nicht proportionale Zuordnungen angepasst werden kann.

Ebenso bekannt wie die Berechnung mit Hilfe von drei Zeilen ist die Verwendung des Dreisatzes im Rahmen einer Tabelle. Diese Darstellung der Berechnung kann ggf. noch durch Pfeile, die den Faktor angeben mit dem die Zeilen jeweils multipliziert werden, unterstützt werden.

Tabelle 5.12 Dreisatzrechnung

Strecke	Zeit
40 km	12 Minuten
1 km	0,3 Minuten
75 km	22,5 Minuten

Der Vorteil der Dreisatzrechnung ist ihre Übersichtlichkeit. Der Nachteil ist, dass eine relativ einfache Rechnung aufwändiger als nötig durchgeführt wird. Ebenso denkbar wäre es, eine der Eigenschaften der proportionalen Zuordnungen auszuwählen und damit den fehlenden Wert zu bestimmen. Beispielsweise könnte mit Hilfe der Quotientengleichheit und einer anschließenden Gleichungsumformung

$$\frac{x}{75} = \frac{12}{40} \Rightarrow x = \frac{12 \cdot 75}{40}$$

die Zeit berechnet werden oder auch mit Hilfe der Funktionsgleichung die Zeit direkt bestimmt werden:

$$f(75) = \frac{12}{40} \cdot 75.$$

(Fricke, 1987, S. 122) Analoge Betrachtungen sind für antiproportionale Zuordnungen mit Dreisatz möglich (Vollrath, 2003, S. 126 ff.).

Didaktisch ist anzumerken, dass dieses Verfahren leicht erlernbar ist, allerdings zu einem automatisierten Algorithmus werden kann. Problematisch ist ebenfalls, dass die Proportionalität des Sachproblems in der Regel nicht in Frage gestellt wird und somit keine Modellbildung mehr stattfindet, sondern nur eine Anwendung eines Verfahrens für ein gegebenes Modell. Dazu ist es auch notwendig, zunächst zu diskutieren, ob die proportionale Zuordnung überhaupt das geeignete Modell ist. Es müssen entsprechend viele Beispiele im Unterricht vorkommen, bei denen das dann nicht der Fall ist. Ebenso muss der Fehlvorstellung entgegengewirkt werden, dass es nur entweder proportionale oder antiproportionale Zuordnungen gibt. Hier gibt es in einigen Schulbüchern bereits Beispiele, die dieser Vorstellung entgegenwirken. Solche Beispiele sind etwa (Herling, Kuhlmann, & Scheele, 2008, S. 32):

- Vier Musiker spielen ein Musikstück in 4 Minuten und 40 Sekunden. Benötigen drei Musiker für das Musikstück mehr Zeit?
- Ein einjähriges Kind hat eine Körpergröße von 75 cm. Kannst Du berechnen, wie groß das Kind mit zwei Jahren sein wird?
- In Lauras Klasse sind im 7. Jahrgang insgesamt 14 Mädchen. Kannst Du berechnen, wie viele Mädchen die Klasse im 8. Jahrgang haben wird?

Sachaufgaben zu proportionalen Zuordnungen sollten sich nicht auf die bloße Übersetzung von Texten in Dreisatztabellen beschränken.

Die hier dargestellte Reihenfolge, ausgehend vom allgemeinen Zuordnungs- bzw. Funktionsbegriff über proportionale Zuordnungen zum Dreisatz zu gelangen, ist nach aktuellem Stand der übliche Weg in Klassenstufe 7. Auf dieser Basis soll der Unterricht des Dreisatzes deutlich über die korrekte Anwendung hinausgehen und in den Kontext der Funktionen eingebunden werden. Insbesondere soll jeweils das verwendete mathematische Modell kritisch hinterfragt werden (Führer, 2007).

Humenberger schlägt vor, Aufgaben mit überflüssigen oder fehlenden Angaben zu verwenden. Eine Beispielaufgabe, die in diesen Zusammenhang verwendet werden kann, ist in der folgenden Abbildung (s. Abb. 5.28) dargestellt. Im Zusammenhang mit dieser Aufgabe können unterschiedliche Fragen gestellt werden, für die jeweils nicht alle im Text vorhandenen Angaben benötig werden.

> Ein Arbeitnehmer fährt mit dem Fahrrad zur Arbeit. Er fährt die 3 km lange Strecke normalerweise mit einer mittleren Geschwindigkeit von 15 km/h. Dieses Mal hatte er jedoch Pech, denn nach 1 km platzte der Schlauch eines Reifens, und er brauchte um 20 Minuten länger, weil er ab dieser Stelle das Rad schieben musste. In der Arbeitsstätte konnte er glücklicherweise den Schaden beheben und abends ungehindert nach Hause fahren. (Humenberger, 1995)

Abb. 5.28 Beispielaufgabe zum Dreisatz mit überflüssigen Angaben

> Wie groß müsste wohl ein entsprechendes Denkmal sein, wenn es Adenauer „von Kopf bis Fuß" in demselben Maßstab darstellen soll? (Herget, Jahnke, & Kroll, 2001)

Abb. 5.29 Beispielaufgabe zum Dreisatz mit fehlenden Angaben

Interessante Fragen zur Beispielaufgabe zum Dreisatz mit überflüssigen Angaben könnten die Folgenden sein:

- Wie viel km ist er insgesamt mehr gefahren als gegangen?

- Welche Daten sind für die erste Frage überflüssig?
- Wie lange braucht er mit dem Fahrrad normalerweise für die Strecke?
- Wie lange (zeitlich) musste er das Rad schieben?
- Welche mittlere Geschwindigkeit hatte er beim Schieben?

Nicht alle diese Aufgabenteile benötigen eine Dreisatzrechnung, aber insgesamt können bei den aufgeführten Fragestellungen zwei Mal sinnvoll Dreisatzrechnungen durchgeführt werden. Dazu muss in jedem Fall genau überlegt werden, was gegeben und gesucht ist und ob der Dreisatz ein sinnvolles Verfahren zur Lösung des Problems ist. In diesem Beispiel ist durch die überflüssigen Angaben gewährleistet, dass Schülerinnen und Schüler ernsthaft die Wahl eines proportionalen oder antiproportionalen mathematischen Modells treffen müssen.

Ein weiteres Beispiel für eine Aufgabe, die den Dreisatz verwendet, bei der aber nicht alle notwendigen Informationen eindeutig gegeben sind, hat Herget erstellt. Hier handelt es sich um eine Fermi-Aufgabe im weiteren Sinne (s. Abb. 5.29). Diese Aufgabe kann ebenfalls mit dem Dreisatz bearbeitet werden, allerdings müssen vorher mit Hilfe des Fotos Daten ermittelt werden, die nicht eindeutig sind. Es ist also gleichzeig auch – wie solche Fermi-Aufgaben generell – eine offene Aufgabe mit unklarem Anfangszustand (Humenberger, 2003).

5.2.4 Antiproportionalität

Definition, Darstellungsmöglichkeiten und charakteristische Eigenschaften

Die Antiproportionalität einer auf den positiven rationalen Zahlen $\mathbb{Q}^+$ definierten Funktion $f\colon \mathbb{Q}^+ \to \mathbb{Q}^+$ lässt sich analog zur Definition der Proportionalität durch die folgende Bedingung beschreiben

$$f(c \cdot x) = \frac{1}{c} \cdot f(x) \text{ für alle } c \in \mathbb{Q}^+. \tag{5.3}$$

Hier sind ebenfalls sprachliche, tabellarische und grafische Darstellungen möglich. So kann beispielsweise für eine Zugfahrt auf einer bestimmten Strecke mit konstanter Geschwindigkeit der antiproportionale Zusammenhang der Größen Geschwindigkeit und Zeit auch sprachlich formuliert werden.

> Je schneller der Zug fährt, desto weniger Zeit wird (für eine konstante Strecke) benötigt. Bei einer Geschwindigkeit von 50 km/h benötigt der Zug (für eine Strecke von 100 km) zwei Stunden. Mit doppelter Ge-

schwindigkeit wird die halbe Zeit benötigt, bei dreifacher Geschwindigkeit ein Drittel der Zeit und so weiter.

Auch dieser Sachverhalt kann mit Hilfe einer Tabelle (s. Tabelle 5.13) oder eines Graphen (s. Abb. 5.30) dargestellt werden.

Tabelle 5.13 Geschwindigkeit und benötigte Zeit eines Zuges

Geschwindigkeit (in km/h)	Zeit (in Minuten)
50	120
100	60
150	40
200	30
250	24
...	...

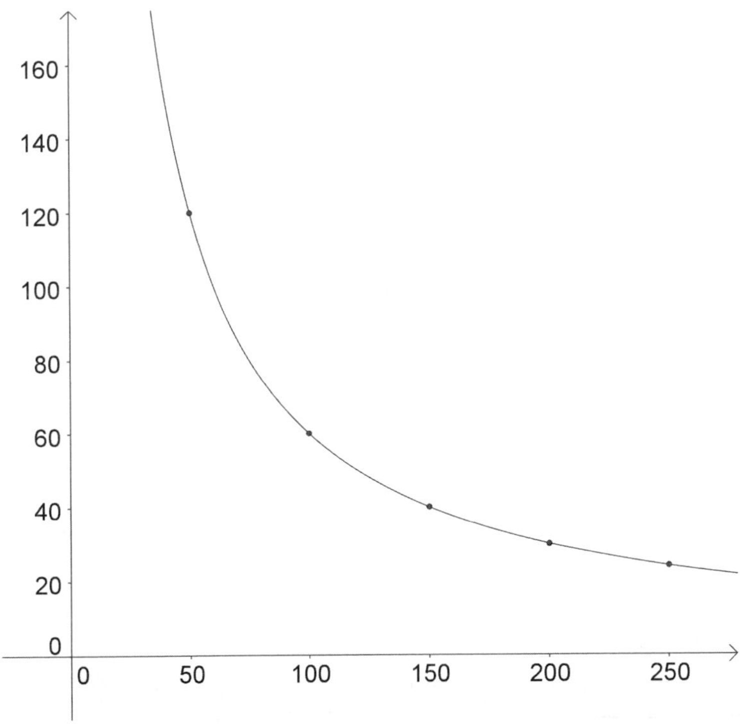

Abb. 5.30 Geschwindigkeit (x-Achse) und Zeit (y-Achse) für einen Zug

Für antiproportionale Zuordnungen lassen sich der proportionalen Zuordnung entsprechende Eigenschaften ableiten. Die erste dieser Eigenschaften ist die *umgekehrte Verhältnisgleichheit*, d. h.

$$\frac{x_1}{x_2} = \frac{f(x_2)}{f(x_1)}.$$

Diese Eigenschaft lässt sich für $x_2 = c \cdot x_1$ mit Hilfe der Definition (5.3) zeigen:

$$\frac{f(x_2)}{f(x_1)} = \frac{f(c \cdot x_1)}{f(x_1)} = \frac{f(x_1)}{c \cdot f(x_1)} = \frac{1}{c} = \frac{x_1}{c \cdot x_1} = \frac{x_1}{x_2}.$$

Ebenso kann man auch die *Produktgleichheit* (Fricke, 1987, S. 138) ableiten. Sie besagt, dass das Produkt

$$x \cdot f(x) = \text{const.}$$

für alle $x \in \mathbb{Q}^+$ gilt. Dies folgt aus der umgekehrten Verhältnisgleichheit für $x_1 = x$ und $x_2 = 1$:

$$\frac{x}{1} = \frac{f(1)}{f(x)} \Leftrightarrow x \cdot f(x) = f(1).$$

Diese Rechnung zeigt auch, dass der konstante Faktor gleich dem Funktionswert an der Stelle 1 ist. Daraus lässt sich nun auch eine *Funktionsgleichung* ableiten. Wenn für den konstanten Faktor $f(1) = a$ gesetzt wird, erhalten wir

$$f(x) = a \cdot \frac{1}{x}.$$

Alternativ sieht man mit Hilfe von (5.3) mit $c = x$, dass gilt

$$f(x) = f(x \cdot 1) = \frac{1}{x} f(1) = a \cdot \frac{1}{x}.$$

Der Antiproportionalitätsfaktor a ist also gleich dem Funktionswert an der Stelle 1 (Vollrath, 2003, S. 126 ff.).

Diese Zusammenhänge können in Tabellenform zusammengefasst werden. Dabei benutzen wir ebenfalls die oben verwendeten Bezeichnungen.

Tabelle 5.14 Antiproportionalität von zwei Größen

Größe 1	Größe 2
x_1	$y_1 = f(x_1) = f(1) \cdot \frac{1}{x_1}$
$x_2 = c \cdot x_1$	$y_2 = f(x_2) = f(c \cdot x_1) = \frac{1}{c} \cdot f(x_1) = \frac{1}{c} \cdot f(1) \cdot \frac{1}{x_1}$

Bezogen auf das Beispiel des auf einer festen Strecke betrachteten Zuges kann man mit Hilfe der ersten zwei Zeilen der entsprechenden Tabelle 5.13 die oben dargestellten Eigenschaften konkret veranschaulichen.

Tabelle 5.15 Eigenschaften von antiproportionalen Zuordnungen am Beispiel Zug

Eigenschaft	Beispiel
Umgekehrte Verhältnisgleichheit	$\frac{50\frac{\text{km}}{\text{h}}}{100\frac{\text{km}}{\text{h}}} = \frac{60\text{ min}}{120\text{ min}}$
Produktgleichheit	$50\frac{\text{km}}{\text{h}} \cdot 120\text{ min} = \frac{100\text{ km}}{\text{h}} \cdot 60\text{min} = \cdots = \text{const.} = \text{f}(1) = 6000\frac{\text{km}}{\text{h}}\text{ min}$
Funktionsgleichung	$f(x) = 6000\frac{\text{km}}{\text{h}}\text{min} \cdot \frac{1}{x}$

Additivität und Mittelwertseigenschaft gelten für antiproportionale Zuordnungen nicht (siehe Aufgabe S. 199).

Modellierung

Abb. 5.31 Beispielaufgabe zur Antiproportionalität (Schröder, Wurl, & Wynands, 2000, S. 7)

Häufig werden antiproportionale Zuordnungen im Zusammenhang mit Modellierungen des Kontextes *Zeit* verwendet, da beispielsweise Fahrzeit und Geschwindigkeit oder auch Arbeitszeit und Leistung in bestimmten Bereichen antiproportional sind. Bereiche, in denen die Antiproportionalität nicht gilt, werden häufig bei der Einführung von antiproportionalen Zuordnungen ignoriert, was bei einer ernsthaften Betrachtung des Kontextes bei Schülerinnen und

Schülern zu Schwierigkeiten führen kann. Häufig kommt man in Bereiche, in denen beispielsweise die Geschwindigkeit nicht über einen langen Zeitraum als konstant angenommen werden kann oder die Anzahl der Arbeiter so groß wird, dass sie sich gegenseitig behindern. Als Beispiel für eine antiproportionale Zuordnung betrachten wir eine Schulbuchaufgabe, in der der Zusammenhang von Zeit und Leistung von Baggern vorgegeben ist (s. Abb. 5.31).

Tabelle 5.16 Leistung und Zeit

Leistung	Zeit
100 %	12 Tage
1 %	12 Tage · 100 = 1200 Tage
150 %	12 Tage · 100 / 150 = 8 Tage

In der erwarteten Lösung dieser Aufgabe geht man von der Vereinfachung aus, dass ein Bagger einen Fahrer braucht und jeden Tag die gleiche Leistung erbracht wird. Außerdem muss die Baustelle so beschaffen sein, dass sich zwei Bagger nicht behindern. Die beiden Bagger und die entsprechenden Arbeiter werden also unabhängig voneinander und auch gleichmäßig in ihrer jeweiligen Leistung gesehen. Dann kann man von einer antiproportionalen Zuordnung ausgehen und beispielsweise mit Hilfe des Dreisatzes die Zeit berechnen, die bei einer Leistung von 1½ großen Baggern benötigt würde (s. Tabelle 5.16).

Die übliche Dreisatzrechnung ist hier kritisch zu hinterfragen, da die in der zweiten Zeile berechnete Anzahl der Arbeitstage für einen Bagger mit 1%iger Leistung keine reale Entsprechung hat. Hier wäre es realistischer zu fragen, wie lange ein kleiner Bagger mit halber Tagesleistung benötigen würde. Auch dann könnte man im dritten Schritt auf 150% schließen.

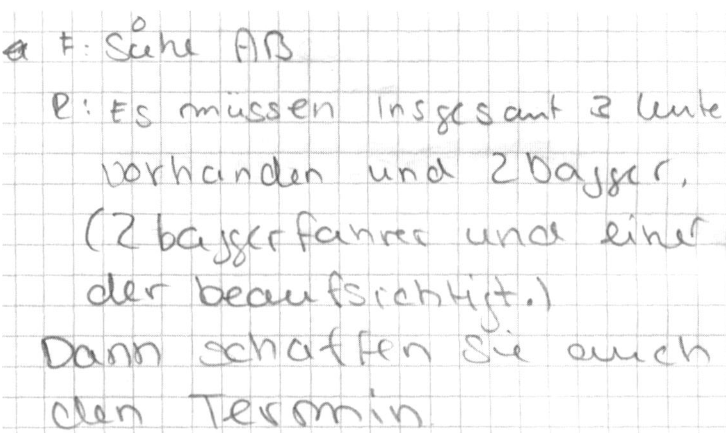

Abb. 5.32 Aufgabenlösung einer Schülerin

Die Schülerin macht für Ihre Lösung aber andere Modellierungsschritte, als in einer Musterlösung zu erwarten sind. Sie macht Annahmen, die auch einen realen Hintergrund haben; beispielsweise geht sie davon aus, dass das Vorhandensein eines Chefs die Arbeit beschleunigen kann. Solche Punkte sieht das mathematische antiproportionale Modell nicht vor. Daher kommt die Schülerin zu der Aussage, dass bei Anwesenheit des Chefs das Ziel erreicht werden kann, auch wenn die mathematische Lösung ergibt, dass die Arbeiter es nicht schaffen können. Die in der Aufgabe eigentlich gewünschte Rechnung hat sie nicht durchgeführt. Für die Schülerin war auf Grund des gegebenen Kontextes nicht klar, dass ein mathematisches Modell gesucht wird.

Die Lösung der Schülerin ist interessant. Im Mathematikunterricht wünscht man sich aber häufig eine Lösung mit mathematischen Methoden. Dazu könnte im Unterricht stärker die Vereinfachung der realen Situationen diskutiert werden. Dann kann die Modellierung als antiproportionale Zuordnung besser in die Realität eingeordnet werden. Es muss immer deutlich werden, dass es sich um ein mathematisches Modell handelt, das die Realität nur in bestimmten Grenzen abbildet.

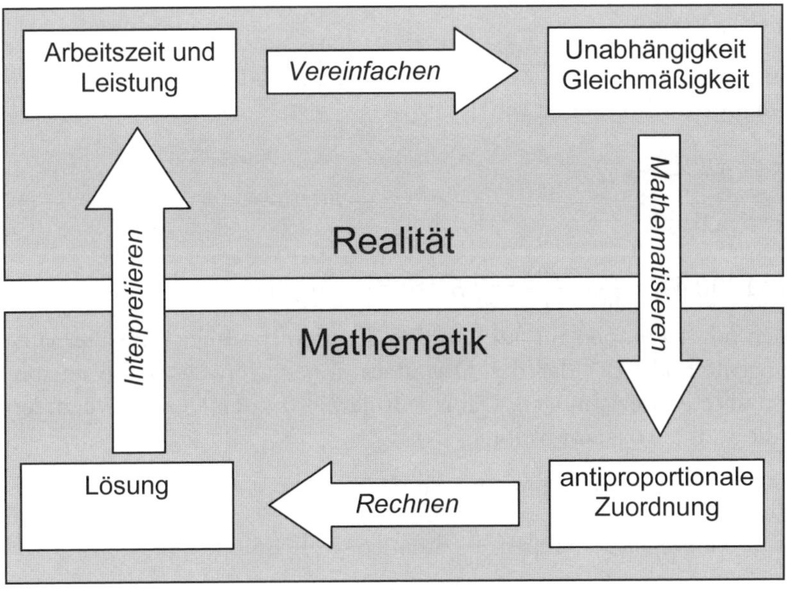

Abb. 5.33 Antiproportionalität im Kontext Arbeitszeit

5.2.5 Kombination proportionaler und antiproportionaler Zuordnungen

Die mathematischen Überlegungen zur Proportionalität und Antiproportionalität lassen bereits die Vielfalt erahnen, die reale Sachkontexte im Zusammenhang mit proportionalen und antiproportionalen Zuordnungen bieten können. Mathematisch ist außerdem eine Verkettung von beiden Zuordnungsarten möglich. Allerdings sind authentische Anwendungskontexte hierzu schwierig zu finden. Eine typische Sachaufgabe aus diesem Themenfeld ist im folgenden Kasten angeführt.

> Im Hiltruper Freibad benötigt man 5 Stunden, um mit 3 Pumpen ein Becken von 1200 m^3 Volumen halb zu füllen. Wie lange dauert es, wenn 4 Pumpen eingesetzt werden und das Becken ganz gefüllt werden soll?

In diesem Fall sind Zeit und Pumpenanzahl antiproportional, Zeit und Volumen dagegen (direkt) proportional. Insgesamt ist der Quotient aus Volumen V und Pumpenanzahl p proportional zur Zeit Z, also

$$Z(V,p) = a \cdot \frac{V}{p}.$$

Damit lässt sich die gesuchte Zeit berechnen, wenn die Proportionalitätskonstante bekannt ist. Also setzten wir

$$5 = a \cdot \frac{600}{3} \Rightarrow a = \frac{1}{40}$$

und berechnen damit

$$Z(1200{,}4) = \frac{1}{40} \cdot \frac{1200}{4} = 7{,}5,$$

also werden mit 4 Pumpen für 1200 m^3 7,5 Stunden benötigt. Eine alternative Berechnungsmethode, die der des Dreisatzes ähnelt, verwendet die entsprechend formulierten Beziehungen. Dabei wird jeweils nur eine Größe verändert, während die andere konstant bleibt.

- Für 600 m^3 benötigen 3 Pumpen 5 Stunden.
- Für 1 m^3 benötigen 3 Pumpen $\frac{5}{600}$ Stunden $= \frac{1}{120}$ Stunden.
- Für 1200 m^3 benötigen 3 Pumpen $\frac{5 \cdot 1200}{600}$ Stunden = 10 Stunden.
- Für 1200 m^3 benötigt 1 Pumpe $\frac{5 \cdot 1200}{600} \cdot 3$ Stunden = 30 Stunden.

- Für 1200 m³ benötigen 4 Pumpen $\frac{5 \cdot 1200}{600} \cdot \frac{3}{4}$ Stunden = 7,5 Stunden.

Die mittlere Zeile ist hier gleichzeitig die letzte Zeile der ersten (proportionalen) Dreisatzrechnung und die erste Zeile der zweiten (antiproportionalen) Dreisatzrechnung.

Dieses Beispiel zeigt, dass es im Prinzip drei Fälle für solche Verkettungen von (Anti-)Proportionalitäten gibt. Entweder liegen zwei proportionale oder zwei antiproportionale Beziehungen vor, oder es ist – wie im obigen Beispiel – eine proportionale und eine antiproportionale Zuordnung gegeben. In allen Fällen kann eine gemeinsame Proportionalitätskonstante – im Beispiel oben war es $a = \frac{1}{40}$ – ermittelt werden (Vollrath, 2003, S. 126 ff.).

Beispiel elektrischer Widerstand

In einem Experiment wurde der elektrische Widerstand eines Drahtes untersucht. Dabei wurden die Querschnittsfläche und die Länge des Drahtes verändert.

Länge (in Meter m)	0,30 m	0,60 m	0,90 m	1,20 m	1,50 m
Widerstand (in Ohm Ω)	2,7 Ω	5,3 Ω	8,0 Ω	10,0 Ω	13,3 Ω

Querschnittsfläche (in Quadratmillimeter mm²)	0,2 mm²	0,4 mm²	0,6 mm²	0,8 mm²	1,0 mm²
Widerstand (in Ohm Ω)	2,2 Ω	1,1 Ω	0,74 Ω	0,59 Ω	0,45 Ω

Die erste Messung wurde für eine Querschnittsfläche von 0,2 mm², die zweite für eine Länge von 0,25 m durchgeführt.

Finde einen Zusammenhang zwischen Widerstand und Querschnittsfläche sowie Widerstand und Leiterlänge.

Wie kann der Widerstand aus Querschnittsfläche und Leiterlänge direkt berechnet werden?

Abb. 5.34 Beispielaufgabe zum elektrischen Widerstand

Im Mathematikunterricht spielen solche Überlegungen allerdings weniger eine Rolle als im Physikunterricht, wo bei der experimentellen Bestätigung von Naturgesetzen – wie zum Beispiel des elektrischen Widerstands eines Leiters mit Querschnittsfläche A und Länge l – häufig mehrere Proportionalitäten gleichzeitig betrachtet werden müssen. Diese physikalischen Gesetze stellen auch einen sinnvollen Kontext für einen experimentellen Zugang zu Problemen dar, die mit Hilfe von verketteten proportionalen und antiproportionalen Zuordnungen modelliert werden können (s. Abb. 5.34).

Das Beispiel zeigt einen nahezu proportionalen Zusammenhang von Widerstand und Länge sowie einen annähernd antiproportionalen Zusammenhang von Widerstand und Querschnittsfläche. Insgesamt ist der Quotient aus Länge l und Querschnittsfläche A proportional zum elektrischen Widerstand R, also

$$R(l, A) = a \cdot \frac{l}{A}.$$

Als Proportionalitätskonstante erhalten wir

$$a \approx 1{,}8 \frac{mm^2}{m} \Omega.$$

Die Messwerte entsprechen nicht exakt dem jeweiligen mathematischen Modell. So können die entsprechenden Idealisierungen diskutiert und validiert werden. Dazu werden die im Modell gewonnenen Daten mit den realen Messwerten verglichen.

Tabelle 5.17 Leiterlänge und Widerstand

Länge (in Meter m)	0,30 m	0,60 m	0,90 m	1,20 m	1,50 m
Widerstand (in Ohm Ω)	2,7 Ω	5,3 Ω	8,0 Ω	10,0 Ω	13,3 Ω
Modellwert (in Ohm Ω)	2,7 Ω	5,4 Ω	8,1 Ω	10,8 Ω	13,5 Ω

Tabelle 5.18 Querschnittsfläche und Widerstand

Querschnittsfläche (in Quadratmillimeter mm^2)	0,2 mm^2	0,4 mm^2	0,6 mm^2	0,8 mm^2	1,0 mm^2
Widerstand (in Ohm Ω)	2,2 Ω	1,1 Ω	0,74 Ω	0,59 Ω	0,45 Ω
Modellwert (in Ohm Ω)	2,3	1,1	0,8	0,6	0,5

Für das Verständnis des Modells von proportionalen und antiproportionalen Zusammenhängen sind zu Beginn des Lernprozesses sicherlich inhaltliche und numerische Überlegungen zielführender als algebraische Betrachtungen.

5.2.6 Prozent- und Zinsrechnung

Die Prozent- und die Zinsrechnung gehören zu den klassischen Gebieten des Sachrechnens. Sie beschäftigen sich einerseits mit Größen, und andererseits spielen Rechnungen mit Prozent- und Zinsangaben im täglichen Leben eine wichtige Rolle.

Grundlagen der Prozentrechnung

Größen werden häufig mit Hilfe von Prozentangaben verglichen oder eingeordnet. Die Prozentrechnung kann mathematisch in zwei Zusammenhängen gesehen werden. Zum einen kann die Prozentrechnung als ein Teil der Bruchrechnung und zum anderen als ein Spezialfall der Dreisatzrechnung aufgefasst werden (Strehl, 1979, S. 119 f.).

Die üblichen Bezeichnungen im Zusammenhang mit der Prozentrechnung sind *Grundwert G*, *Prozentwert W* und *Prozentsatz p*. Mit der *Prozentangabe p%* wird der Bruch $p/100$ bezeichnet. Der Prozentsatz p gibt an, wie viele Hundertstel des Grundwertes die Prozentangabe beträgt. Dabei sind Grundwert und Prozentwert jeweils von derselben Größenart. Der Prozentsatz dagegen ist eine reelle Zahl. Die Bezeichnung für den Prozentsatz ist nicht einheitlich. Man findet auch die Angabe *p%* mit der Bezeichnung *Prozentsatz* (Fricke, 1987, S. 162).

Die Berechnung eines Prozentsatzes kann im Sinne der Bruchrechnung als das Finden einer Bruchzahl mit dem Nenner 100 aufgefasst werden. Der Zähler dieses Bruchs ist dann der gesuchte Prozentsatz. Sind beispielsweise drei von vier Gewichtsanteilen eines Lebensmittels Zucker, so sind dies

$$\frac{3}{4} = \frac{75}{100} = 75\%.$$

Prozentangaben drücken also Anteile oder Mengenverhältnisse aus, die ebenso durch Brüche dargestellt werden können. Die Angabe als Prozentsatz erleichtert durch den gleichen Nenner allerdings den Vergleich. Sind etwa bei einem anderen Lebensmittel nur

$$\frac{5}{7} \approx \frac{71}{100} = 71\%$$

des Gewichts Zucker, so kann dies durch die Darstellung als Prozentsatz sofort vergleichen werden, während bei der Angabe der beiden Brüche

$$\frac{3}{4} \text{ bzw. } \frac{5}{7}$$

in der Regel noch weiterführende Überlegungen notwendig sind. Noch deutlicher wird der Vorteil durch die Angabe von Prozentsätzen bei weiteren Vergleichen. Als Nachteil kann gesehen werden, dass Prozentangaben für Brüche, deren Nenner sich nicht auf Hundertstel erweitern lassen, sinnvoll gerundet werden müssen.

Im ersten Beispiel war der Gewichtsanteil 3 der Prozentwert, der Gewichtsanteil 4 der Grundwert und 75 der Prozentsatz. Es gilt also der Zusammenhang

$$p\% = \frac{\mathrm{p}}{100} = \frac{W}{G}.$$

Diese Formel gibt den allgemeinen Zusammenhang von Prozentwert W, Grundwert G und Prozentsatz p an. Sie kann auch entsprechend nach W oder G aufgelöst werden. Dann erhält man die bekannten Zusammenhänge

$$\mathrm{G} = \frac{W}{p} \cdot 100 \text{ und}$$

$$W = \frac{\mathrm{p}}{100} \cdot \mathrm{G}.$$

Diese drei Formeln für $p\%$, G und W stehen im Prinzip für die drei Standard-Aufgabentypen der Prozentrechnung. Die Schwierigkeit für die Schülerinnen und Schüler ist dabei in der Regel nicht die Verwendung derartiger Formeln, sondern die Zuordnung der Angaben in der Aufgabe zu den entsprechenden Bezeichnungen.

Der Prozentsatz kann auch als Resultat einer proportionalen Zuordnung aufgefasst werden. Dabei wird dem Grundwert die Prozentangabe 1 = 100% zugeordnet. Die Prozentangabe $p\%$ entspricht dann dem Prozentwert W.

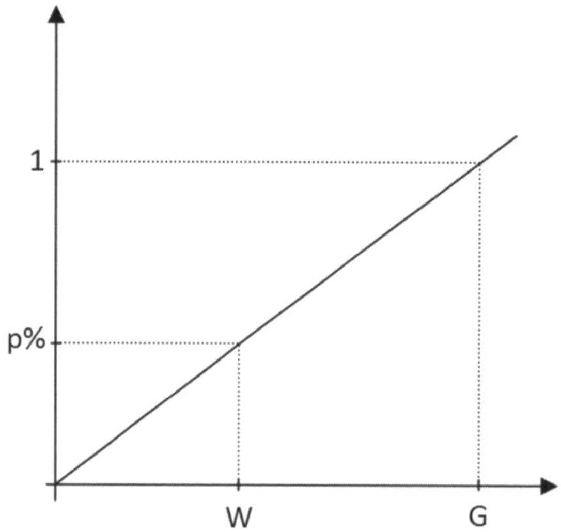

Abb. 5.35 Proportionale Zuordnung der Prozentrechnung

Diese Zuordnung bildet von der entsprechenden Größe, in der Grundwert und Prozentwert angegeben sind, in die Menge der positiven reellen Zahlen, also die Prozentangabe, ab. Dem Grundwert wird die Zahl 1, d. h. 100%, zugeordnet. Dem Prozentwert entspricht dann die Prozentangabe *p*%.

Tabelle 5.19 Prozentrechnung als Spezialfall des Dreisatzes

Größe	zugeordnete Prozentangabe
Grundwert G	$1 = \frac{100}{100} = 100\%$
1	$\frac{1}{G} = \frac{100}{100\,G} = \frac{1}{G} \cdot 100\%$
Prozentwert W	$\frac{W}{G} = \frac{100 \cdot W}{100 \cdot G} = \frac{W}{G} \cdot 100\% = p\%$

Betrachten wir als Beispiel den Grundwert $G = 360$ und den Prozentwert $W = 162$, dann wird dem Grundwert die Prozentangabe 100% zugeordnet. Mit Hilfe des Dreisatzes wird zunächst die zugeordnete Prozentangabe für die Maßzahl 1 und schließlich die Prozentangabe für den Prozentwert 162 berechnet. Der zugehörige Prozentsatz ist in diesem Beispiel $p = 45$.

Tabelle 5.20 Beispiel für Prozentrechnung

Größe	zugeordnete Prozentangabe
G = 360	100%
1	$\frac{1}{360} = \frac{1}{360} \cdot 100\%$
W = 162	$\frac{162}{360} = \frac{162}{360} \cdot 100\% = 45\%$

Hier ist noch zu bemerken, dass Grundwert und Prozentwert jeweils die gleiche Größenart haben und damit der Quotient die Einheit 1 hat.

Prozentrechnung im Unterricht

Die konkrete Behandlung der Prozentrechnung im Unterricht kann sich an den beiden oben genannten mathematischen Zusammenhängen orientieren; das heißt, sie kann zum einen an die Bruchrechnung und zum anderen an die Dreisatzrechnung anknüpfen.

Zur Einführung der Prozentrechnung ist hier einerseits ein eher innermathematischer Zugang mit Hilfe unterschiedlicher Darstellungen von Bruchzahlen denkbar. So können die Darstellungen einer Zahl als Kreisdiagramm, als Bruch bzw. Dezimalbruch und als Prozentangabe miteinander in Beziehung gesetzt werden (s. Abb. 5.36). Dann wird der enge Zusammenhang zwischen Dezimalbruchdarstellung und Prozentangabe deutlich.

Prozentscheibe herstellen

Schneide zwei verschiedenfarbige Rondellen mit einem Radius von 5 cm aus. Schneide bei jeder Rondelle bis in die Mitte ein. Nun kannst du die beiden Rondellen ineinander stecken. Wenn du an den Rondellen drehst, erhältst du zwei verschieden gefärbte Kreisausschnitte. Mit dieser Prozentscheibe kannst du sowohl Bruchteile als auch Prozentanteile des Kreises darstellen. Stelle verschiedene Bruchteile ein und übertrage die Angaben in eine Tabelle.

Zeichnung	Bruch	Dezimalbruch	Prozent
	$\frac{1}{3}$	**0.333 ...**	**33.33 ... %**

Abb. 5.36 Einführung der Prozentrechnung mit Hilfe unterschiedlicher Bruchdarstellungen (Affolter, et al., 2004, S. 45)

Andererseits bietet sich zur Einführung der Prozentrechnung an, den besseren Vergleich von Anteilen durch Prozentangaben im Sachkontext herauszustellen. Dazu kann beispielsweise der Kontext *Ernährung* verwendet werden, in dem die Inhaltsstoffe von Nahrungsmitteln verglichen werden (s. Abb. 5.37).

Ein alternativer Zugang zur Prozentrechnung führt über die *Auswertung von realen Daten.* So kann etwa in der Jahrgangstufe eine Umfrage im Umfeld der Schülerinnen und Schüler über das Alter, die Geschwister, den Wohnort (bzw. Stadtteil), etc. durchgeführt werden. In der Auswertung werden dann die Klassen (mit unterschiedlicher Anzahl von Lernenden) miteinander verglichen.

Bei der konkreten Berechnung dieser Anteile wird dann häufig die Dreisatzrechnung in Form von Tabellen verwendet. So wird zur Einführung also in der Regel auf die Bruchrechnung zurückgegriffen, während zur Arbeit mit Prozentangaben häufig die Dreisatzrechnung verwendet wird.

In beiden Zusammenhängen wird meist auf vielfältige Darstellungsformen gesetzt, um diese Vernetzungen mit den bereits bekannten mathematischen Gebieten zu verdeutlichen. Dies geschieht bei der Einführung wie in Abb. 5.36 durch die unterschiedlichen Möglichkeiten der Darstellung von Bruchzahlen.

Bei der Bearbeitung von Sachkontexten können außer dem Dreisatz und den oben genannten Formeln für die Prozentrechnung auch grafische Zugänge angeboten werden. So können beispielsweise die entsprechenden Skalen für die betrachtete Größe und die Prozentangabe nebeneinander dargestellt werden (s. Abb. 5.38). Das Beispiel zeigt den Fall, dass der Grundwert 360 beträgt und der Prozentwert berechnet werden soll.

Abb. 5.37 Einführung der Prozentrechnung zum Vergleich von Anteilen (Herling, Kuhlmann, & Scheele, 2008, S. 47)

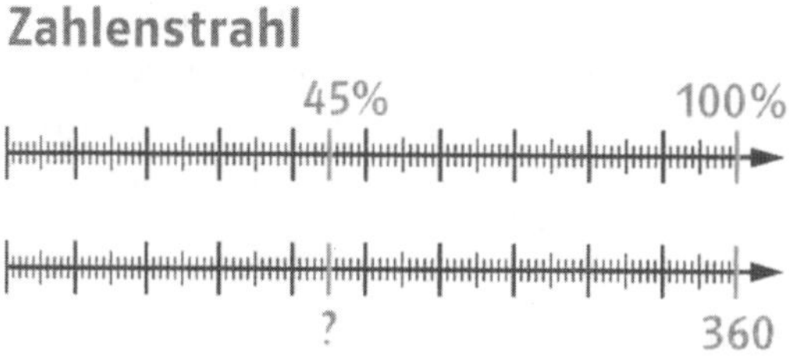

Abb. 5.38 Zahlenstrahlen für die Prozentrechnung (Böer, et al., 2007, S. 99)

Alternativ zur Darstellung auf zwei untereinander gezeichneten Zahlenstrahlen, die so skaliert sind, dass der Grundwert dem Prozentwert 100 entspricht, können diese Skalen auch in einem Koordinatensystem dargestellt werden. Die Ursprungsgerade durch den Punkt (100|360) zu 100 Prozent und dem Grundwert (im Beispiel $G = 360$) gibt dann die Prozentsätze zu den entsprechenden Prozentwerten W auf der y-Achse an (s. Abb. 5.39).

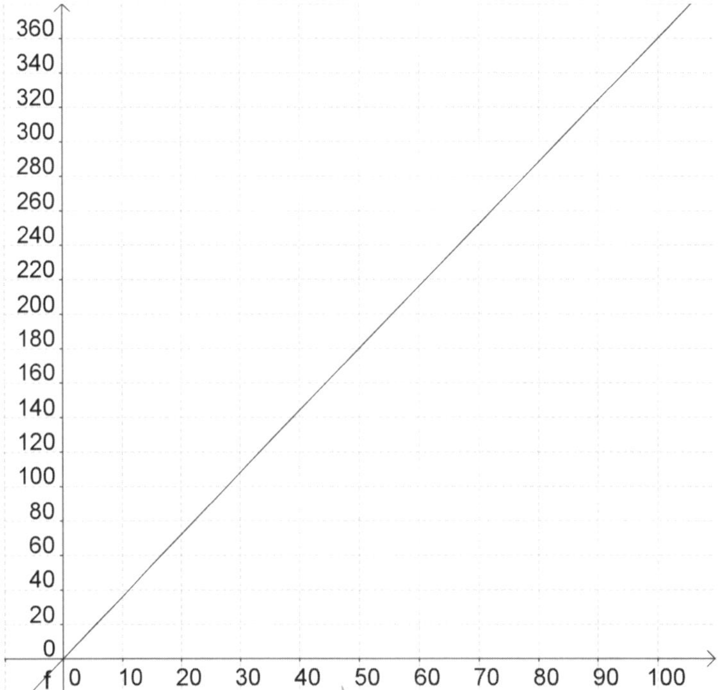

Abb. 5.39 Koordinatensystem für die Prozentrechnung

Im Koordinatensystem für die Prozentrechnung wurde die Prozentskala auf die x-Achse gelegt. Dies ist natürlich eine willkürliche Festlegung. Sie hat den Vorteil, dass der Graph der proportionalen Zuordnung aus dem Grundwert sehr einfach abzuleiten ist. Ein geeignetes Gitter im Hintergrund ermöglicht das Ablesen von Zwischenwerten.

Sind der Grundwert und der Prozentwert bekannt, lässt sich der **Prozentsatz** berechnen. Dabei stehen verschiedene Lösungswege zur Verfügung.

Wie viel Prozent sind 200 von 250?

Zahlenstrahl

Dreisatz

250 — 100 %

$1 — \frac{100}{250}\,\%$

$200 — \frac{100 \cdot 200}{250}\,\% = 80\,\%$

Formel

$\text{Prozentsatz} = \frac{\text{Prozentwert}}{\text{Grundwert}}$

$p\,\% = \frac{P}{G}$

$p\,\% = \frac{200}{250} = 0{,}8 = 80\,\%$

Abb. 5.40 Unterschiedliche Lösungswege bei der Prozentrechnung (Böer, et al., 2007, S. 98)

Insgesamt bieten sich für die Bearbeitung von Aufgaben zur Prozentrechnung also drei unterschiedliche Lösungswege an: der grafische Zugang, der Dreisatz und die Formel (s. Abb. 5.40).

Zur Unterstützung kann auch sehr gut ein Tabellenkalkulationsprogramm verwendet werden. Darin können die Schülerinnen und Schüler beispielsweise die drei Grundaufgaben der Prozentrechnung in einem Tabellenblatt programmieren, um das Verständnis der Formeln zu vertiefen.

Man interessiert sich allerdings nicht immer für die drei Grundaufgaben, beispielsweise also für die Berechnung des Prozentsatzes bei gegebenem Grundwert und Prozentwert. Es gibt auch Situationen, in denen etwa die Differenz von Grundwert und Prozentwert gesucht wird.

Ein Kontext für die Prozentrechnung

Ein typisches Anwendungsgebiet der Prozentrechnung ist der Kontext *Preise*. Hier interessiert man sich für Rabatte und Steuern. Die Schülerinnen und Schüler lernen so auch die im Alltag gebräuchlichen Begriffe *Rabatt, Skonto* und *Mehrwertsteuer* kennen. In einigen Schulbüchern werden diese Begriffe explizit erklärt (s. Abb. 5.41).

Im Alltag treten in Zusammenhang mit Prozenten häufig folgende Begriffe auf:

Rabatt	Unter Rabatt versteht man eine Preisermäßigung beim Kauf einer Ware, z. B. Mengenrabatt oder Mitarbeiterrabatt.
Skonto	Skonto ist ein Preisnachlass, den man erhält, wenn man eine Ware innerhalb eines bestimmten Zeitraumes, z.B. 8 Tagen, bezahlt.
Mehrwertsteuer	Auf Waren und Dienstleistungen erhebt der Staat eine gesetzliche Mehrwertsteuer (MwSt.). Diese beträgt zur Zeit in Deutschland 19 %. Für Lebensmittel, Bücher und Zeitungen gilt ein ermäßigter Steuersatz von 7%.

Abb. 5.41 Begriffe im Zusammenhang mit Prozentrechnung (Böer, et al., 2007, S. 104)

So kann beispielsweise die im Preis enthaltene Mehrwertsteuer berechnet oder der Endpreis unter Berücksichtigung von Rabatt oder Skonto ermittelt werden. Die Mehrwertsteuerangabe $p\%$ bezieht sich auf den Preis ohne Mehrwertsteuer. Ist also der Endpreis inklusive Mehrwertsteuer angegeben, so entspricht dieser $(100+p)\%$ bzw. der Summe aus Grundwert und Prozentwert $G+W$. Interessiert man sich für den Preis ohne Mehrwertsteuer, also den Grundwert G, so kann die folgende Rechnung durchgeführt werden:

$$G + W = G + \frac{p}{100} \cdot G = G\left(\frac{100+p}{100}\right) \Rightarrow G = \frac{G+W}{\left(\frac{100+p}{100}\right)}.$$

Die hier notierte Formel ist zwar für den Unterricht nicht unbedingt hilfreich, macht aber deutlich, dass es häufig einfache Berechnungsmöglichkeiten für bestimmte Probleme gibt – nämlich dass der Preis incl. Mehrwertsteuer durch 1,19 dividiert wird, um den Preis ohne Mehrwertsteuer zu erhalten – während dies mit Hilfe der typischen Dreisatzrechnung eine Tabelle und drei Bearbeitungsschritte erfordert. Dies wird in der folgenden Tabelle am Beispiel $p = 19$ durchgeführt.

Tabelle 5.21 Dreisatzrechnung im Kontext Preise

Prozentangabe	Größe
100% + 19%	G+W
1%	$\frac{G+W}{119}$
100%	$\frac{G+W}{119} \cdot 100$

Der Vorteil der Berechnung mit Hilfe der Tabelle im Rahmen des Dreisatzes ist aber, dass die Zuordnung von Prozentwert und Prozentangabe deutlicher wird als bei der Verwendung entsprechender Formeln. Der Aufwand ist auch deshalb vergleichbar, da die Formeln ebenfalls umgeformt werden müssen. Dies würde nur entfallen, wenn die Schülerinnen und Schüler alle Formeln der Prozentrechnung auswendig lernen würden. Es ist jedoch kein sinnvolles Ziel des Mathematikunterrichts, äquivalente Formeln auswendig zu lernen. Hier sollten schon die entsprechenden Umformungen ausgeführt werden können. Auch die grafischen Lösungsmöglichkeiten mit Hilfe von Zahlenstrahlen oder Koordinatensystem können in Betracht gezogen werden.

Dagegen interessiert man sich im Fall einer Rechnung, die abzüglich p% Skonto bezahlt werden soll, für den Grundwert abzüglich des Prozentwertes:

$$G - W = G - \frac{p}{100} \cdot G = G\left(\frac{100-p}{100}\right).$$

Eine Schwierigkeit von Schülerinnen und Schülern ist häufig die korrekte Zuordnung von Grundwert und Prozentwert aus den gegeben Größen. Der Prozentsatz kann auf Grund der dimensionslosen Angaben normalerweise nicht verwechselt werden. Schwieriger ist die Identifizierung von Grundwert und Prozentwert. Speziell können – wie im Beispiel der Mehrwertsteuer – Summen oder Differenzen von Grundwert und Prozentwert auftreten. Hier können grafische Darstellungen des Sachverhalts und Tabellen zur Berechnung eine Hilfe für die Schülerinnen und Schüler darstellen (Strehl, 1979, S. 119 ff.).

Zinsrechnung

Die Zinsrechnung kann als Spezialfall der Prozentrechnung behandelt werden. Dabei gibt es zwei Punkte zu beachten. Zum einen ist die betrachtete Größe in allen Fällen das Geld, und zum anderen kommt ein Zeitfaktor dazu, da der Prozentsatz im Kontext der Zinsrechnung für eine bestimmte Zeit, in der Regel für ein Jahr, gilt.

Auf Grund der Besonderheiten verwendet man auch spezielle Bezeichnungen. Der Grundwert wird nun mit *Kapital K* bezeichnet. Der Prozentwert heißt *Zinsen Z*, und der Prozentsatz wird mit *Zinssatz p* bezeichnet. Der Zinssatz und die Zinsen werden üblicherweise auf ein Jahr bezogen.

Werden die Zinsen für kürzere Zeiträume als ein Jahr berechnet, so wird mit den entsprechenden Faktoren multipliziert. Beispielsweise gilt für die Zinsen nach T Tagen:

$$Z = K \cdot \frac{p}{100} \cdot \frac{T}{360}.$$

Wird die Zeit in Monaten M angegeben, so verwendet man die Formel

$$Z = K \cdot \frac{p}{100} \cdot \frac{M}{12}.$$

Es ist in den Banken üblich, bei einem Jahr mit 12 Monaten und 30 Tagen pro Monat zu rechnen.

Hier ist es ebenso wie bei der Prozentrechnung möglich, die entsprechenden Formeln umzustellen oder mit dem Dreisatz zu arbeiten.

Für die Zinsrechnung kommt noch ein weiterer interessanter Aspekt hinzu. Werden die Zinsen am Ende des Jahres dem Konto gutgeschrieben, so werden sie im folgenden Jahr zum Kapital gezählt und auch verzinst. Man spricht dann von Zinseszins. Dieser Effekt kann sehr gut mit Hilfe eines Tabellenkalkulationsprogramms veranschaulicht werden. Vergleicht man eine einfache Verzinsung mit Zinseszinsen, so stellen sich nach einiger Zeit deutliche Unterschiede heraus. Bei der einfachen Verzinsung werden die Zinsen zwar addiert, allerdings wird nur das ursprüngliche Kapital zur Berechnung der Zinsen zugrunde gelegt (s. Abb. 5.42).

Während sich in dieser Modellrechnung das Startkapital bei der einfachen Verzinsung nach 34 Jahren verdoppelt, so geschieht dies bei der Zinseszinsrechnung bereits nach 24 Jahren.

Diese numerischen Überlegungen können dann zu den algebraischen Formeln überleiten, da bei der Implementierung der Formeln in der Tabellenkalkulation bereits vorbereitende Überlegungen nötig sind (s. Abb. 5.43).

	A	B	C
1	Jahre	einfache Verzinsung	Zinseszins
2	0	1.000,00 €	1.000,00 €
3	1	1.030,00 €	1.030,00 €
4	2	1.060,00 €	1.060,90 €
5	3	1.090,00 €	1.092,73 €
6	4	1.120,00 €	1.125,51 €
7	5	1.150,00 €	1.159,27 €
8	6	1.180,00 €	1.194,05 €
9	7	1.210,00 €	1.229,87 €
10	8	1.240,00 €	1.266,77 €
11	9	1.270,00 €	1.304,77 €
12	10	1.300,00 €	1.343,92 €
13	11	1.330,00 €	1.384,23 €
14	12	1.360,00 €	1.425,76 €
15	13	1.390,00 €	1.468,53 €
16	14	1.420,00 €	1.512,59 €

Abb. 5.42 Vergleich unterschiedlicher Verzinsungen

	A	B	C
1	Jahre	einfache Verzinsung	Zinseszins
2	0	1000	1000
3	1	=$B$2+(A3*30)	=C2*1,03
4	2	=$B$2+(A4*30)	=C3*1,03
5	3	=$B$2+(A5*30)	-C4*1,03
6	4	=$B$2+(A6*30)	=C5*1,03
7	5	=$B$2+(A7*30)	=C6*1,03

Abb. 5.43 Formeln in der Tabellenkalkulation

Für die Berechnung des Kapitals K_n nach n Jahren bei einfacher Verzinsung mit dem Zinssatz p und dem Startkapital K_0 erhalten wir eine lineare Funktion in Abhängigkeit von der Zeit n in Jahren

$$K_n = K_0 + K_0 \cdot \frac{p}{100} \cdot \text{n}.$$

Für die Berechnung des Kapitals K_n nach n Jahren unter Berücksichtigung des Zinseszins mit dem Zinssatz p und dem Startkapital K_0 erhalten wir eine exponentielle Funktion in Abhängigkeit von der Zeit n in Jahren

$$K_n = K_0\left(1+\frac{p}{100}\right)^n,$$

denn nach einem Jahr erhöht sich das Kapital auf

$$K_1 = K_0 + K_0\frac{p}{100} = K_0\left(1+\frac{p}{100}\right),$$

nach zwei Jahren auf

$$K_2 = K_1 + K_1\frac{p}{100} = K_1\left(1+\frac{p}{100}\right) = K_0\left(1+\frac{p}{100}\right)\left(1+\frac{p}{100}\right),$$

usw. So erhält man sukzessiv die Formel für das Kapital nach n Jahren.

Schwieriger wird der allerdings realistischere Fall, dass nicht nur der Zinseszins für ein einmal angelegtes Kapital berechnet werden soll, sondern regelmäßig, beispielsweise monatlich, ein bestimmter Betrag angelegt wird, der mit einem bestimmten Zinssatz p jährlich verzinst wird. Die folgende Tabelle zeigt ein Beispiel für das erste Jahr mit einer monatlichen Rate von 100,- € und einer jährlichen Verzinsung mit $p = 3$ (s. Tabelle 5.22).

Tabelle 5.22 Beispieltabelle Ratensparen

Monate	Einzahlung	Kontostand	Zinsen
1	100,00 €	100,00 €	0,25 €
2	100,00 €	200,00 €	0,50 €
3	100,00 €	300,00 €	0,75 €
4	100,00 €	400,00 €	1,00 €
5	100,00 €	500,00 €	1,25 €
6	100,00 €	600,00 €	1,50 €
7	100,00 €	700,00 €	1,75 €
8	100,00 €	800,00 €	2,00 €
9	100,00 €	900,00 €	2,25 €
10	100,00 €	1.000,00 €	2,50 €
11	100,00 €	1.100,00 €	2,75 €
12	100,00 €	1.200,00 €	3,00 €
1	100,00 €	1.319,50 €	3,30 €
2	100,00 €	1.419,50 €	3,55 €
3	100,00 €	1.519,50 €	3,80 €
4	100,00 €	1.619,50 €	4,05 €

5	100,00 €	1.719,50 €	4,30 €
6	100,00 €	1.819,50 €	4,55 €
7	100,00 €	1.919,50 €	4,80 €
8	100,00 €	2.019,50 €	5,05 €
9	100,00 €	2.119,50 €	5,30 €
10	100,00 €	2.219,50 €	5,55 €
11	100,00 €	2.319,50 €	5,80 €
12	100,00 €	2.419,50 €	6,05 €
		2.475,59 €	

Die Daten dieser Tabelle könnten mit Hilfe von Formeln berechnet werden. Hier erscheint allerdings die numerische Lösung sinnvoller, da eine entsprechende Tabelle in einem Tabellenkalkulationsprogramm ähnlich flexibel wie eine Formel verwendet werden kann und deutlich übersichtlicher ist. An ähnlichen Beispielen können auch die Auswirkungen von vierteljährlichen oder jährlichen Zinsen oder die Auswirkungen der Veränderung des Zinssatzes sowie der monatlichen Rate untersucht werden.

Die Schülerinnen und Schüler bekommen auf diese Weise ein Werkzeug, mit dem vergleichbare Probleme im Alltag, die später auf sie zukommen, bearbeitet werden können.

Die Motivation der Zinsrechnung ist häufig problematisch, da die Schülerinnen und Schüler in der Mitte der Sekundarstufe I, in der die Zinsrechnung thematisiert wird, die Relevanz für ihr späteres Leben häufig noch nicht erkennen. Bei Ratenkaufangeboten mit angegebener Rate und angegebenem Barpreis, die für Schülerinnen und Schüler evtl. relevant sind, benötigt man im Alltag in der Regel keine Zinsrechnung, um die Ratenzahlung mit dem Barkauf zu vergleichen, da der effektive Jahreszins als Vergleichswert angegeben wird. Die Kontrolle des angegebenen effektiven Jahreszinses ist allerdings schulmathematisch kaum zu leisten. Die Zinsrechnung greift außerdem auf die Prozentrechnung zurück, deren Bearbeitung dann meist einige Zeit zurückliegt. Dies kann zu weiteren Schwierigkeiten führen (Strehl, 1979, S. 138 ff.).

5.2.7 Lineare Modelle

Lineare Funktionen sind in der Regel die erste Funktionenklasse, die Schülerinnen und Schüler in der Sekundarstufe I kennenlernen.

Lineare Funktion

Eine lineare Funktion ist eine Funktion der Form $f: \mathbb{R} \to \mathbb{R}$ mit $x \mapsto mx + n$ bzw. $f(x) = mx + n$ $(m, n \in \mathbb{R})$.

Um Verwechslungen mit *homogenen linearen Funktionen* (Proportionalitäten), d.h. Funktionen $f: \mathbb{R} \to \mathbb{R}$ mit

$$f(x) = mx \ (m \in \mathbb{R}),$$

vorzubeugen, nennt man lineare Funktionen auch *allgemeine lineare Funktionen*. Bei linearen Funktionen handelt es sich also um reelle Polynome erster Ordnung. Allgemein ist ein reelles Polynom bzw. eine Polynomfunktion eine Funktion $p: \mathbb{R} \to \mathbb{R}$ der Form

$$p(x) = a_n x^n + a_{n-1} x^{n-1} + \cdots + a_1 x + a_0.$$

Der Graph einer allgemeinen linearen Funktion ist eine Gerade, die nicht notwendig durch den Ursprung des Koordinatensystems führt.

Lineare Funktionen sind – wie im Prinzip alle in der Schule behandelten Funktionen – stetig. Viele reale Probleme sind allerding nicht stetig, wenn beispielsweise die Preise für Briefe in Abhängigkeit von der Masse betrachtet werden. Diese Funktion macht Preissprünge für bestimmte Werte, und es kann daher keine stetige Funktion zur Beschreibung dieses Problems angegeben werden.

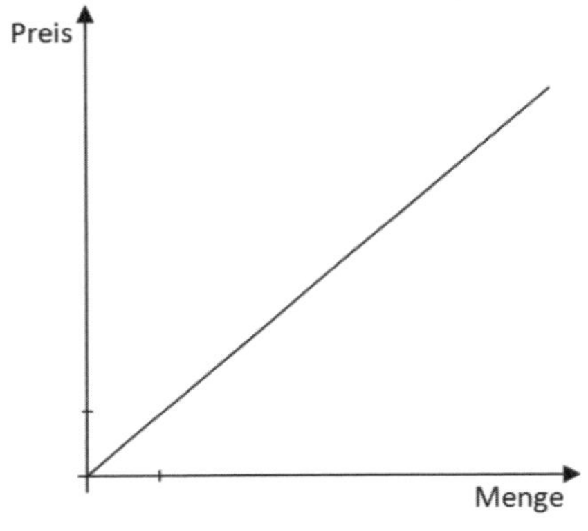

Abb. 5.44 Einkaufsmodell

Man kann aber wie Vollrath einige spezielle stückweise definierte mathematische Modelle angeben, die in vielen Situationen eine geeignete Beschreibung darstellen (Vollrath, 2003, S. 154 f.). Dazu fassen wir im Folgenden die typischen Preismodelle, die lineare Funktionen beinhalten, zusammen. Es handelt sich dabei um das klassische Einkaufsmodell, das Flatrate-Modell, das Strommodell, das Parkhausmodell und das Heizölmodell.

Das klassische Einkaufsmodell (s. Abb. 5.44) geht davon aus, dass beliebige Mengen möglich sind und Rabatte nicht vorkommen. Wir erhalten dann eine proportionale lineare Funktion.

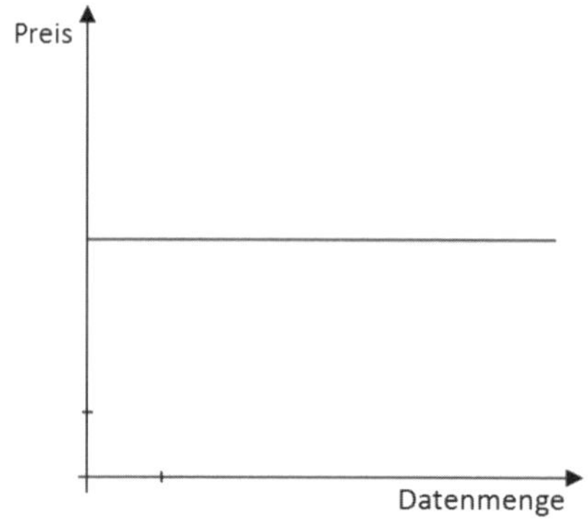

Abb. 5.45 Flatrate-Modell

Das Flatrate-Modell (s. Abb. 5.45), das durch Preisangebote für Mobil- und Festnetztelefone bekannt geworden ist, geht davon aus, dass (in einer bestimmten Zeit) eine beliebige Datenmenge übertragen werden kann. Wir erhalten eine lineare Funktion, deren Graph zur x-Achse parallel ist.

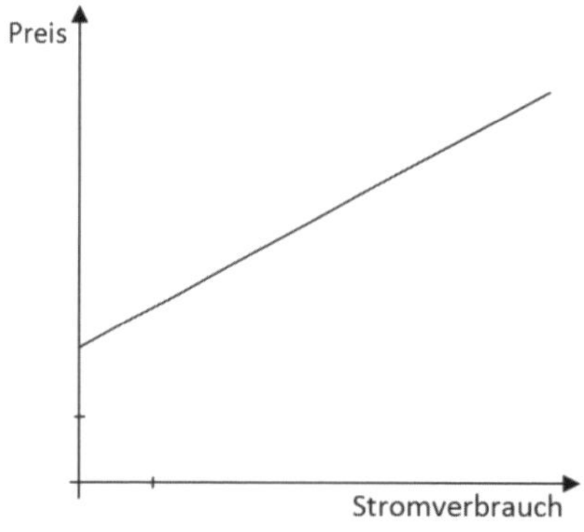

Abb. 5.46 Strommodell

Bei der Berechnung von Kosten für den Stromverbrauch ist es üblich, dass es einen Grundpreis und einen verbrauchsabhängigen Preis gibt. Der Preisverlauf im Strommodell kann beschrieben werden durch eine allgemeine lineare Funktion, deren Graph nicht durch den Ursprung des Koordinatensystems geht.

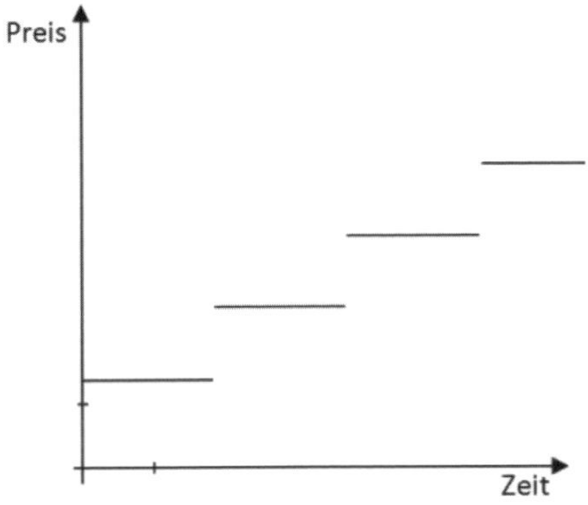

Abb. 5.47 Parkhausmodell

Das Parkhausmodell geht davon aus, dass der Preis sich nach gewissen Zeitabständen erhöht und dann für immer gleiche Zeitdauern konstant bleibt. Ggf. ist der Preis für die erste Stunde anders als für weitere Stunden. Nach sehr vielen Stunden gibt es möglicherweise Rabatte, die hier vernachlässigt werden. Dies ergibt eine Treppenfunktion, deren erste Stufe ggf. eine andere Höhe hat. Hier könnte im Prinzip auch das eingangs erwähnte Beispiel für den Preis von Briefen in Abhängigkeit von der Masse eingeordnet werden.

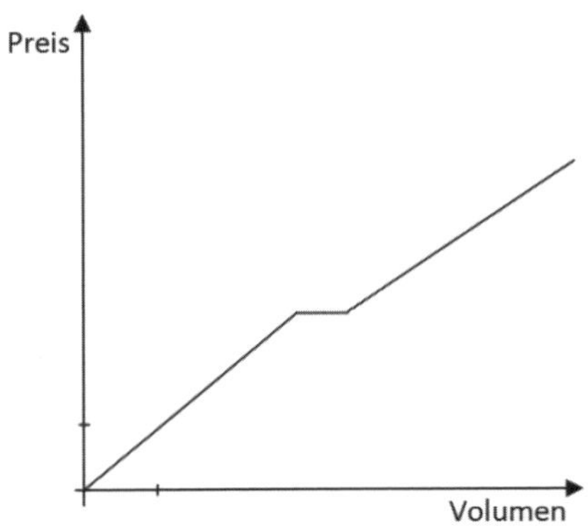

Abb. 5.48 Heizölmodell

Das Heizölmodell geht auch von einer proportionalen Zuordnung von Menge und Preis aus, berücksichtigt aber Rabatte. An einigen Stellen setzt also eine neue proportionale Zuordnung an. Für eine sinnvolle Fortsetzung an den Übergangsstellen setzen wir voraus, dass man für eine geringere Menge nicht mehr bezahlen muss als für eine größere Menge.

5.2.8 Wachstums- und Abnahmemodelle

Bereits die Überlegungen zur einfachen Verzinsung und zum Zinseszins haben gezeigt, dass es unterschiedliche Wachstumsarten gibt. Ebenso werden Wachstumsprozesse in der Natur wie Bakterien- oder Pflanzenwachstum häufig mathematisch modelliert. Analog dazu gibt es Abnahmeprozesse wie Abkühlung und radioaktiver Zerfall, die häufig ebenfalls mit Hilfe von Funktionen modelliert werden. Dazu gibt es unterschiedliche Modelle, die im Folgenden an Beispielen vorgestellt werden sollen.

Beispiel: Bakterienwachstum

Bakterien wachsen in einer Bakterienkultur in unterschiedlichen Phasen. In einer dieser Phasen vermehren sich die Bakterien sehr schnell, bis schließlich die Nährstoffe erschöpft sind und sich Stoffwechselprodukte im Nährmedium angesammelt haben.

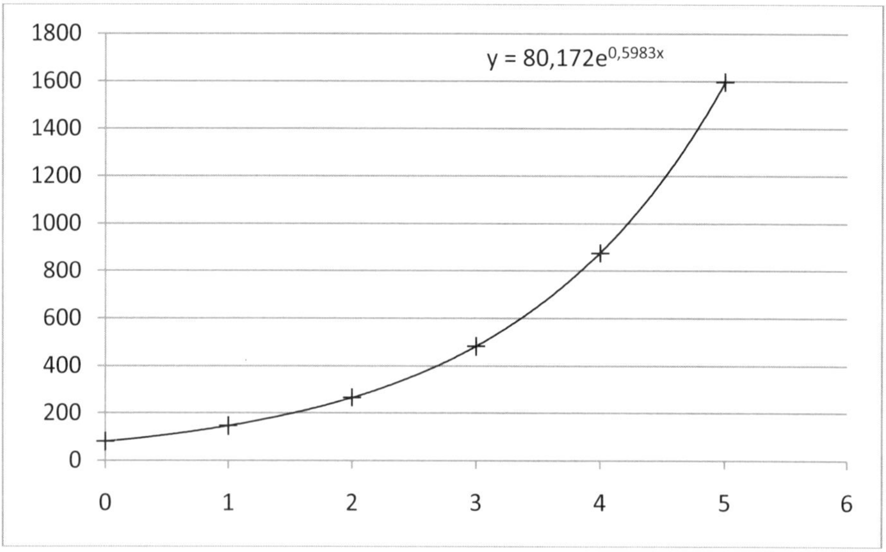

Abb. 5.49 Diagramm zum Bakterienwachstum

In dieser Phase der schnellen Vermehrung können beispielsweise folgende Daten ermittelt werden (s. Tabelle 5.23). Stellt man diese Daten in einem Diagramm dar, so kann man erkennen, dass sich das Bakterienwachstum gut durch eine Exponentialfunktion beschreiben lässt (s. Abb. 5.49).

Tabelle 5.23 Bakterienwachstum (Freudigmann, et al., 2000)

Zeit in Stunden	0	1	2	3	4	5
Bakterienzahl in Mio	80,0	145,9	266,4	482,4	875,7	1597,8

Schaut man auf die Daten des Bakterienwachstums, so stellt man fest, dass der Quotient benachbarter Werte konstant ist.

Tabelle 5.24 Bakterienwachstum

Zeit in Stunden	0	1	2	3	4	5
Bakterienzahl in Mio	80,0	145,9	266,4	482,4	875,7	1597,8
Quotient benachbarter Werte	$\frac{145,9}{80,0} = 1,82$	$\frac{266,4}{145,9} = 1,83$	$\frac{482,4}{266,4} = 1,81$	$\frac{875,7}{482,4} = 1,82$	$\frac{1597,8}{875,7} = 1,82$	

Wenn das Wachstum der Bakterien im Laufe der Zeit durch eine Wachstumsfunktion mit dem Term *f(t)* beschrieben wird, dann gilt in diesem Beispiel der Zusammenhang

$$\frac{f(t+1)}{f(t)} = const.$$

Betrachten wir diese Situation allgemeiner, so gehen wir im Fall des dargestellten Bakterienwachstums davon aus, dass das Wachstum rascher erfolgt, wenn mehr Bakterien vorhanden sind. Da es sich um eine Bakterienkultur handelt, können weitere Wechselwirkungen, z. B. mit der Außenwelt, im Modell vernachlässigt werden. Die Zunahme $f(t+h)-f(t)$ wird also proportional zum vorhandenen Bestand $f(t)$ und zur verstrichenen Zeit h angenommen. Wir erhalten damit für kleine h die Modellannahme:

$$f(t+h) - f(t) = c \cdot f(t) \cdot h.$$

Diese Gleichung kann diskret oder kontinuierlich bearbeitet werden. Wir beschäftigen uns hier zunächst mit der diskreten Bearbeitung (Hinrichs, 2008, S. 268 ff.). Dazu ist die Darstellung

$$f(t+h) = f(t) + c \cdot f(t) \cdot h$$

hilfreich. Hier wird deutlich, dass bei festem Zeitschritt h der jeweils folgende Funktionswert nach Kenntnis des Parameters c ermittelt werden kann. Ebenso ist noch ein Startwert, z. B. zur Zeit $t = 0$, vorauszusetzen.

	A	B	C	D	E
1	**Diskretes Wachstumsmodell**				
2	**Startwert**	80			
3	**Parameter**	0,82			
4	**Zeit**	**Modellwert**		**Wert**	**Quadratische Abweichung**
5	0	80,0		80	0,0
6	1	145,6		145,9	0,1
7	2	265,0		266,4	2,0
8	3	482,3		482,4	0,0
9	4	877,8		875,7	4,2
10	5	1597,5		1597,8	0,1
11					6,4
12					

Abb. 5.50 Diskretes Wachstumsmodell für das Bakterienwachstum

Der Modellwert wird in der abgebildeten Excel-Tabelle jeweils mit Hilfe der Formel

$$f(t+1) = f(t) + c \cdot f(t)$$

berechnet. Der Parameter c wird dabei mit Hilfe des Schiebereglers (siehe Hinweis S. 235) so modifiziert, dass die Summe der quadratischen Abweichungen vom gegebenen Wert minimal wird. Dies ist in dem Beispiel für $c = 0{,}82$ der Fall. Auf diese Weise erhält man ein diskretes numerisches Modell für das Bakterienwachstum mit der Modellannahme, dass die Bakterien in jedem Zeitschritt um ein c-faches des aktuellen Bestandes zunehmen. Dieses Modell ermöglicht sowohl die Berechnung von Zwischenwerten als auch eine Prognose des Bakterienwachstums unter der Voraussetzung, dass die Modellannahmen weiter gelten. Der jeweils nächste Wert wird unter Verwendung des Parameters c rekursiv berechnet. Die verwendete Modellannahme ist also nicht nur im Kontext des Bakterienwachstums plausibel, sondern liefert auch für die gegebenen Daten passende Werte.

Möchte man die Gleichung

$$f(t+h) - f(t) = c \cdot f(t) \cdot h$$

kontinuierlich bearbeiten, so dividiert man diese Gleichung durch *h* und erhält eine Form, die für differenzierbare Funktionen *f* mit Hilfe der Differenzialrechnung weiter bearbeitet werden kann.

$$\frac{f(t+h) - f(t)}{h} = c \cdot f(t).$$

Auf der linken Seite der Gleichung steht dann ein Differenzenquotient der Funktion *f* an der Stelle *t*. Ein Grenzprozess für $h \to 0$ führt zu der Gleichung

$$f'(t) = c \cdot f(t)\,.$$

Bei dieser Gleichung handelt es sich um eine Differenzialgleichung erster Ordnung, da außer der Funktion *f* auch die erste Ableitung der Funktion *f* in der Gleichung auftritt. Die Funktion des Typs

$$f(t) = a \cdot e^{c \cdot t}$$

löst diese Differenzialgleichung, da für die Ableitung

$$f'(t) = ac \cdot e^{c \cdot t} = c \cdot f(t)$$

gilt. Alternativ kann diese Differenzialgleichung auch mit Hilfe des Verfahrens der Trennung der Variablen gelöst werden. Stellt man sich die Frage, ob die Funktionen des Typs

$$f(t) = a \cdot e^{c \cdot t}$$

die einzigen Funktionen sind, die diese Differenzialgleichung lösen, dann kann man eine weitere Lösung *g(t)* annehmen, die ebenfalls die Differenzialgleichung erfüllt:

$$g'(t) = c \cdot g(t)\,.$$

Mit der Quotientenregel erhält man dann

$$\left(\frac{f(t)}{g(t)}\right)' = \frac{f'(t) \cdot g(t) - g'(t) \cdot f(t)}{(g(t))^2}$$

$$= \frac{c \cdot f(t) \cdot g(t) - c \cdot g(t) \cdot f(t)}{(g(t))^2} = 0.$$

Die beiden Lösungen *f(t)* und *g(t)* können sich also nur um eine multiplikative Konstante unterscheiden. Der ursprünglich aus den gegebenen Daten berechnete Quotient kann nach Kenntnis der Lösungsfunktion genauer betrachtet werden.

$$\frac{f(t+1)}{f(t)} = \frac{a \cdot e^{c \cdot (t+1)}}{a \cdot e^{c \cdot t}} = \frac{a \cdot e^{c \cdot t} \cdot e^{c}}{a \cdot e^{c \cdot t}} = e^{c} = const.$$

Es zeigt sich also, dass der Logarithmus des entsprechenden Quotienten

$$\ln\left(\frac{f(t+1)}{f(t)}\right)$$

der Wachstumskonstanten *c* der Bakterienkultur entspricht.

	A	B	C	D	E
1	**Kontinuierliches Wachstumsmodell**				
2	**Startwert**	80			
3	**Parameter**	0,60			
4	**Zeit**	**Modellwert**		**Wert**	**Quadratische Abweichung**
5	0	80,0		80	0,0
6	1	145,8		145,9	0,0
7	2	265,6		266,4	0,6
8	3	484,0		482,4	2,5
9	4	881,9		875,7	37,9
10	5	1606,8		1597,8	81,8
11					122,8
12					

Abb. 5.51 Kontinuierliches Wachstumsmodell für das Bakterienwachstum

Der Modellwert wird in der abgebildeten Excel-Tabelle im kontinuierlichen Wachstumsmodell jeweils mit Hilfe der Formel

$$f(t) = 80 \cdot e^{c \cdot t}$$

berechnet. Der Parameter *c* wird dabei mit Hilfe des Schiebereglers so modifiziert, dass die Summe der quadratischen Abweichungen vom gegebenen Wert minimal wird. Dies ist in dem Beispiel für $c = 0{,}60$ der Fall. Auf diese Weise erhält man ein kontinuierliches Modell für das Bakterienwachstum mit der Modellannahme, dass die Bakterien in jedem Zeitpunkt um ein *c*-faches des aktuellen Bestandes zunehmen. Dieses Modell ermöglicht sowohl die Berechnung von Zwischenwerten als auch eine Prognose des Bakterienwachstums unter der Voraussetzung, dass die Modellannahmen weiter gelten. Bei der Berechnung einzelner Werte werden die jeweilige Zeit, der Startwert und der Parameter *c* verwendet.

Exponentielles Wachstum wird durch den Funktionstyp

$$f(t) = a \cdot e^{c \cdot t}$$

beschrieben. Dabei ist a der Anfangsbestand zur Zeit $t = 0$ und die positive Konstante c die Wachstumskonstante. Charakteristisch für das exponentielle Wachstum ist die Verdoppelungszeit, also die Zeit T, für die gilt:

$$f(t+T) = 2\,f(t).$$

Für die Funktion des exponentiellen Wachstums

$$f(t) = a \cdot e^{c \cdot t}$$

folgt damit die Bedingung:

$$a \cdot e^{c\cdot(t+T)} = 2a \cdot e^{c\cdot t} \text{ bzw. } e^{c\cdot T} = 2.$$

Nach entsprechender Vereinfachung

$$\ln(e^{c\cdot T}) = \ln(2)$$

erhalten wir für die Verdoppelungszeit T die Gleichung:

$$T = \frac{\ln(2)}{c}.$$

Die Verdoppelungszeit ist unabhängig vom Zeitpunkt t und daher konstant. Sie kann somit als charakteristisch für den Wachstumsprozess angesehen werden.

Für Abnahmeprozesse kann ebenfalls dieser Funktionstyp gewählt werden. Die Kontante c ist dann negativ und heißt *Zerfallskonstante*. Bei Abnahmefunktionen spricht man von der – im Zusammenhang mit Radioaktivität bekannten – Halbwertszeit, also von der Zeit, für die gilt:

$$f(t+T) = \frac{1}{2} f(t).$$

Wie bei der Verdoppelungszeit erhält man für die Halbwertszeit den Zusammenhang

$$T = -\frac{\ln(2)}{c}.$$

Wir können also für das exponentielle Wachstum Folgendes festhalten:

Exponentielles Wachstum

Wir gehen von einem geschlossenen System aus, bei dem das Wachstum proportional zum Bestand ist. Charakteristisch ist die Wachstumskonstante c. Alternativ kann auch die Verdoppelungszeit T angegeben werden. Exponentielles Wachstum wird mit Hilfe von Wachstumsfunktionen des Typs $f(t) = a \cdot e^{c\cdot t}$ beschrieben.

Mit einem geschlossenen System sind hier zwei Aspekte gemeint. Zum einen wird davon ausgegangen, dass weder Lebewesen hinzukommen noch abwandern, und zum anderen, dass es keine Wechselwirkung mit anderen Populationen gibt, d. h. insbesondere keine Feinde innerhalb des Systems existieren.

Beispiel: Abkühlen von Kaffee

Tabelle 5.25 Abkühlen von Kaffee

Zeit in Minuten	Temperatur in Grad
0	70,0
2	57,5
4	49,5
6	42,7
8	36,9
10	32,0
12	27,9
14	24,4

Beim Abkühlen von Kaffee handelt es sich nicht um einen Wachstumsprozess, sondern um einen Abnahmeprozess. Wir haben im Fall des exponentiellen Wachstums der Bakterien gesehen, dass Abnahmeprozesse mit den gleichen mathematischen Modellen beschrieben werden können wie Wachstumsprozesse; mit dem Unterschied, dass der entsprechende Parameter ein anderes Vorzeichen hat. Wir wählen daher als zweites Bespiel einen Temperaturabnahmeprozess mit einem charakteristischen Verhalten. Typische Messwerte eines solchen Abkühlungsvorgangs sind in der Tabelle (s. Tabelle 5.25) dargestellt.

Wir können also vereinfacht von folgendem Zusammenhang ausgehen:

$$f(t+h) = f(t) + c \cdot \big(S - f(t)\big) \cdot h.$$

Dabei ist c die Konstante, die den Abkühlvorgang beschreibt und S die Temperatur der Außenluft. Auch hier sind wieder eine diskrete und eine kontinuierliche Bearbeitung des Problems möglich. Wir betrachten zunächst eine diskrete Modellierung des Problems.

	A	B	C	D
1	Diskretes Modell der beschränkten Abnahme			
2		Konstante c	0,163	
3		Schranke S	5	
4		Startwert	70	
5	Zeit in Minuten	Temperatur in °C	Modellwerte in °C	Quadr. Abw.
6	0	70,0	70,0	0,00
7	2	57,5	59,4	3,54
8	4	49,5	50,5	0,99
9	6	42,7	43,1	0,13
10	8	36,9	36,8	0,00
11	10	32,0	31,6	0,13
12	12	27,9	27,3	0,37
13	14	24,4	23,6	0,57
14				5.73

Abb. 5.52 Diskretes Modell der beschränkten Abnahme

In der Tabelle wurden die gegeben Daten mit den durch die Formel

$$f(t+h) = f(t) + c \cdot \left(5°C - f(t)\right) \cdot h$$

berechneten Modellwerten verglichen. Als Startwert wurde 70 °C verwendet. Als Maß für die mathematische Passung der Modellwerte wurde die Summe der quadratischen Abweichungen berechnet. Die Konstante $c \approx 0{,}163$ wurde experimentell mit Hilfe des Schiebereglers gefunden. Alternativ kann auch der Solver von Excel genutzt werden. Die verwendete Modellannahme ist also nicht nur im Kontext des abkühlenden Kaffees plausibel, sondern liefert auch für die gegebenen Daten passende Werte.

Es ist aber ebenso eine kontinuierliche Modellierung möglich. Dazu wird die Gleichung

$$f(t+h) = f(t) + c \cdot \left(S - f(t)\right) \cdot h$$

entsprechend umgeformt, und man erhält eine Form, die für differenzierbare Funktionen f mit Hilfe der Differenzialrechnung weiter bearbeitet werden kann.

$$\frac{f(t+h)-f(t)}{h} = c \cdot \left(S - f(t)\right).$$

Auf der linken Seite der Gleichung steht dann ein Differenzenquotient der Funktion f an der Stelle t. Ein Grenzprozess für $h \to 0$ führt zu der Gleichung

$$f'(t) = c \cdot \left(S - f(t)\right).$$

Diese Differenzialgleichung der beschränkten Abnahme wird von Funktionen des Typs

$$f(t) = S - (S - f(0)) \cdot e^{-ct}$$

gelöst, denn für die Ableitung der Funktion f gilt:

$$\begin{aligned} &f'(t) \\ &= c \cdot \left(S - f(0)\right) \cdot e^{-ct} \\ &= c \cdot \left(S - S + \left(S - f(0)\right) \cdot e^{-ct}\right) \\ &= c \cdot \left(S - \left(S - \left(S - f(0)\right) \cdot e^{-ct}\right)\right) \\ &= c \cdot \left(S - f(t)\right). \end{aligned}$$

Wir können also für die beschränkte exponentielle Abnahme Folgendes festhalten.

Beschränkte exponentielle Abnahme

Wir gehen von einem geschlossenen System aus, bei dem die Abnahme proportional zur Differenz von Grenzwert S und Bestand ist. Charakteristisch ist die sogenannte Zerfallskonstante c.

Beschränkte exponentielle Abnahme wird mit Hilfe von Funktionen des Typs $f(t) = S - (S - f(0)) \cdot e^{-ct}$ beschrieben.

Mit einem geschlossenen System ist in diesem Beispiel gemeint, dass keine weiteren Temperatureinflüsse als die Außentemperatur auftreten.

Beispiel Hefewachstum

Das Wachstum einer Hefekultur wurde bereits 1913 genauer untersucht und dokumentiert (Carlson, 1913). Die entsprechenden Daten sind in der folgenden Tabelle (s. Tabelle 5.26) dargestellt.

Stellt man die ersten Daten der Tabelle in einem Koordinatensystem dar, so kann man ein nahezu exponentielles Wachstum vermuten (s. Abb. 5.53).

Notiert man allerdings alle vorhandenen Daten im Koordinatensystem, so wird deutlich, dass das Hefewachstum im Laufe der Zeit abnimmt und nicht der Annahme eines zum Bestand proportionalen Wachstums genügt. Das Hefewachstum kann also nicht durch eine exponentielle Wachstumsfunktion beschrieben werden (s. Abb. 5.54).

Tabelle 5.26 Hefewachstum

Zeit (in Stunden)	Hefemenge (in mg)	Zeit (in Stunden)	Hefemenge (in mg)
0	9,6	10	513,3
1	18,3	11	559,7
2	29	12	594,8
3	47,2	13	629,4
4	71,1	14	640,8
5	119,1	15	651,1
6	174,6	16	655,9
7	257,3	17	659,6
8	350,7	18	661,8
9	441		

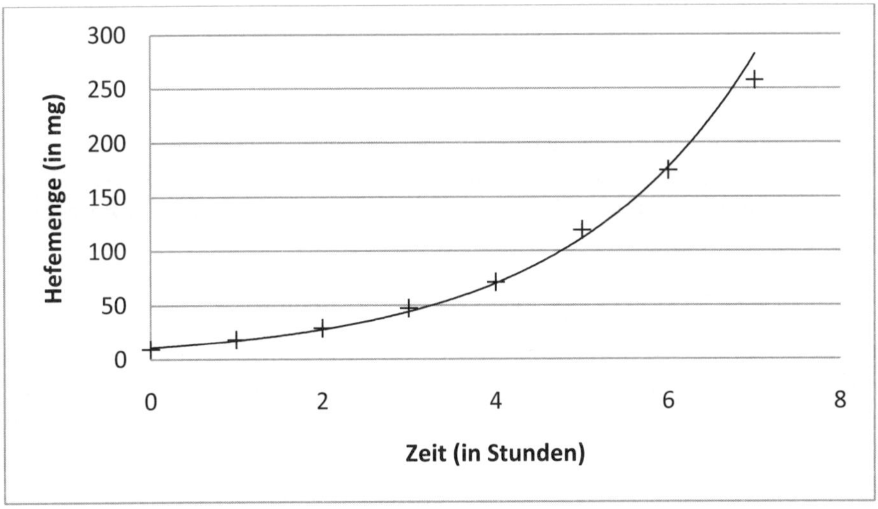

Abb. 5.53 Hefewachstum in den ersten 7 Stunden

Bei genauerer Analyse stellt man fest, dass das Hefewachstum von Anfang an nicht zum Bestand proportional ist, sondern zunehmend verlangsamt wird. Der für das exponentielle Wachstum charakteristische Quotient

$$\frac{f(t+1)}{f(t)}$$

ist auch in den ersten sieben Stunden nicht konstant.

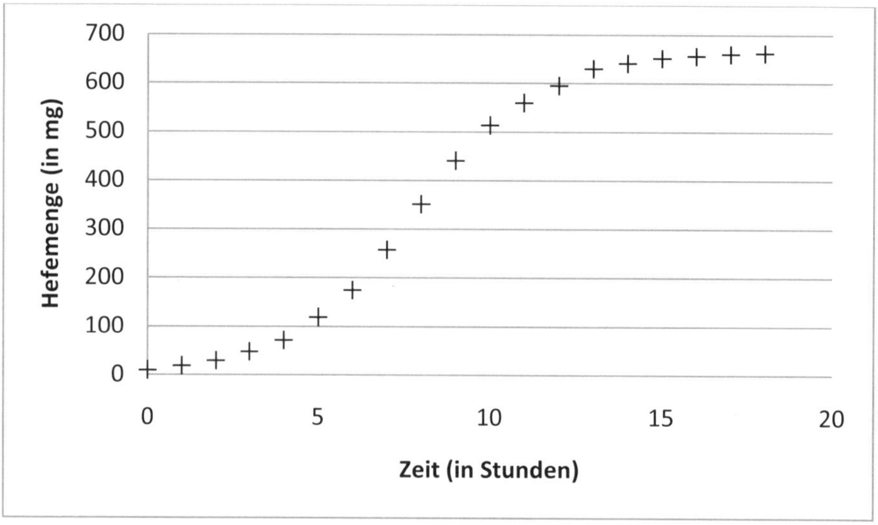

Abb. 5.54 Hefewachstum in den ersten 18 Stunden

Wir stellen daher nun weitergehende Modellannahmen auf als beim exponentiellen Wachstum. Dabei gehen wir immer noch von einem geschlossenen System mit einer Wachstumskonstanten c aus. Allerdings unterstellen wir gleichzeitig eine Verlangsamung des Wachstums, da der im Laufe des Prozesses entstehende Alkohol das Hefewachstum bremst. Die Situation kann zunächst durch die folgende Gleichung beschrieben werden:

$$f(t+h) - f(t) = c \cdot f(t) \cdot h - s \cdot f(t) \cdot h.$$

Dabei beschreibt der zusätzliche Term $s \cdot f(t) \cdot h$ die Verlangsamung des Wachstums. Der Faktor s wird auch als *Sterberate* bezeichnet. Dieses Modell wäre aber, verglichen mit dem exponentiellen Wachstum, kein neues Modell, wenn c und s beide konstant sind. In diesem Fall könnten c und s zu einer neuen Wachstumskonstanten $c{-}s$ zusammengefasst werden. Geht man davon aus, dass die Sterberate s auch vom Bestand $f(t)$ abhängt, was im Fall des vermuteten Zusammenhangs von Alkoholproduktion und Hefewachstum durchaus plausibel ist, dann handelt es sich um ein neues Modell. Wir wollen hier die Annahme, dass die Sterberate s proportional zum Bestand ist, voraussetzen. So erhalten wir das sogenannte *logistische Modell*

$$f(t+h) = f(t) + c \cdot f(t) \cdot h - d \cdot f(t)^2 \cdot h$$

mit der Wachstumskonstanten *c* und dem *Behinderungsfaktor d.* Auch in diesem Beispiel kann man diskret und kontinuierlich weiterarbeiten. Zunächst wollen wir die diskrete Form bearbeiten.

Berechnen wir nun optimale Konstanten *c* und *d*, so können wir die gegebenen Daten recht gut approximieren. Für einen Startwert $f(0) \approx 15$ und die Parameterwerte $c \approx 0{,}56$ und $d \approx 0{,}00086$ erhalten wir die folgenden Modellwerte (Auswahl).

Tabelle 5.27 Berechnete Modellwerte und Daten im Vergleich (Auswahl)

Zeit	Modellwerte	Daten
0	15	10
1	23	18
5	123	119
10	512	513
15	649	651
18	652	662

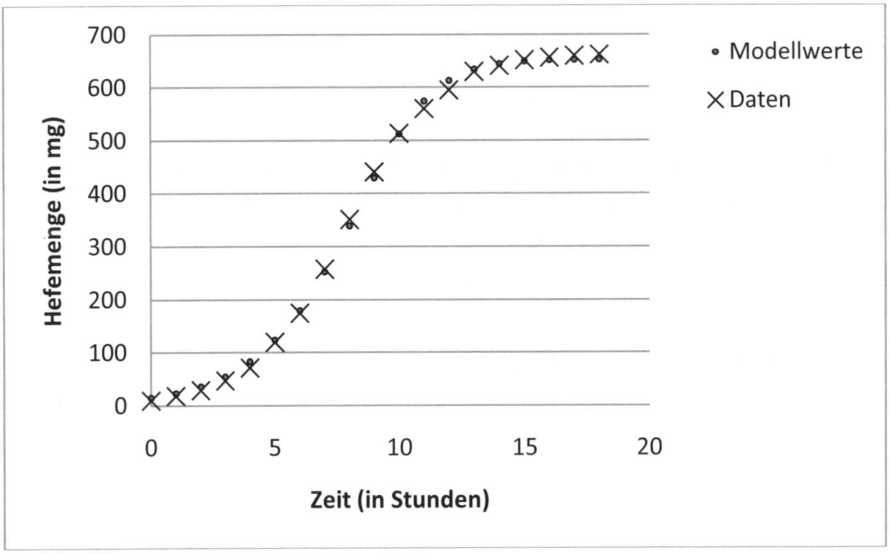

Abb. 5.55 Diskretes logistisches Wachstumsmodell von Hefe

Die passenden Parameterwerte können durch Experimentieren mit den Schiebereglern in Excel gefunden werden; allerdings ist dies nun erheblich schwieriger als beim exponentiellen Wachstum, da wir nicht nur einen Wert, sondern zwei Parameter und den Startwert variiert haben. Lässt man den Startwert fest, was in gewisser Weise sinnvoll ist, ist die Anpassung an die Daten schlechter. Alternativ zur experimentellen Arbeit mit den Schiebereglern kann die Anpassung mit Hilfe des Solver-Add-In von Excel automatisiert werden.

Die Grafik zeigt die Anpassung der Modellwerte an die gegebenen Daten. Es ist aber ebenso eine kontinuierliche Modellierung möglich. Dazu wird die Gleichung

$$f(t+h) = f(t) + c \cdot f(t) \cdot h - d \cdot f(t)^2 \cdot h$$

entsprechend umgeformt, und man erhält eine Form, die für differenzierbare Funktionen *f* mit Hilfe der Differenzialrechnung weiter bearbeitet werden kann.

$$\frac{f(t+h)-f(t)}{h} = c \cdot f(t) - d \cdot f(t)^2.$$

Auf der linken Seite der Gleichung steht dann ein Differenzenquotient der Funktion *f* an der Stelle *t*. Ein Grenzprozess für $h \to 0$ führt zu der Gleichung

$$f'(t) = c \cdot f(t) - d \cdot f(t)^2 .$$

Diese Differenzialgleichung des logistischen Wachstums wird von Funktionen des Typs

$$f(t) = \frac{c}{d + e^{-c \cdot t} \cdot \left(\frac{c}{f(0)} - d\right)}$$

gelöst. Im folgenden Exkurs wird eine mögliche Bestimmung der Lösungsfunktion dargestellt (Bronstein & Semendjajew, 1989, S. 417 ff.).

Exkurs

Die Lösung der Differenzialgleichung

$$f'(t) = c \cdot f(t) - d \cdot f(t)^2$$

kann mit Hilfe des Verfahrens der *Trennung der Variablen* gefunden werden. Der Ansatz

$$\int \frac{1}{\mathrm{c \cdot f(t) - d \cdot f(t)^2}} \mathrm{df} = \int \mathrm{dt}$$

liefert mit Hilfe der Partialbruchzerlegung

$$\int \left(\frac{1}{\mathrm{d \cdot f(t)}} + \frac{1}{\mathrm{c - d \cdot f(t)}}\right) \mathrm{df} = \int \frac{\mathrm{c}}{\mathrm{d}} \mathrm{dt}.$$

Die Integrale auf beiden Seiten können gelöst werden. Nach Multiplikation mit *d* erhalten wir

$$\ln|f(t)| - \ln|c - d \cdot f(t)| = c \cdot t + C.$$

Die linke Seite kann zusammengefasst werden, und nach Anwendung der Exponentialfunktion erhalten wir

$$\frac{f(t)}{c-d\cdot f(t)} = \mathrm{e}^{c\cdot t} \cdot \mathrm{C}'.$$

Wir bilden nun den Kehrwert auf beiden Seiten

$$\frac{c}{f(t)} = \mathrm{d} + \mathrm{e}^{-c\cdot t} \cdot \mathrm{C}'' ,$$

bestimmen die Konstante C'' mit

$$\frac{c}{f(t)} = \mathrm{d} + \mathrm{e}^{-c\cdot t} \cdot \left(\frac{c}{f(0)} - d\right)$$

und lösen die Gleichung nach *f(t)* auf. Dann erhalten wir für die Wachstumsfunktion

$$f(t) = \frac{c}{d + \mathrm{e}^{-c\cdot t} \cdot \left(\frac{c}{f(0)} - d\right)} .$$

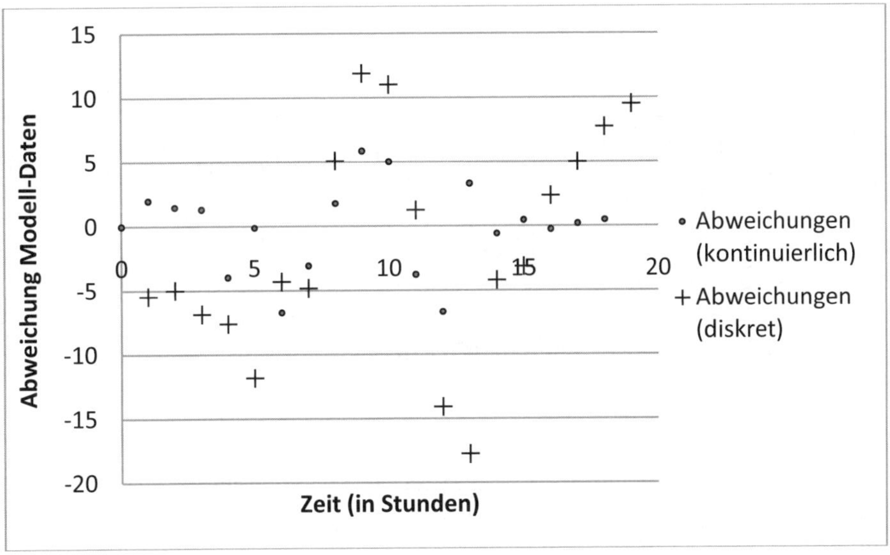

Abb. 5.56 Abweichungen der Modellwerte von den Daten

Mit Excel können auch für dieses kontinuierliche Modell des logistischen Wachstums die Parameter angepasst werden. Verwendet man als Startwert den gegebenen Wert für $t = 0$, so erhält man für die Parameter $c \approx 0{,}54$ und $d \approx 0{,}00081$. Diese Anpassung kann mit Hilfe der Schieberegler für die entsprechenden Parameter oder mit Hilfe des Solver-Add-In von Excel durchgeführt werden (s. Abb. 5.56).

Es zeigt sich hier, dass das kontinuierliche Modell besser an die Daten angepasst werden kann als das diskrete Modell. In jedem Fall können wir für das logistische Wachstum Folgendes festhalten.

Logistisches Wachstum

Wir gehen von einem geschlossenen System aus, bei dem das Wachstum und gleichzeitig die Sterberate proportional zum Bestand sind.

Charakteristisch sind die Wachstumskonstante *c* und der Behinderungsfaktor *d*. Logistisches Wachstum wird mit Hilfe von Wachstumsfunktionen des Typs

$$f(t) = \frac{c}{d + e^{-c \cdot t} \cdot \left(\frac{c}{f(0)} - d\right)}$$

beschrieben.

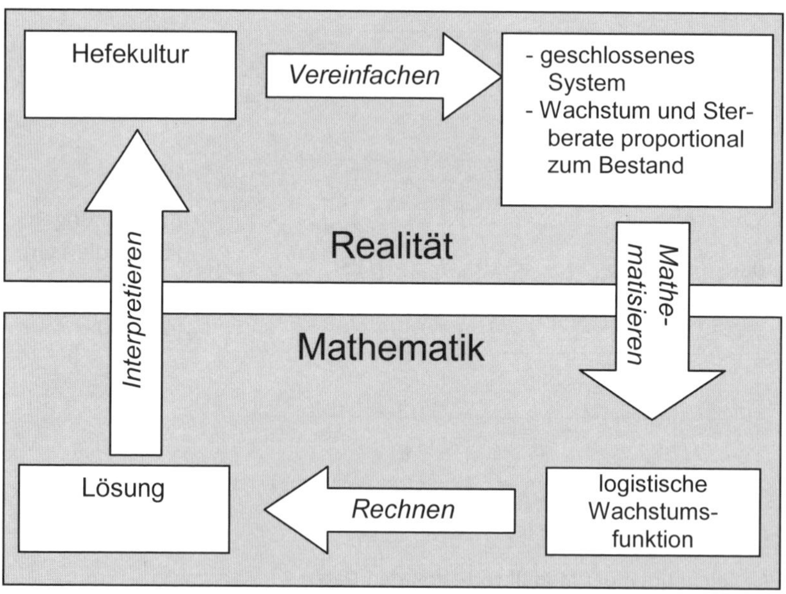

Abb. 5.57 Modellierung des Hefewachstums

Betrachtet man die Modellierung des Beispiels Hefekultur, so werden zwei wesentliche Annahmen zur Bildung des mathematischen Modells der logistischen Wachstumsfunktion gemacht. Dies ist zum einen die Annahme, dass es keine Wechselwirkungen zwischen Hefekultur und Außenwelt gibt, und zum anderen, dass das Wachstum und die Sterberate proportional zum Bestand sind (Kohorst & Portscheller, 1999; Hinrichs, 2008).

Weitere Modelle

Wachstums- und Abnahmeprozesse können auch mit Hilfe weiterer Funktionstypen, wie z. B. linearen Funktionen und Potenzfunktionen, modelliert werden. Auch Arcustangensfunktionen findet man in der Literatur zur Beschreibung von Wachstumsprozessen (Winter, 1994, S. 336). Wir wollen hier kurz auf lineare Funktionen und Potenzfunktionen eingehen.

Lineare Funktionen des Typs

$$f(t) = at + b$$

genügen der Differenzialgleichung

$$f'(t) = a.$$

Die Wachstumsgeschwindigkeit ist also konstant. Betrachtet man in diesem Fall die Verdoppelungszeit, also die Zeit T, für die gilt:

$$f(t + T) = 2f(t),$$

dann folgt für das lineare Wachstum die Bedingung:

$$a(t + T) + b = 2(at + b).$$

Nach entsprechender Vereinfachung erhalten wir für die Verdoppelungszeit T die Gleichung:

$$T = t + \frac{b}{a}.$$

Die Verdoppelungszeit ist also anders als bei Exponentialfunktionen abhängig von der Zeit t. Je mehr Zeit seit Beginn des Prozesses vergangen ist, umso länger dauert es, bis sich der gegenwärtige Bestand verdoppelt hat.

Potenzfunktionen des Typs

$$f(t) = a\,t^b$$

genügen der Gleichung

$$f'(t) = \frac{b}{t} f(t).$$

In diesem Fall ist die Wachstumsgeschwindigkeit proportional zum Bestand und antiproportional zur Zeit. Auch hier ist – wie zu erwarten – die Verdoppelungszeit nicht konstant, sondern zeitabhängig (Winter, 1994).

5.3 Optimierungsprobleme

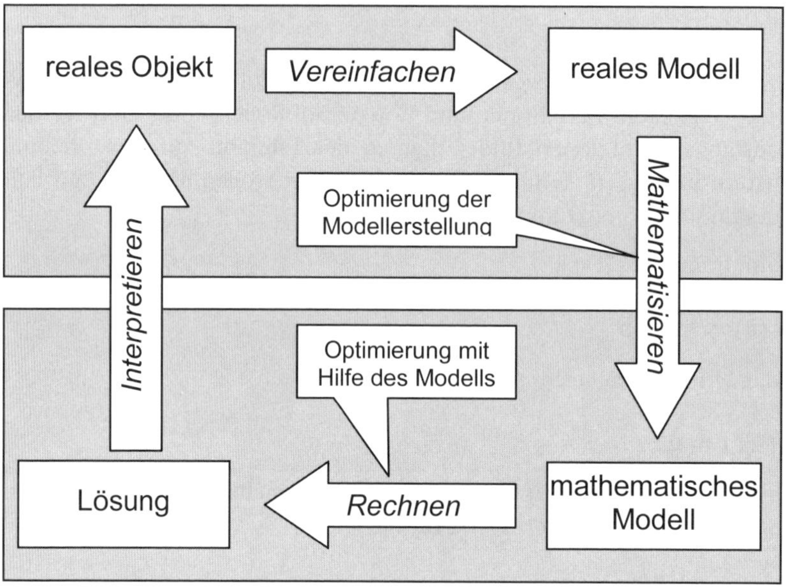

Abb. 5.58 Optimierungsprobleme an unterschiedlichen Stellen im Modellierungsprozess

Eine interessante Klasse von Sachaufgaben und Modellierungsproblemen stellen Optimierungen dar. Optimierungsprobleme sind sehr vielschichtig und können mit den unterschiedlichsten mathematischen Methoden bearbeitet werden. In vielen Fällen wird zur Lösung eines Optimierungsproblems zunächst eine Realsituation in ein mathematisches Modell übersetzt. Dieses – in der Regel deskriptive – Modell wird anschließend mit mathematischen Methoden, z. B. mit der Differenzialrechnung, bearbeitet. Dann findet die Optimierung mit Hilfe des bereits erstellten mathematischen Modells statt. Es gibt aber auch Fälle, bei denen der Modellbildungsprozess mit dem Optimierungsprozess zusammenfällt. Dann ist die Optimierung im Prinzip mit dem erstellten mathematischen Modell abgeschlossen. Die dann folgende Arbeit im optimierten Modell dient der Berechnung konkreter Ergebnisse.

Im Folgenden werden typische Bereiche für Optimierungen im Sachrechenunterricht vorgestellt, bei denen reale Probleme und mathematische Modelle eine wichtige Rolle spielen.

5.3.1 Funktionale Modelle

Optimierung mit Funktionen

Im Mathematikunterricht werden Optimierungsprobleme häufig mit Hilfe von funktionalen mathematischen Modellen bearbeitet. Ein Beispiel ist das bekannte Problem, die Maße einer materialminimierten Konservendose zu bestimmen. So haben beispielsweise die abgebildeten Dosen bei annähernd gleichem Volumen einen unterschiedlichen Materialverbrauch.

Abb. 5.59 Dosen mit gleichem Volumen und unterschiedlichem Materialverbrauch

In diesem Beispiel kann man für eine als Zylinder modellierte Dose eine Funktion aufstellen, die den Materialbedarf *M(r)* für ein Volumen von 330 ml in Abhängigkeit vom Dosenradius näherungsweise beschreibt:

$$M(r) = 2\pi r^2 + 2\pi r \frac{330}{\pi r^2} = 2\pi r^2 + \frac{660}{r}.$$

Als Vereinfachung für dieses Modell wird angenommen, dass Schweißnähte und kleinere Kanten vernachlässigt werden können. Ebenso wird vorausgesetzt, dass die Dose ein Volumen von $V = \pi \cdot r^2 \cdot h = 330$, d. h. eine Höhe von

$$h = \frac{330}{\pi r^2}$$

hat. Mit Hilfe der Differenzialrechnung können dann Werte für Radius und Höhe der Dose bestimmt werden, die einem Zylinder mit minimaler Oberfläche bei gegebenem Volumen entspricht, die also einen minimalen Materialverbrauch aufweist. In diesem Beispiel sind das für den Radius etwa 3,7 cm und für die Höhe der Dose etwa 7,5 cm. Die Erdnussdose ist daher in Bezug auf den Materialverbrauch nahezu optimal. Viele Optimierungsprobleme, die mit funktionalen Modellen bearbeitet werden können, werden im Prinzip auf diese Weise gelöst.

Zuerst werden Vereinfachungen in der Realität gemacht, beispielsweise die Dose als Zylinder aufgefasst. Anschließend wird die gesuchte Größe, hier das Volumen, als Funktionsgleichung ausgedrückt. Dazu müssen in der Regel noch sogenannte Nebenbedingungen – wie im Beispiel der Zusammenhang von Radius und Höhe durch das gegebene Volumen – verwendet werden, damit die Funktion mit nur einer Variablen geschrieben werden kann. Dann wird dieses funktionale Modell mit Hilfe der Differenzialrechnung untersucht. Für die vollständige Untersuchung ist auch noch die Betrachtung von Randstellen und des Definitionsbereichs nötig.

Es gibt auch Optimierungsprobleme mit Funktionen, die auf quadratische Funktionen führen und damit ohne Differenzialrechnung mit den Mitteln der Sekundarstufe I gelöst werden können oder die mit Hilfe von numerischen Verfahren aus der Sekundarstufe I bearbeitet werden können (s. Abb. 5.60).

1 Die offene Schachtel

- Stellt aus DIN-A4-Blättern oben offene Schachteln her.
- Skizziert eure Netze.
- Berechnet die Rauminhalte der Schachteln.
- Versucht eine Schachtel mit möglichst großem Inhalt zu finden.

2 Welche Maße hat eine oben offene quaderförmige Schachtel mit möglichst großem Volumen, die aus
a) einem DIN-A3-Blatt,
b) einem quadratischen Blatt mit derselben Fläche wie ein DIN-A3-Blatt hergestellt wurde?

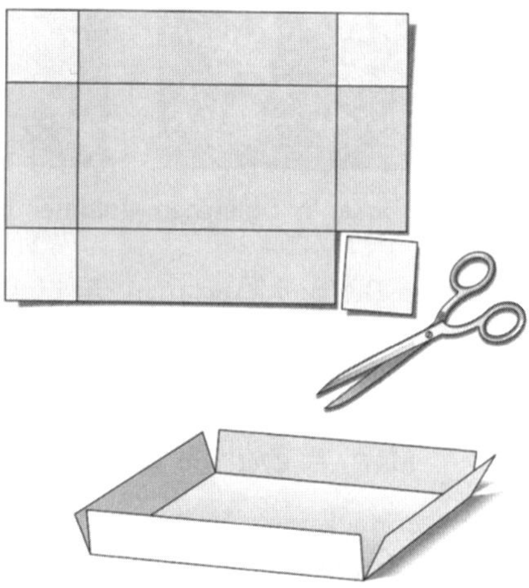

Abb. 5.60 Optimierungsproblem für die Sekundarstufe I (Böer, et al., 2003, S. 79)

Grundsätzlich ist aber diese Art von Optimierungsproblemen stark funktional geprägt und insbesondere im Mathematikunterricht der Oberstufe weit verbreitet. So könnte der Eindruck entstehen, dass fast alle mathematischen Optimierungsprobleme von dieser Art sind und mit Hilfe von Funktionen gelöst werden können. Es gibt aber auch Optimierungsprobleme, bei denen die Funktion selbst das optimierte Objekt ist.

Optimierung von Funktionen

Wenn man bestimmte Daten zur Verfügung hat, die weiter bearbeitet werden sollen, dann sind häufig Funktionen selbst die zu optimierenden Objekte. Die Frage ist dann, welcher Funktionstyp und welche spezielle Funktionsgleichung die gegeben Daten am besten beschreiben. Mit einem solchen funktionalen Modell können dann beispielsweise Voraussagen über den weiteren Verlauf des beobachteten Prozesses oder Aussagen über den potenziellen Verlauf zwischen zwei Messpunkten gemacht werden.

Ein typisches Problem zur Optimierung von Funktionen soll im Folgenden vorgestellt werden. Gegeben ist ein Datensatz zu einem in den Boden eingelassenen Öltank, bei dem die Peilstabhöhe für ein bestimmtes Tankvolumen bekannt ist (s. Abb. 5.61).

Von einem in den Boden eingelassenen Öltank sind folgende Daten bekannt:

Tankvolumen	Peilstabhöhe
1000 l	411 mm
2000 l	672 mm
3000 l	915 mm
4000 l	1176 mm
5000 l	1587 mm

Zur Bestimmung genauer Zwischenwerte des Tankvolumens soll eine Funktionsgleichung ermittelt werden, die den Zusammenhang von Tankvolumen und Peilstabhöhe optimal beschreibt.

Abb. 5.61 Aufgabenbeispiel Öltank

Diese Tabelle ist aber für den praktischen Gebrauch nicht genau genug. Zur Verbesserung der Situation soll eine Funktionsgleichung ermittelt werden, die die Daten optimal beschreibt. Hier ist die Funktion einerseits das Ziel des Optimierens und andererseits gleichzeitig das mathematische Modell. Bei einem solchen Optimierungsproblem muss zunächst entschieden werden, welcher Funktionstyp die größten Erfolgsaussichten für eine optimale Anpassung bietet.

Diese Entscheidung kann sowohl deskriptiv als auch explikativ getroffen werden. Wenn ein rein deskriptives Modell gewählt wird, dann würde auf der Basis der bekannten Funktionstypen entschieden, welcher am besten zu dem Problem passt. In der Schulmathematik können beispielsweise die folgenden Funktionstypen als mathematische Modelle verwendet werden:

- lineare Funktionen
- quadratische Funktionen
- ganzrationale Funktionen
- Potenzfunktionen
- Exponentialfunktionen
- Logarithmusfunktionen

In diesem Fall würde etwa eine ganzrationale Funktion dritten Grades die Daten recht gut beschreiben (s. Abb. 5.62).

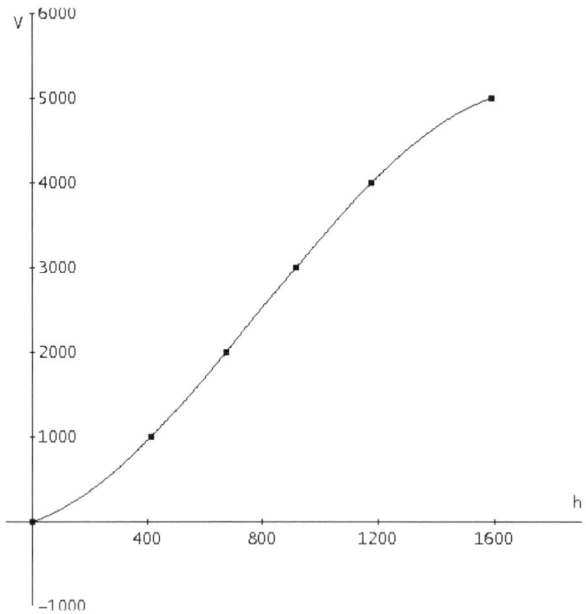

Abb. 5.62 Deskriptiv optimierte ganzrationale Funktion dritten Grades

Die Berechnung der entsprechenden Funktionsparameter geschieht am besten mit einem Computeralgebrasystem. Dort sind Funktionsanpassungen für die in der Schule üblicherweise verwendeten Funktionstypen in der Regel implementiert. Für die optimale Anpassung von Funktionen an Messwerte können unterschiedliche Modelle diskutiert werden. Üblicherweise verwendet man die Summe der quadratischen Abweichungen in y-Richtung (Greefrath, 2009).

Zusätzlich zum Finden eines geeigneten optimierten deskriptiven Modells kann der Wunsch aufkommen, den Zusammenhang von Peilstabhöhe und Tankvolumen wirklich zu verstehen. Wenn das Modell auch dieses leistet, spricht man von einer explikativen Modellierung. Um diesen Zusammenhang anzugeben, muss die Form des Tanks bekannt sein. Da dieser im gegebenen Beispiel im Boden versenkt ist, können Modellannahmen weiterhelfen. Eine mögliche Modellannahme ist, dass der Tank ein liegender Zylinder (mit Radius *r* und Länge *l*) ist. Dann könnte die Abhängigkeit von Peilstabhöhe und Volumen mit Hilfe der folgenden Überlegung bestimmt werden (s. Abb. 5.63).

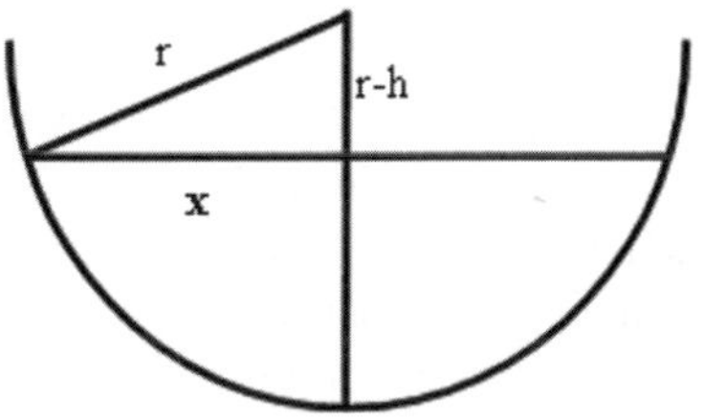

Abb. 5.63 Seitenansicht eines zylinderförmigen Tanks

Im unteren Teil des Tanks gilt nach dem Satz des Pythagoras für die Länge *x*:

$$x = \sqrt{r^2 - (r-h)^2} = \sqrt{2rh - h^2}\,.$$

Daher kann die Querschnittsfläche in der Füllhöhe *h* mit der Formel

$$A(h) = 2l\sqrt{2rh - h^2}$$

beschrieben werden. Aus Symmetriegründen gilt diese Formel auch für den oberen Teil des Tanks. Integrieren wir (z. B. mit Hilfe eines Computeralgebrasystems) diese Fläche nun nach der Höhe *h*, so erhalten wir das Volumen des bis zur jeweiligen Höhe *H* gefüllten Tanks.

$$V(H) = \frac{\pi l r\,|r|}{2} + lr^2 \arcsin\left(\frac{H-r}{|r|}\right) + l(H-r)\sqrt{2Hr - H^2}.$$

Dieses funktionale Modell ist zunächst erheblich unübersichtlicher als das rein deskriptive Modell. In dieses Modell sind bereits Informationen über den Tank eingeflossen. Überprüft man die Ergebnisse dieses Modell nun numerisch, stellt sich heraus, dass es weiter verbessert werden muss. Einerseits müsste das Gesamtvolumen des vollgefüllten Tanks bei einer Peilstabhöhe von 1587 mm dem Gesamtvolumen 5000 l entsprechen. Andererseits müsste der Radius der halben maximalen Peilstabhöhe, also etwa 794 mm, entsprechen. Die Länge des Tanks ergibt sich dann aus der Formel für das Volumen als 2528 mm. Rechnet man nun mit diesen Daten, so ergibt sich die folgende Tabelle:

Tabelle 5.28 Werte für das explikative Zylindermodell

Tankvolumen	Peilstabhöhe
1028 l	411mm
2016 l	672 mm
2987 l	915 mm
3976 l	1176 mm
5007 l	1587 mm

Diese Werte sind zwar relativ genau, verglichen mit dem nur deskriptiven Modell allerdings schlechter. Die entsprechende Modellannahme war also offenbar nicht optimal. Viele Tanks entsprechen nämlich nicht genau einem Zylinder, sondern haben gewölbte Seiten. Berücksichtigt man auch noch die gewölbten Seiten, so erhält man mit einer entsprechenden Rechnung folgende Werte:

Tabelle 5.29 Werte für das explikative Zylindermodell mit gewölbten Seiten

Tankvolumen	Peilstabhöhe
999 l	411mm
2002 l	672 mm
2998 l	915 mm
4001 l	1176 mm
5000 l	1587 mm

Bei der Frage der Genauigkeit des Modells ist zu beachten, dass bei einer angenommenen Ablesegenauigkeit des Peilstabs von 1 cm die Genauigkeit der Volumenangabe im mittleren Bereich des Tanks in der Größenordnung von 40 Litern liegt.

Dieses Beispiel hat gezeigt, dass auch die Funktion selbst das Ziel der Optimierung sein kann. Dazu können entweder die Daten mit Hilfe einer Regression (deskriptiv) angepasst werden, oder es kann durch zusätzliche Modellannahmen ein – den Sachverhalt erklärendes – optimales Modell gefunden werden (Greefrath, 2008).

Es gibt jedoch auch andersartige Optimierungsprobleme, die nicht mit Hilfe von Funktionen und Differenzialrechnung bearbeitet werden. Dazu gehört die

Klasse der Wegoptimierungsprobleme. So sind beispielsweise die Suche nach dem schnellsten Weg mit der U-Bahn in einem U-Bahn-Netz oder nach dem besten Weg für einen Briefzusteller in einem Stadtteil derartige Probleme. Diese Probleme sind sogenannte kombinatorische Optimierungsprobleme (Hußmann & Lutz-Westphal, 2007), bei denen die Menge der zulässigen Lösungen nicht kontinuierlich (wie z. B. der Radius der Konservendose), sondern diskret ist. Bei solchen Problemen verwendet man als mathematisches Modell häufig einen Graphen, also ein Gebilde aus Ecken und Kanten, bei dem jede Kante zwei Ecken verbindet.

5.3.2 Diskrete Modelle

Optimierung mit Graphen

Wir betrachten als Beispiel ein Wohngebiet, in dem der optimale Weg für einen Briefzusteller gesucht wird, d. h. alle Straßen sollen genau einmal abgelaufen werden. Die Straßen in diesem Wohngebiet können in diesem Beispiel durch den folgenden Graphen veranschaulicht werden (s. Abb. 5.64).

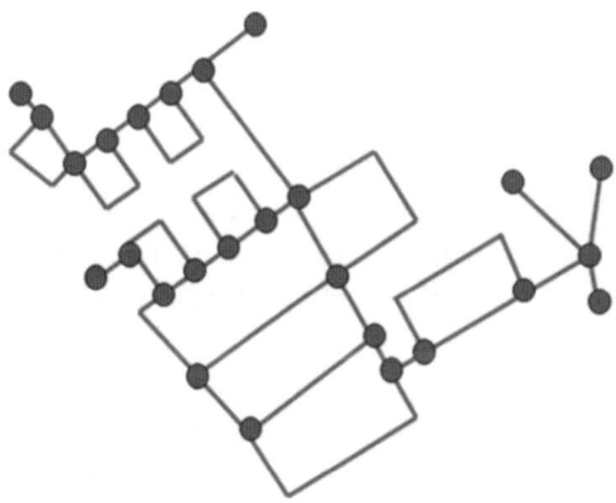

Abb. 5.64 Graph eines Wohngebiets

Man kann aber einen gegebenen Graphen nur dann ohne abzusetzen zeichnen und dabei jede Kante genau einmal durchlaufen, wenn alle Ecken eine gerade Ordnung besitzen oder genau zwei Ecken von ungerader Ordnung sind. Die Ordnung einer Ecke ist dabei die Zahl der Kantenenden, die die Ecke treffen. Falls genau zwei Ecken eine ungerade Ordnung besitzen, ist die eine Anfangspunkt und die andere Endpunkt eines solchen Weges (Nitzsche, 2005, S. 25).

Es kann also in diesem Beispiel keinen Weg geben, bei dem der Briefzusteller jeden Weg genau einmal durchläuft, da in diesem Zustellgebiet nicht an jeder

Kreuzung 4, 6 oder 8 Straßen zusammentreffen. Daher stellt sich für den Briefzusteller die Frage, welche Straßen er doppelt gehen soll. Man sucht nun im zugehörigen Graphen – also im zugehörigen deskriptiven Modell des Stadtteils – an Ecken mit ungerader Ordnung nach Möglichkeiten durch Einfügen von möglichst wenigen Kanten alle Eckenordnungen so zu verändern, dass sie gerade sind. Ein Beispiel für eine mögliche Briefzustellertour in diesem Wohngebiet zeigt die folgende Abbildung (s. Abb. 5.65).

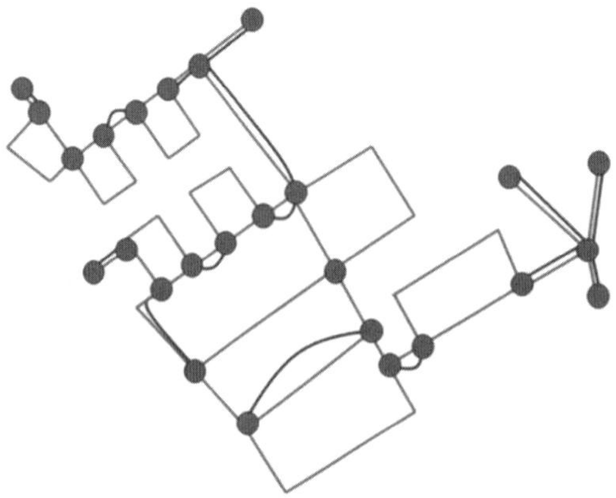

Abb. 5.65 Eine mögliche Briefzustellertour in diesem Wohngebiet

Optimierung von Graphen

Ein zweites Beispiel für ein Optimierungsproblem ist der Bau eines Stromnetzes. Auch dieses Problem kann als Graph modelliert werden. Dabei entsprechen die Ecken den Verzweigungen oder den Abnehmern des Netzes und die Kanten den Leitungen. Hier ist nicht ein erstellter Graph, sondern bereits die Struktur des Graphen bei der Erstellung zu optimieren. Zwar liegt bei derartigen Problemen die Lage einiger Ecken in der Regel fest, allerdings können zusätzliche Ecken, also Stellen an denen Verzweigungen des Netzes gebaut werden, frei gewählt werden. Betrachten wir als einfachstes Beispiel ein geplantes Netz bestehend aus einer Quelle und zwei Verbrauchern, also drei zu verbindenden Punkten, so kann unter bestimmten Bedingungen durch Einfügen eines weiteren Punktes die Gesamtlänge des Netzes reduziert werden.

Zur Lösung dieses Problems kann man den Steinerpunkt verwenden. Der Steinerpunkt ist der Punkt, von dem die Summe der Entfernungen zu den Ecken eines Dreiecks (Δ ABC) minimal ist. Überschreitet allerdings ein Winkel des Dreiecks 120°, so liegt der Steinerpunkt außerhalb des Dreiecks. In diesem Fall ist einer der Eckpunkte des Dreiecks der gesuchte optimale Punkt. Für drei gegebene Punkte kann der Steinerpunkt mit Hilfe des Umkreises des gleichseitigen Dreiecks ACX auf der längsten Seite des Dreiecks aus den gegebenen

Punkten A, B und C konstruiert werden. Der Steinerpunkt ist der Schnittpunkt P des Umkreises mit der Verbindungsstrecke von B und X. Die Entfernung $\overline{BX}$ entspricht der Länge des kürzesten Netzes zwischen den drei gegebenen Punkten A, B und C. Dies kann mit Hilfe des Satzes von Ptolemäus bewiesen werden (Fricke, 1984, S. 24 ff.).

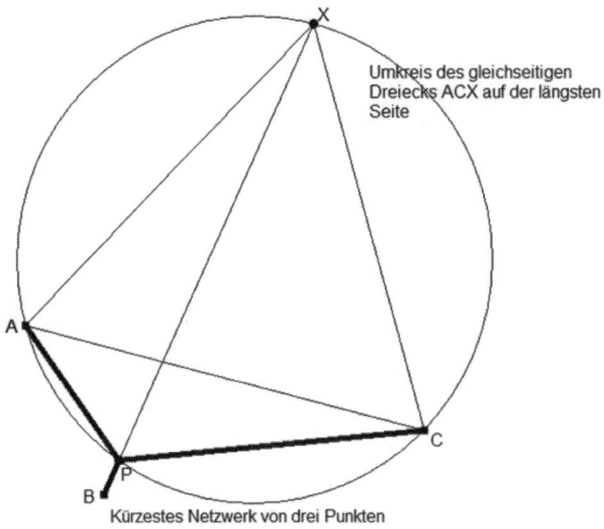

Abb. 5.66 Konstruktion des Steinerpunktes

Sind mehr als drei Punkte gegeben, kann mit Hilfe des Melzak-Algorithmus gearbeitet werden. Beim Melzak-Algorithmus werden Mehrpunkt-Probleme in kleinere Einheiten aufgeteilt. Sind zum Beispiel 3 Punkte für sich abspaltbar, wird in diesem Dreieck der Steinerpunkt konstruiert und in diesem Teil das Problem bereits reduziert. So lässt sich etwa ein 7-Punkte-Problem auf ein 5- und ein 3-Punkteproblem aufteilen. Der Verbindungspunkt der beiden Teilprobleme wird dabei doppelt gezählt.

Die 5 Punkte werden mit einem Steinernetz verbunden, wobei immer 2 Punkte auf einen Punkt reduziert werden. Dazu wird, im Beispiel etwa für die Punkte B und C, ein gleichseitiges Dreieck auf der Strecke BC konstruiert. Mit Hilfe des Umkreises dieses Dreiecks wird wie oben beschrieben der Steinerpunkt konstruiert. Der Punkt X kann nun als Ersatzpunkt für B und C verwendet werden und steht für die Konstruktion weiterer gleichseitiger Dreiecke zur Verfügung. Diese Ersatzpunkte werden dann verbunden, wodurch sich die Verzweigungen des Netzes ergeben. Zum Schluss werden alle Ausgangspunkte mit diesen Verzweigungen verbunden. Diese Konstruktionen können sehr gut mit einem dynamischen Geometrieprogramm (z. B. Euklid) durchgeführt und veranschaulicht werden. Die beste Lösung des Problems lässt sich allerdings bei diesem Verfahren nicht vorhersagen, daher müssen alle Möglichkeiten getestet werden, den kürzesten Baum zu finden. Dieses Beispiel verdeutlicht, dass auch geometrische Inhalte in den Bereich des Sachrechnens fallen können, da sie in diesem Beispiel zur Lösung des realen Problems beitragen (Bern & Graham, 1996).

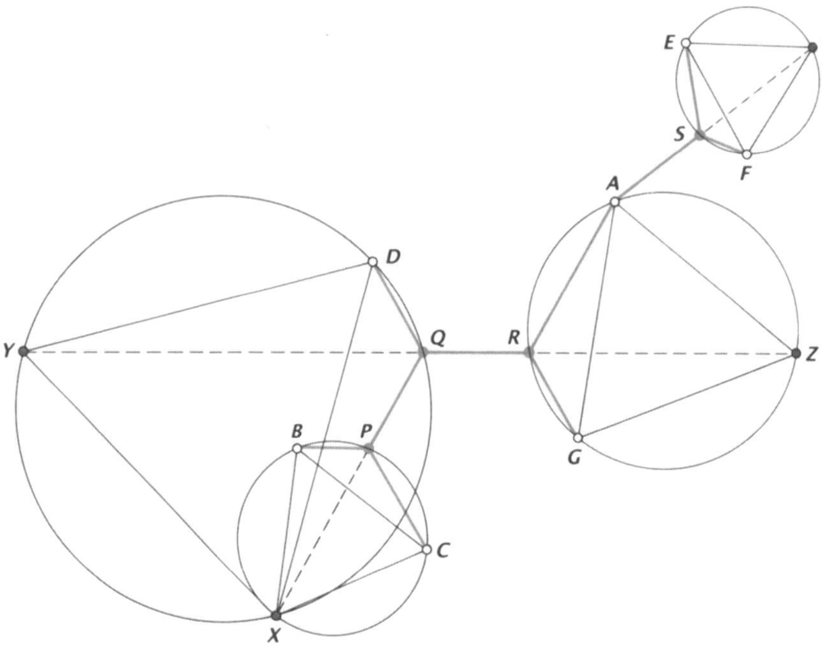

Abb. 5.67 Beispiel für den Melzak-Algorithmus (Bern & Graham, 1996)

Die beiden Beispiele zeigen, wie kombinatorische Optimierung und Modellbildung zusammenhängen können. Im ersten Beispiel mit dem Weg des Briefzustellers wurde durch Reduktion auf wesentliche Informationen ein deskriptives Modell des Stadtteils entwickelt. An diesem Modell wurde dann das Optimierungsproblem gelöst. Dazu wurden weitere Kanten, entsprechend den Wegen des Briefträgers, so eingefügt, dass der Gesamtweg optimal ist. Im Beispiel des optimalen Stromnetzes fand die Optimierung noch während der Modellentwicklung statt. Dazu wurden zusätzliche Ecken in den Graphen an optimalen Stellen eingefügt. Hierzu wurde also ein deskriptives Modell, das die Verbraucher eines Stromnetzes beschreibt, entsprechend weiterentwickelt, indem weitere Ecken eingefügt wurden. Dieses neue Modell wird dann für den Bau des Stromnetzes als Vorlage verwendet. Dieser Optimierungsprozess zeigt daher deskriptive und normative Anteile der Modellierung. Ein solches Wechselspiel zwischen deskriptiver und normativer Modellierung kann als *doppelte Modellbildung* (Winter, 1991) bezeichnet werden (Greefrath, 2008).

Optimierung mit Tabellen

Optimierungsprobleme können auch mit anderen mathematischen Werkzeugen als Funktionen und Graphen bearbeitet werden. Ein bekanntes Beispiel ist die Suche nach der optimalen Tankstelle in einem Grenzgebiet mit unterschiedlichen Kraftstoffpreisen (Blum & Leiß, 2005).

Im konkreten Beispiel wird für zwei Autofahrer und eine Autofahrerin, die in Deutschland grenznah zu Tschechien und Österreich wohnen, untersucht, an welchem Ort das Tanken am günstigsten ist. Für die Modellierung muss zunächst nach geeigneten Faktoren zur Vereinfachung des Problems gesucht werden. Eine mögliche Liste solcher Faktoren könnte sein:

- Benzinpreise in Deutschland und im Ausland
- Entfernung zu den jeweiligen Tankstellen
- Tankvolumen
- Verbrauch pro 100 km

Diese Liste kann im Prinzip weiter fortgesetzt werden. Dies hängt davon ab, wie detailliert und komplex das Modell werden soll. Ebenso ist es beispielsweise denkbar, die Höchstgrenze für Reservekanister, die Verschleißkosten oder die benötigte Zeit für die Tankfahrt in das Modell aufzunehmen. Weitere Punkte wie Umweltbelastung und Unfallrisiko können ebenfalls in das Modell einbezogen werden. Bei der Bildung des mathematischen Modells ist nun zu entscheiden, welche Faktoren tatsächlich berücksichtigt werden sollen.

	A	B	C	D	E	F	G
1		Preis	Entfernung in km	Preis für 55 Liter	Preis für die Fahrt	Gesamtkosten	Differenz
2	Waldkirchen	1,25 €	0	68,75 €	0,00 €	68,75 €	0,00 €
3	Stozec	0,99 €	22	54,45 €	3,44 €	57,89 €	10,86 €
4	Strázny	0,96 €	33	52,80 €	5,01 €	57,81 €	10,94 €
5	Ulrichsberg	1,03 €	28	56,65 €	4,56 €	61,21 €	7,54 €
6	Schwarzenberg	1,06 €	18	58,30 €	3,01 €	61,31 €	7,44 €
7							

Abb. 5.68 Tabelle zur Optimierung

Ein mögliches Modell berücksichtigt die vier oben genannten Punkte. Konkret gehen wir von einem Durchschnittsverbrauch von 7,9 l pro 100 km aus. Damit werden dann die Tankkosten und die Benzinkosten für die Tankfahrt berechnet. Als optimal wird der Ort der Tankstelle angesehen, bei dem die Summe der Tankkosten und der Benzinkosten für die Tankfahrt am niedrigsten ist. Die vorstehende Tabelle zeigt eine solche Berechnung. Die so bestimmten Gesamtkosten können nun verglichen und die in diesem Modell optimale Tankstelle kann anschließend ausgewählt werden.

Für unterschiedliche Durchschnittsverbrauchswerte muss die Tabelle entsprechend angepasst werden. Die Verwendung der Tabellenkalkulation ist hier sehr hilfreich, da die entsprechenden Rechnungen alle gleichartig sind und für unterschiedliche Durchschnittsverbräuche wiederholt werden müssen. Die Optimierung besteht hier aus der Auswertung der entsprechenden Spalte der Tabelle für unterschiedliche Annahmen.

Die Ergebnisse verändern sich schließlich, wenn die Zeit, die durch eine längere Fahrt zur günstigsten Tankstelle verloren geht, mit in die Rechnung einbezogen wird. Einen ähnlichen Einfluss hätte die Berücksichtigung der Verschleißkosten. Dies ist in der folgenden Abbildung dargestellt.

	A	B	C	D	E	F	G	H	I
1		Preis	Entfernung in km	Preis für 55 Liter	Preis für die Fahrt	Gesamtkosten	Verschleißkosten	Gesamtkosten	Differenz
2	Waldkirchen	1,25 €	0	68,75 €	0,00 €	68,75 €	0,00 €	68,75 €	0,00 €
3	Stozec	0,99 €	22	54,45 €	3,44 €	57,89 €	4,40 €	62,29 €	6,46 €
4	Strázny	0,96 €	33	52,80 €	5,01 €	57,81 €	6,60 €	64,41 €	4,34 €
5	Ulrichsberg	1,03 €	28	56,65 €	4,56 €	61,21 €	5,60 €	66,81 €	1,94 €
6	Schwarzenberg	1,06 €	18	58,30 €	3,01 €	61,31 €	3,60 €	64,91 €	3,84 €

Abb. 5.69 Tabelle zur Optimierung mit Berücksichtigung der Verschleißkosten

Aber auch diese Modellierung umfasst noch längst nicht alle relevanten Faktoren. So führen die Einbeziehung von Abschreibungskosten, aber auch die Möglichkeit, einen Reservekanister zu füllen, zu neuen Modellierungen und verändern dann auch den Ort der optimalen Tankstelle.

Dieses Beispiel zeigt einen starken normativen Charakter des Optimierens mit Hilfe von mathematischen Modellen. Der Ort der optimalen Tankstelle hängt davon ab, welche Faktoren das gewählte Modell berücksichtigt und wie diese gewichtet werden (Greefrath & Laakmann, 2007).

5.3.3 Optimieren und Modellieren

Man kann viele Optimierungsprobleme auch mit dem Computer bearbeiten. Dann vergrößert sich auch die Anzahl an alternativen Lösungsmöglichkeiten noch weiter. Mit dem Computer können viele Probleme, die sonst mit Funktionen bearbeitet werden, auch numerisch mit Hilfe eines Tabellenkalkulationsprogramms oder geometrisch mit Hilfe einer dynamischen Geometriesoftware bearbeitet werden. So ist es möglich, dass sich auch die Art des verwendeten Modells verändert und beispielsweise ein kontinuierliches Problem nicht mit Hilfe von Funktionen, sondern numerisch oder grafisch gelöst wird.

Die Beispiele zeigen die Vielfältigkeit von Optimierungsproblemen mit realem Hintergrund. Optimierungsprobleme im Unterricht sollten daher nicht auf die Behandlung von deskriptiven funktionalen Modellen, wie das Beispiel der Konservendose, beschränkt werden, die mit Hilfe der Differenzialrechnung optimiert werden. Optimierungsprobleme sind einerseits häufig für Schülerinnen und Schüler sehr motivierend und andererseits unter dem Aspekt der Umwelterschließung sehr interessant für das Sachrechnen. Sie reichen von funktionalen über grafische bis zu diskreten numerischen Modellen. Die Optimierung kann nach oder während der Modellerstellung stattfinden, und es gibt deskriptive und normative Modellierungen.

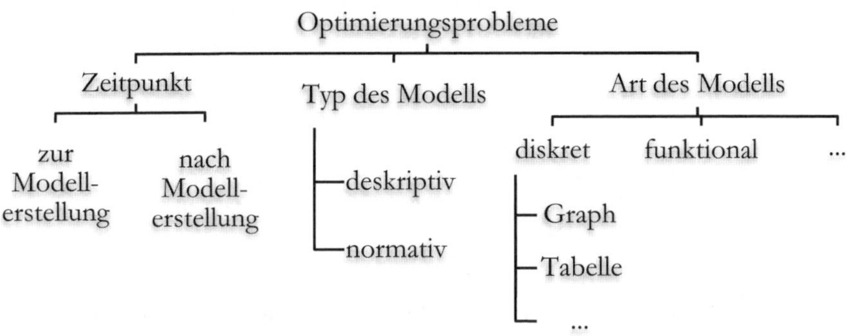

Abb. 5.70 Vielfalt von Optimierungsproblemen

5.4 Probleme aus Statistik und Stochastik

Aufgaben aus Statistik und Stochastik gehen in vielen Fällen von einem Problem in der Realität aus und beschäftigen sich mit Modellierungsprozessen im Zusammenhang mit Daten.

Auch im Rahmen der Bildungsstandards im Fach Mathematik für den Mittleren Bildungsabschluss (KMK, 2004) wird die Leitidee *Daten und Zufall* besonders herausgestellt. Im Rahmen dieser Leitidee sollen Schülerinnen und Schüler insbesondere

- statistische Erhebungen planen und auswerten,
- Zufallserscheinungen in alltäglichen Situationen beschreiben sowie

- Wahrscheinlichkeiten bei Zufallsexperimenten bestimmen.

Hier kann man zwei Bereiche unterscheiden. Der erste Bereich betrifft Modellierungen mit realen Daten im Rahmen einer Datenanalyse, und der zweite Bereich beschäftigt sich mit Modellierungen mit Hilfe von Wahrscheinlichkeiten und Wahrscheinlichkeitsverteilungen.

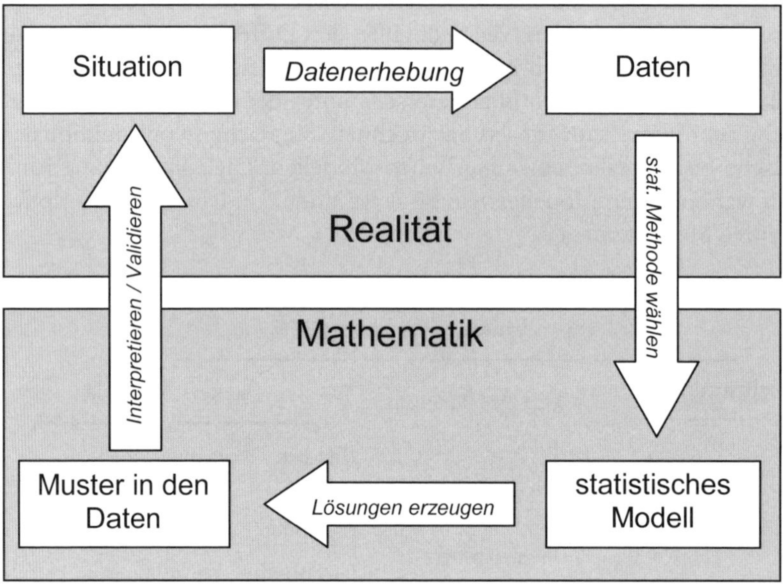

Abb. 5.71 Datenanalyse als stochastischer Modellierungskreislauf (Eichler & Vogel, 2009, S. 132)

Betrachten wir hier etwa das Beispiel des Hefewachstums (S. 174), dann entspricht die Situation der realen Hefekultur, die beobachtet wird. Diese Situation wird um unwesentlich scheinende Aspekte reduziert, und es wird lediglich die Hefemenge in Abhängigkeit von der Zeit betrachtet. Weitere Eigenschaften, wie etwa die Art der Ausbreitung, werden vernachlässigt. Im Mathematisierungsschritt werden die Daten der Hefemenge in Abhängigkeit von der Zeit in ein mathematisches Modell übersetzt. Dies kann im ersten Schritt ein exponentielles Wachstum oder im zweiten Schritt ein logistisches Wachstumsmodell sein. Dabei wird ein Muster in den Wachstumsdaten gesucht, und gleichzeitig werden Informationen reduziert. Denn beispielsweise bei der Verwendung eines exponentiellen Wachstumsmodells werden nicht mehr alle gesammelten Daten, sondern nur noch die geeigneten Parameter weiter verwendet.

In Fall der Wahrscheinlichkeitsbetrachtungen ist ebenfalls eine Beschreibung als Modellierungskreislauf sinnvoll. Nach der Analyse der Daten erfolgt dann im Mathematisierungsschritt der Übergang zum Modell. In der Schule wird dazu sehr häufig die Binomialverteilung verwendet. Mit Hilfe des Modells und der vorhandenen Daten wird dann die Realsituation simuliert. So können die Ergebnisse der Simulation mit dem Modell mit der Realität verglichen und so interpretiert und validiert werden (Eichler & Vogel, 2009).

Im Verlauf der gesamten Sekundarstufe werden immer wieder Inhalte aus Statistik und Stochastik im Unterricht behandelt. Einige Beispiele zur Datenanalyse sind bereits in den Abschnitten 5.2.8 und 5.3 behandelt worden. Im Rahmen der Statistik werden ebenso Mittelwerte und Streuungen berechnet sowie Diagramme interpretiert.

Auch der Wahrscheinlichkeitsbegriff wird meist in realen Kontexten präsentiert. Hier verwendet man in der Sekundarstufe I häufig Glücksspiele, wie beispielsweise den Würfelwurf (s. Abb. 5.72) oder Lottoprobleme.

Hier siehst du fünf verschiedene „Würfel". Für welche lässt sich die Wahrscheinlichkeit, eine Eins zu werfen, leicht angeben und für welche nicht? Begründe!
Schätze für die „Würfel" ① und ④ die Wahrscheinlichkeit, mit der die einzelnen Ergebnisse zu erwarten sind. Begründe deine Schätzung.

Abb. 5.72 Beispielaufgabe zum Würfelwurf (Kietzmann, et al., 2004, S. 44)

Ebenso kann der mehrfache Würfelwurf thematisiert werden (s. Abb. 5.73). Er wird im Unterricht mit Hilfe von Baumdiagrammen dargestellt. Zur Vorbereitung der Laplace-Wahrscheinlichkeit werden im Unterricht kombinatorische Probleme thematisiert. Auch hier können Kontexte aus der Realität verwendet werden. Ein Beispiel zeigt die folgende Abbildung (s. Abb. 5.74).

Bei dem Spiel „Schweinerei" werden Schweinchen geworfen. Dabei gibt es fünf Möglichkeiten, wie das Schweinchen fallen kann.

- Sau - Seitenlage
- Suhle - Rückenlage
- Haxe - stehend
- Schnauze - auf der Schnauze
- Backe - wie Schnauze, jedoch seitlich auf einer Backe

Die Wahrscheinlichkeit für jede einzelne Lage kannst du der Abbildung entnehmen.

a) Gib einige mögliche Ergebnisse an, wenn zwei Schweinchen geworfen werden.

b) Kannst du die Wahrscheinlichkeiten dafür angeben?

Abb. 5.73 Wahrscheinlichkeiten von zwei Würfen

Abb. 5.74 Beispielaufgabe zur Kombinatorik (Koullen, 1993)

Die Beispiele zeigen, dass Aufgaben aus Statistik und Stochastik mit Realitätsbezug an vielen Stellen des Unterrichts auftreten. Auch in diesem Inhaltsbereich sind die Funktionen des Sachrechnens vielfältig. Während bei einigen Aufgaben der Sachkontext eher eingekleidet ist, gibt es auch – beispielsweise bei der Datenanalyse – umfangreiche Modellierungsaufgaben.

5.5 Aufgaben zur Wiederholung und Vertiefung

Geschwindigkeit

Es ist möglich, dass ein Fahrradfahrer mit einer niedrigeren Durchschnittsgeschwindigkeit zu einem bestimmten Zeitpunkt eine höhere momentane Geschwindigkeit hat als ein anderer Fahrradfahrer, der eine höhere Durchschnittsgeschwindigkeit fährt. Zeichnen Sie ein Zeit-Weg-Diagramm für zwei Fahrradfahrer, auf das dies zutrifft.

Eigenschaften von Funktionen

Zeigen Sie mit Hilfe der Definitionen, dass Folgendes gilt:

1. $f(x) = x^3$ ist eine wachsende Funktion.
2. $f(x) = -7x$ ist eine fallende Funktion.

3. $f(x) = 3x$ ist eine additive Funktion.
4. $f(x) = x$ ist eine multiplikative Funktion.

Proportionale und antiproportionale Zuordnungen

Gegeben ist der Graph einer proportionalen Zuordnung.

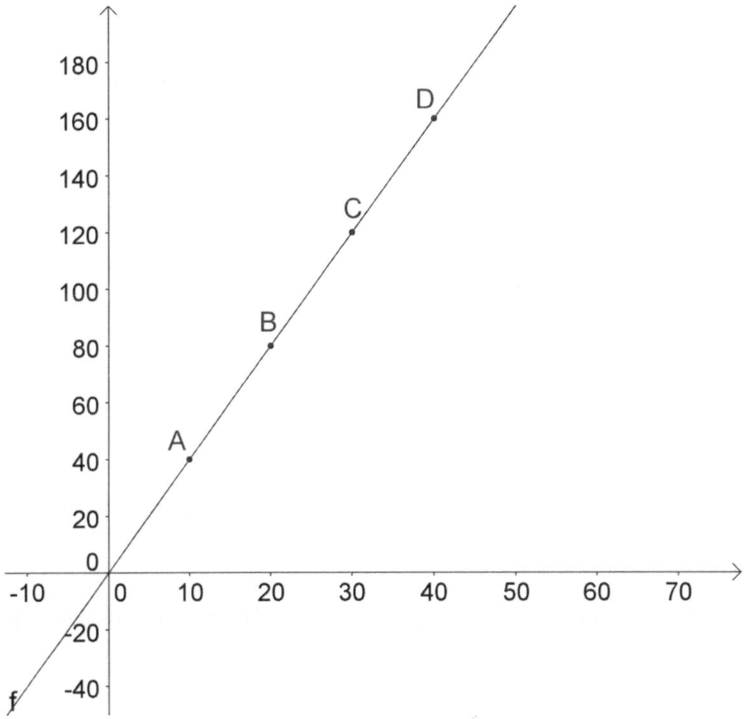

Abb. 5.75 Graph einer proportionalen Zuordnung

1. Erläutern Sie anschaulich mit Hilfe des Graphen die Eigenschaften Verhältnisgleichheit, Quotientengleichheit, Additivität und die Mittelwertseigenschaft.
2. Zeigen Sie mit Hilfe eines selbstgewählten Beispiels, dass die Additivität und die Mittelwertseigenschaft für antiproportionale Zuordnungen nicht gelten.

Wachstumsfunktionen

Das Hefewachstum kann alternativ durch eine Gleichung der Form

$$f(t + h) = f(t) + k \cdot (S - f(t)) \cdot f(t) \cdot h$$

beschrieben werden.

1. Stellen Sie Gemeinsamkeiten und Unterschiede zur Gleichung des exponentiellen Wachstums dar.
2. Stellen Sie Gemeinsamkeiten und Unterschiede zur Gleichung des beschränkten Wachstums dar.
3. Interpretieren Sie die Konstanten k und S im Sachzusammenhang des Hefewachstums.
4. Notieren Sie eine passende Differenzialgleichung zur kontinuierlichen Modellierung des Hefewachstums
5. Finden Sie mit Hilfe der bekannten Lösungsfunktion der Differenzialgleichung

$$f'(t) = c \cdot f(t) - d \cdot f(t)^2$$

eine Lösungsfunktion für die Gleichung aus 4. in Abhängigkeit von den Parametern k und S.

Allometrisches Wachstum

1. Recherchieren Sie den Begriff „allometrisches Wachstum".
2. Finden Sie ein Beispiel für einen Wachstumsprozess, der durch eine Potenzfunktion beschrieben werden kann, und stellen Sie die Annahmen für dieses Wachstumsmodell dar.
3. Berechnen Sie die „Verdoppelungszeit" im Fall des Wachstumsansatzes mit Potenzfunktionen.

6 Spezielle Aspekte des Sachrechnens

6.1 Schwierigkeiten und Lösungshilfen

6.1.1 Schwierigkeiten beim Unterrichten von Anwendungsbezügen

Anwendungsbezogene Aufgaben werden aus vielfältigen Gründen nicht so intensiv im Unterricht eingesetzt, wie das wünschenswert ist. Beispielsweise treten organisatorische, persönliche und materialbezogene Hindernisse auf.

Häufig benötigen Modellierungs- oder Sachaufgaben eine längere Bearbeitungszeit, als dies in einer Schulstunde möglich ist. Für derartige Aufgaben müssen unter Umständen eine umfangreiche Recherche oder Experimente durchgeführt werden. Hier ist projektartiges Arbeiten vorteilhaft, wenn es organisatorisch möglich ist. Ebenfalls ist es schwierig, entsprechend umfangreiche Aufgaben in Prüfungen zu verwenden. Dies hat wieder Rückwirkungen auf den tatsächlichen Einsatz im Unterricht und die Motivation der Schülerinnen und Schüler.

Die Verwendung von Aufgaben mit außermathematischen Kontexten stellt Schülerinnen und Schüler sowie Lehrerinnen und Lehrer vor neue Herausforderungen. Möglicherweise sind hier persönliche Vorbehalte gegen anspruchsvolle und zusätzliche Tätigkeiten (wie beispielsweise die Vereinfachung und Übersetzung in das mathematische Modell) im Mathematikunterricht vorhanden. Auch für die Lehrenden bedeutet anwendungsbezogener Mathematikunterricht mehr Vorbereitungsaufwand.

Für den Unterricht gibt es heutzutage vielfältige Materialien, um Realitätsbezüge einzubeziehen. Exemplarisch sei hier die Schriftenreihe der ISTRON-Gruppe (Schriftenreihe der ISTRON-Gruppe) genannt. Dennoch sind Sach- und Modellierungsaufgaben in viele Schulbücher noch nicht so integriert, dass auf weitere Materialien, die erst aufwändig gesucht werden müssen, verzichtet werden könnte (Blum, 1996, S. 31 f.).

Eine Möglichkeit besteht darin, passende Anwendungs- oder Modellierungsaufgaben und Projekte selbst zu erstellen. Hierzu gibt es vielfältige Ansätze wie beispielsweise das Öffnen (Dockhorn, 2000) oder Variieren (Schupp, 2000) von Schulbuchaufgaben und das Erstellen von eigenem Material (Greefrath, 2009).

Eine Schwierigkeit bei Aufgaben mit Sachkontext bzw. Modellierungsaufgaben ist die Frage der Beurteilung von Schülerarbeiten. Katja Maaß regt an, nicht nur die mathematische Bearbeitung, sondern auch den Modellierungsprozess in die Beurteilung mit einzubeziehen. Sie schlägt vor, die Bildung des Realmodells, die Interpretation der Lösung, die kritische Reflexion, die Dokumentation und die Art des Vorgehens zusätzlich zur mathematischen Bearbeitung in die Beurteilung einzubeziehen. Ein Beurteilungsschema könnte etwa wie folgt aussehen:

Tabelle 6.1 Bewertung von Modellierungsaufgaben (Maaß K. , 2007, S. 40)

Bereich	Aspekte	Anteil
Bildung des Realmodells	sinnvolle Annahmen angemessene Vereinfachung	20 %
mathematische Bearbeitung	Mathematisierung der Größen und Beziehungen mathematische Notation heuristische Strategien Korrektheit der Lösung	25 %
Interpretation der Lösung	Realitätsbezug der Interpretation Korrektheit der Interpretation	10 %
kritische Reflexion	Berücksichtigung aller Aspekte inhaltliche Tiefe Hinzunahme von Vergleichswerten	20 %
Dokumentation und Vorgehen	schrittweise Dokumentation globale Planung zielgerichtetes Vorgehen	25 %

6.1.2 Schwierigkeiten beim Bearbeiten von Modellierungsaufgaben

Auch die Schülerinnen und Schüler können im anwendungsorientieren Unterricht in vielen Fällen auf Schwierigkeiten stoßen. Insbesondere bei der Bearbeitung von Modellierungsaufgaben können an vielen Stellen Probleme auftreten, die hier am Modellierungskreislauf verdeutlicht werden sollen (s. Abb. 6.1).

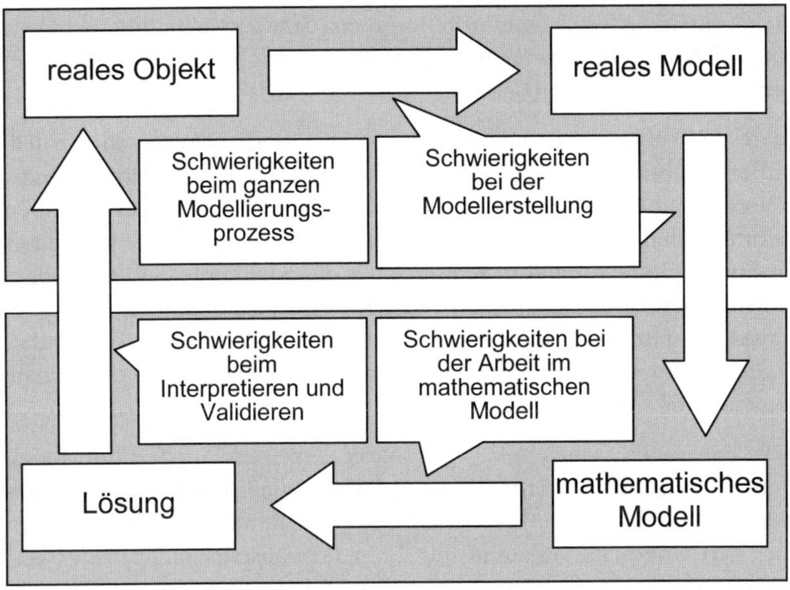

Abb. 6.1 Mögliche Schwierigkeiten bei Modellierungsaufgaben (vgl. Maaß K. , 2004, S. 160 f.)

In den beiden ersten Schritten des idealisierten Modellierungskreislaufs werden das Realmodell und das mathematische Modell aufgestellt. Hier kann es vorkommen, dass falsche Annahmen in das Modell eingehen oder die Realsituation unangemessen vereinfacht wird. Schülerinnen und Schülern fehlt häufig Stützpunktwissen, z. B. bezüglich Längen und Anzahlen. Außerdem werden Werte oft nicht kritisch hinterfragt, sondern einfach übernommen. Bei diesen Schwierigkeiten kommt dem Aufgabentext bzw. der Darstellung des Problems eine besondere Rolle zu. Durch eine klare Darstellung kann häufig das Verständnis des Problems positiv beeinflusst werden.

Beim Übertragen des Realmodells in das mathematische Modell können ebenfalls Probleme auftreten. Sie hängen unter anderem von den zur Verfügung stehenden mathematischen Modellen ab. Hier können beispielsweise falsche Symbole und Algorithmen ausgewählt werden oder Fehler in Formeln gemacht werden.

Auch bei der Arbeit im mathematischen Modell können Probleme auftreten. Gerade bei Modellierungsaufgaben finden Schülerinnen und Schüler aber häufig die Rechenfehler selbstständig, wenn dazu entsprechend Gelegenheit geboten wird.

Das Interpretieren und Validieren von Ergebnissen des mathematisches Modells wird häufig nicht ernst genug genommen. Schülerinnen und Schülern fehlen zum Teil Kontrollkompetenzen; speziell im Bereich von Plausibilitätsbetrachtungen.

Insbesondere die Validierung muss genauer in den Blick genommen werden. Maull und Berry haben am Beispiel der Abkühlung von Tee das Modellierungsverhalten von vier Schülergruppen untersucht. Dabei zeigten drei Gruppen einen experimentellen Zugang zu diesem Problem. Sie verwendeten allerdings wenig Zeit für die Betrachtung der Komplexität des Sachkontextes. Außerdem wurde der Modellierungskreislauf nicht vollständig durchlaufen, da keine Reflexion des Modells stattfand. Eine Gruppe verwendete unreflektiert ein mathematisches Modell für dieses Problem. In allen Fällen war auffällig, dass keine Validierung stattfand (Maull & Berry, 2001).

Während die genannten Schwierigkeiten konkret einzelnen Punkten im Modellierungskreislauf zugeordnet werden können, gibt es auch Fehler, die den ganzen Modellierungsprozess betreffen. So kann es vorkommen, dass Schülerinnen und Schüler den Überblick verlieren und ihren Lösungsplan nicht weiter verfolgen können oder keinen Bezug zur Mathematik herstellen, um das Problem weiter zu bearbeiten. Ebenfalls problematisch ist, wenn Schülerinnen und Schüler ihre Bearbeitung nicht darstellen können. Dann ist eine Beurteilung ihrer Leistungen kaum möglich (Maaß K. , 2004, S. 160 f.).

Es gibt unterschiedliche Möglichkeiten, diesen Schwierigkeiten von Schülerinnen und Schülern mit Modellierungsaufgaben zu begegnen. Einerseits gibt es Lösungspläne speziell für Modellierungsaufgaben (s. Abschnitt 6.2), und andererseits ermöglichen Aufgaben zu Teilkompetenzen des Modellierens (s. Abschnitt 4.4.2) gezielt den Umgang mit Schwierigkeiten an bestimmten Stellen im Modellierungskreislauf, wie beispielsweise dem Validieren. Des Weiteren kann das Bewusstmachen des Modellierungsprozesses durch entsprechende Kreislaufdarstellungen Fehlern, die den ganzen Modellierungskreislauf betreffen, vorbeugen.

6.1.3 Lösungshilfen beim Sachrechnen

Der Einsatz von anwendungsbezogenen Aufgaben kann nicht nur mit Schwierigkeiten verbunden sein, sondern ermöglicht auch, Lösungshilfen – wie oben schon angedeutet – speziell für anwendungsbezogene Aufgaben zu formulieren.

Man unterscheidet unterschiedliche Arten von Hilfen. So können Hilfen beispielsweise dazu dienen, Schülerinnen und Schüler zur Weiterarbeit zu motivieren, ihnen mitzuteilen ob ihre Lösungen oder ihre Strategie erfolgreich sind. Ebenso können inhaltliche Hinweise zur Lösung der Aufgabe gegeben werden.

VERSTEHEN DER AUFGABE

- *Was ist unbekannt? Was ist gegeben? Wie lautet die Bedingung?*
- Ist es möglich, die Bedingung zu befriedigen? Ist die Bedingung ausreichend, um die Unbekannte zu bestimmen? Oder ist sie unzureichend? Oder überbestimmt? Oder kontradiktorisch?
- Zeichne eine Figur! Führe eine passende Bezeichnung ein!
- Trenne die verschiedenen Teile der Bedingung! Kannst Du sie hinschreiben?

AUSDENKEN EINES PLANES

- Hast Du die Aufgabe schon früher gesehen? Oder hast Du dieselbe Aufgabe in einer wenig verschiedenen Form gesehen?
- *Kennst Du eine verwandte Aufgabe?* Kennst Du einen Lehrsatz, der förderlich sein könnte?
- *Betrachte die Unbekannte!* Und versuche, Dich auf eine Dir bekannte Aufgabe zu besinnen, die dieselbe oder eine ähnliche Unbekannte hat.
- *Hier ist eine Aufgabe, die der Deinen verwandt und schon gelöst ist. Kannst Du sie gebrauchen?* Kannst Du ihr Resultat verwenden? Kannst Du ihre Methode verwenden? Würdest Du irgend ein Hilfselement einführen, damit Du sie verwenden kannst?
- Kannst Du die Aufgabe anders ausdrücken? Kannst Du sie auf noch verschiedene Weise ausdrücken? Geh auf die Definition zurück!
- Wenn Du die vorliegende Aufgabe nicht lösen kannst, so versuche, zuerst eine verwandte Aufgabe zu lösen. Kannst Du Dir eine zugänglichere verwandte Aufgabe denken? Eine allgemeinere Aufgabe? Eine speziellere Aufgabe? Eine analoge Aufgabe? Kannst Du einen Teil der Aufgabe lösen? Behalte nur einen Teil der Bedingung bei und lasse den anderen fort; wie weit ist die Unbekannte dann bestimmt, wie kann ich sie verändern? Kannst Du etwas Förderliches aus den Daten ableiten? Kannst Du Dir andere Daten denken, die geeignet sind, die Unbekannte zu bestimmen? Kannst Du die Unbekannte ändern oder die Daten oder, wenn nötig, beide, so daß die neue Unbekannte und die neuen Daten einander näher sind?
- Hast Du alle Daten benutzt? Hast Du die ganze Bedingung benutzt? Hast Du alle wesentlichen Begriffe in Rechnung gezogen, die in der Aufgabe enthalten sind?

AUSFÜHREN DES PLANES

- Wenn Du Deinen Plan der Lösung durchführst, so *kontrolliere jeden Schritt.* Kannst Du deutlich sehen, daß der Schritt richtig ist? Kannst Du beweisen, daß er richtig ist?

RÜCKSCHAU

- Kannst Du das *Resultat kontrollieren?* Kannst Du den Beweis kontrollieren?
- Kannst Du das Resultat auf verschiedene Weise ableiten? Kannst Du es auf den ersten Blick sehen?
- Kannst Du das Resultat oder die Methode für irgend eine andere Aufgabe gebrauchen?

Abb. 6.2 Wie sucht man die Lösung? (Polya, 1949)

Es sind also folgende Kategorien von Hilfen zu unterscheiden:

- Motivationshilfen
- Rückmeldungshilfen
- allgemeine strategische Hilfen
- inhaltsorientierte strategische Hilfen
- inhaltliche Hilfen

Innerhalb jeder Kategorie kann man noch zwischen *direkten* und *indirekten* Hilfen unterscheiden. Bei direkten Hilfen wird speziell eine Schülerin oder ein Schüler, eine konkrete Stelle in der Aufgabenbearbeitung oder ein konkreter mathematischer Inhalt angesprochen. Bei indirekten Hilfen dagegen wird die ganze Klasse, die Aufgabenbearbeitung als Ganzes oder ein weniger konkreter mathematischer Inhalt angesprochen (Zech, 1998, S. 315 ff.).

Viele Lösungspläne in der Literatur sind sehr umfangreich. Beispielsweise füllt eine Handlungsorientierung zum Lösen von Sachaufgaben für die Sekundarstufe I ein ganze Buchseite (Zech, 1998, S. 339). Sie besteht aus 15 Punkten, die teilweise noch durch mehrere Fragen konkretisiert werden. Die Schwierigkeit bei derartigen umfangreichen Lösungsplänen ist, dass sie einerseits ein eher starres Schema für die Bearbeitung festlegen und andererseits kaum ohne Notizen von Schülerinnen und Schülern beherrscht werden können. In der Praxis scheinen sich eher kürzere Lösungspläne durchzusetzen, die aus etwa vier Schritten mit wenigen Unterpunkten bestehen und flexibel eingesetzt werden können.

Die im Folgenden aufgeführten Lösungspläne gehören in der Mehrzahl zu den indirekten allgemeinen strategischen Hilfen, da sie zwar auf allgemeine fachliche Problemlöse- und Modellierungsmethoden hinweisen, aber keine konkreten und auf den Inhalt der Aufgabe bezogenen Hilfestellungen geben.

Außerdem gibt es viele spezielle, also inhaltliche und inhaltsorientierte strategische Hilfen für bestimmte Gebiete des mathematischen Unterrichts. So findet man auch spezielle Hinweise zum Ermitteln des mathematischen Ansatzes, d. h. zum Entwickeln des mathematischen Modells. Hier spielen Heuristiken wie Vorwärts- und Rückwärtsarbeiten und inhaltliche Hinweise zum Aufstellen von Gleichungen eine zentrale Rolle (Zech, 1998, S. 341).

Ein sehr bekannter Lösungsplan für Problemlöseaufgaben stammt von Polya (s. Tabelle 6.2). Er hat sich Mitte des 20. Jahrhunderts mit Problemlöseprozessen in der Mathematik beschäftigt. Genauer ist der Lösungsplan von Polya auf der inneren Umschlagseite seines Buches. Dieser besteht aus weiteren detaillierten Fragen (s. Abb. 6.2).

Tabelle 6.2 Lösungsplan für Problemlöseaufgaben (Polya, 1949)

1	Verstehen der Aufgabe	Du musst die Aufgabe verstehen.	Was ist unbekannt? Was ist gegeben? Wie lautet die Bedingung? (...)
2	Ausdenken eines Plans	Suche den Zusammenhang zwischen den Daten und der Unbekannten. Du musst vielleicht Hilfsaufgaben betrachten (...) Du musst schließlich einen Plan der Lösung erhalten.	Hast Du dieselbe Aufgabe in einer wenig verschiedenen Form gesehen? Versuche zuerst eine verwandte Aufgabe zu lösen. Hast Du alle Daten benutzt? (...)
3	Ausführen des Plans	Führe Deinen Plan aus.	Wenn Du Deinen Plan der Lösung durchführst, so kontrolliere jeden Schritt. Kannst Du deutlich sehen, dass der Schritt richtig ist?
4	Rückschau	Prüfe die erhaltene Lösung.	Kannst Du das Resultat kontrollieren? Kannst Du das Resultat auf verschiedene Weise ableiten? Kannst Du die Methode für irgendeine andere Aufgabe gebrauchen?

Es gibt auch spezielle Lösungshilfen zu bestimmten Problemlöse-Strategien. Der Vorteil ist, dass diese Hilfen konkreter ausfallen können, da sie auf eine bestimmte Strategie fokussieren. Der Nachteil ist allerdings, dass sie nicht mehr in allen Fällen eingesetzt werden können, sondern nur dann, wenn die spezielle Strategie auch weiterhilft.

Zum Üben bestimmter Strategien kann dieses Vorgehen durchaus sinnvoll sein. Beispielsweise findet man für die Problemlöse-Strategie *Tabelle anlegen* folgende Lösungshilfen, die mit Hilfe eines Beispielproblems erklärt werden (s. Abb. 6.3).

Auch für Modellierungsaufgaben wurden Lösungspläne entwickelt. Blum verwendet im Rahmen des DISUM-Projekts einen Lösungsplan für die Schülerinnen und Schüler, der sich an einem vereinfachten Modellbildungskreislauf orientiert (s. Tabelle 6.3).

„Problem: Jedes Jahr zum Geburtstag bekommt Peter 50 € von seinen Großeltern. Er hat das Geld immer in seinem Zimmer aufbewahrt und bisher nichts davon ausgegeben. Heute ist sein 12. Geburtstag. Er möchte sein gesamtes Geld zur Bank bringen und ein Konto eröffnen, das jährlich 2,1% Zinsen einbringt. Wenn Peter sein Geburtstagsgeld weiterhin jedes Jahr einzahlt, wie viel Geld ist dann nach 3 Jahren auf seinem Konto?

Verstehen

1. Welche Informationen sind gegeben?

Planen

2. Kannst Du eine Tabelle anlegen, die Dir hilft, das Problem zu lösen?
3. Wenn ja, wie würde sie aussehen?

Lösen

4. Welche Rechenschritte führst Du beim Ausfüllen der Tabelle durch?
5. Wie viel Geld ist nach 3 Jahren auf Peters Konto?

Überdenken

6. Scheint Deine Antwort sinnvoll zu sein?" (Bolzen, 2007)

Abb. 6.3 Beispielaufgabe zur Problemlösestrategie *Tabelle anlegen*

Tabelle 6.3 Lösungsplan für Modellierungsaufgaben (Blum, 2006)

1	Aufgabe verstehen	Was ist gegeben, was ist gesucht?	Text genau lesen Situation genau vorstellen Skizze anfertigen
2	Modell erstellen	Welche mathematischen Beziehungen kann ich aufstellen?	evtl. Annahmen treffen, z. B. Gleichung aufstellen oder Dreieck einzeichnen
3	Mathematik benutzen	Wie kann ich die Aufgabe mathematisch lösen?	z. B. Gleichung ausrechnen oder Pythagoras anwenden mathematisches Ergebnis aufschreiben

4	Ergebnis erklären	Wie lautet mein Endergebnis? Ist es sinnvoll?	mathematisches Ergebnis runden und auf die Aufgaben beziehen – evtl. zurück zu 1 Antwort hinschreiben

Er umfasst vier Schritte, die *Aufgabe verstehen*, *Modell erstellen*, *Mathematik benutzen* und *Ergebnis erklären* genannt werden. Jeder Schritt wird für die Schülerinnen und Schüler mit einer Frage und einigen erklärenden Punkten erläutert.

Im Schritt 3 dieses Lösungsplans wird die Allgemeinheit der strategischen Hilfe zugunsten inhaltsorientierter Hinweise verlassen. Es handelt sich daher wegen des Hinweises *Gleichung ausrechnen oder Pythagoras anwenden* – zumindest bei Aufgaben, für die das relevant ist – um eine inhaltsorientierte strategische Hilfe.

Auch für die in Kapitel 5 diskutierten Optimierungsprobleme mit Funktionen kann man inhaltsorientierte strategische Hilfen angeben. Diese könnten etwa die folgenden Punkte beinhalten:

1. Notiere Ausgangsgrößen und gesuchte Größen und verwende geeignete Bezeichnungen.
2. Erstelle eine Skizze der gegebenen Situation.
3. Stelle mit Hilfe der Größen aus 1. eine Zielfunktion auf.
4. Formuliere geeignete Nebenbedingungen.
5. Verwende die Nebenbedingungen, sodass eine Zielfunktion in Abhängigkeit von nur einer Ausgangsgröße entsteht.
6. Bestimme mit Hilfe der Differenzialrechnung die Maxima bzw. Minima der Zielfunktion.
7. Überprüfe den Definitionsbereich und die Ränder des Definitionsbereichs.
8. Formuliere eine Antwort für das gegebene Problem.

Ähnliche Vorschläge findet man häufig auch in Schulbüchern für die Sekundarstufe II (s. Abb. 6.4). Hier ist die Inhaltsorientierung deutlich stärker als beim Lösungsplan für Modellierungsaufgaben aus Tabelle 6.3, da eine Verwendung für Probleme aus einem anderen Gebiet praktisch ausgeschlossen ist, während dies durch leichte Veränderungen am Lösungsplan für Modellierungsaufgaben möglich wäre.

Strategie für das Lösen von Extremwertproblemen:
1. Beschreiben der Größe, die extremal werden soll, durch einen Term. Dieser kann mehrere Variablen enthalten.
2. Aufsuchen von Nebenbedingungen.
3. Bestimmung der Zielfunktion.
4. Untersuchung der Zielfunktion auf Extremwerte und Formulierung des Ergebnisses.
Hier sind auch absolute Extremwerte und Randwerte zu untersuchen.

Abb. 6.4 Strategie für das Lösen von Extremwertproblemen im Schulbuch (Brandt & Reinelt, 2007, S. 93)

Die Schrittfolge zeigt, dass häufig sehr gleichartige Probleme in der Schule bearbeitet werden. So besteht die Gefahr, dass nicht mehr die Probleme selbst, sondern das Schema zur Lösung der Probleme in den Mittelpunkt gestellt wird.

Auch für Aufgaben zum Dreisatz kann man inhaltsbezogene strategische Hilfen angeben. Dies könnte etwa wie folgt aussehen (Herling, Kuhlmann, & Scheele, 2008, S. 28):

1. Überlege, ob für die Größen der Zusammenhang „je mehr – desto mehr" oder „je mehr – desto weniger" vorliegt.
2. Überlege im ersten Fall, ob auch dem Doppelten das Doppelte, dem Dreifachen das Dreifache, … oder im anderen Fall dem Doppelten die Hälfte, dem Dreifachen ein Drittel, … zugeordnet wird.
3. Ist die Zuordnung proportional bzw. antiproportional, dann verwende eine Tabelle zur Berechnung der gesuchten Größe.
4. Notiere einen Antwortsatz.

Dieses Schema setzt nicht nur proportionale und antiproportionale Zuordnungen voraus, sondern prüft im ersten und zweiten Schritt, ob es sich tatsächlich um Zuordnungen handelt, die mit der Dreisatztabelle bearbeitet werden können. Allerdings fehlen Alternativen für den Fall, dass sich andere Zusammenhänge herausstellen.

Eine wichtige Aufgabenklasse im Sachrechnen sind offene Aufgaben bzw. speziell Fermi-Aufgaben. Für diese Aufgaben haben Büchter und Leuders strategische Hilfen entwickelt, die auch auf andere Aufgabentypen übertragbar sind.

Für Schülerinnen und Schüler, die bei der Bearbeitung von Fermi-Aufgaben Schwierigkeiten haben, können die nachfolgend aufgeführten heuristischen Strategien eine Unterstützung sein.

- Suche zuerst alle Daten zusammen, die mit dem Problem zu tun haben.
- Welche Zahlen und Größen sind gesucht?

- Überlege, was Du aus den bekannten Daten berechnen kannst. (Vorwärtsrechnen)
- Überlege, was Du kennen musst, um eine gesuchte Größe berechnen zu können. (Rückwärtsrechnen)
- Schätze die Zahlen und Werte, die nicht bekannt sind.
- Frage beim Schätzen nach dem größten und dem kleinsten vernünftigen Wert.
- Überprüfe das Ergebnis dahingehend, ob es sinnvoll und logisch ist. Ist es vielleicht zu groß oder zu klein?
- Kontrolliere durch Verwenden größerer und kleinerer Werte.
- Überlege vor dem Rechnen, welche Auswirkung größere oder kleinere Werte auf das Ergebnis haben – wird es dann größer oder kleiner?

(Büchter & Leuders, 2005, S. 161). Diese Hilfen sind zunächst für Fermi-Aufgaben konzipiert, können aber auch für verwandte Aufgaben mit Schätz- oder Modellierungsanteilen verwendet werden. Im Prinzip handelt es sich um allgemeine strategische Hilfen, die allerdings sehr konkret gefasst sind.

6.2 Üben im Sachrechnen

Die Festigung von Kompetenzen ist nur durch entsprechendes Üben möglich. Dabei sind außer der Festigung von Routinen auch beispielsweise das Anwenden des Gelernten auf ähnliche Situationen und das Vernetzen Ziele des Übens (Wynands, 2006). Ebenso können durch Übungsphasen Selbstregulationskompetenzen, Selbstbewusstsein und Kreativität gefördert werden (Büchter & Leuders, 2005, S. 143).

Zum Üben eigenen sich im Prinzip alle vorgestellten Aufgabentypen; allerdings sollte auf eine gewisse Vielfalt Wert gelegt werden. Besonders interessant für Schülerinnen und Schüler sind Aufgabentypen, die auch in Diagnose- oder Leistungstests eine Rolle spielen. Fasst man das Lernen nach Winter (Winter, 1984) als *gelenkte Entdeckung* auf, so bedeutet dies für das Üben, dass es sich um die entsprechende Fortsetzung des entdeckenden Lernens handelt, die auch kreativ sein sollte. Winter formuliert für das Üben einige Prinzipien, von denen im Zusammenhang mit dem Sachrechnen besonders das *Prinzip des sachorientierten Übens* zu nennen ist. Das Ziel dieses Prinzips ist es, im Zusammenhang mit Übungen auch gleichzeitig das Wissen über die Umwelt zu erweitern. Weitere Prinzipien sind die des reflektierenden und operativen Übens. Sie besagen, dass beim Einüben einer Fähigkeit auch Reflexionen und vielfältige Variationen der Operationen ausgeführt werden sollten (Büchter & Leuders, 2005, S. 144 ff.).

Wichtig ist, dass sich durch wiederholte Übungsaufgaben gleichen Typs nicht ein automatisiertes Üben ohne Nachdenken entwickelt, bei dem Kontexte und Rechenverfahren nicht mehr hinterfragt werden. Diese Entwicklung wird im Rahmen des Sachrechnens besonders durch eingekleidete und einfache Textaufgaben begünstigt.

8 Gemüse- und Obstkonserven haben zylindrische Form.

Das Etikett umhüllt die Mantelfläche des Zylinders und überlappt zum Verkleben 1,3 cm. Wie groß ist die Fläche des Etiketts, wenn die Dose die Höhe *h* und den Radius *r* hat.

a) $h = 10{,}7$ cm; $r = 4{,}2$ cm
b) $h = 11{,}1$ cm; $r = 5$ cm
c) $h = 10{,}3$ cm; $r = 3{,}65$ cm
d) $h = 14$ cm; $r = 2{,}9$ cm

Abb. 6.5 Beispiel für eine Aufgabe mit wiederholten Übungen (Koullen, 1993)

Die abgebildete Aufgabe dient dazu, die Berechnung der Mantelfläche eines Zylinders am Beispiel einer Konservendose zu üben. Dabei wird berücksichtigt, dass das Etikett verklebt werden muss. Allerdings werden die Schülerinnen und Schüler ab der zweiten Teilaufgabe nicht mehr über den Kontext Dose nachdenken, sondern nur noch mechanisch den gleichen Algorithmus ausführen wie im ersten Aufgabenteil. Ein solches mechanisches Ausführen von Fertigkeiten kann zum einen die Schülerinnen und Schüler von Routinetätigkeiten entlasten und das Nachdenken über schwierige Probleme ermöglichen, kann aber auch beim Fehlen von anderen Fragen das Gegenteil bewirken (Leuders, 2006).

Es ist daher wünschenswert, dass Übungsaufgaben zum Sachrechnen auch Reflexionen und Entdeckungen ermöglichen. Als Möglichkeit solche Reflexionsanlässe bei herkömmlichen Aufgabensammlungen zu schaffen, schlägt Leuders vor, zusätzliche Fragen zu mehreren Aufgaben gleichzeitig zu stellen (Leuders, 2006). Einige Beispiele für diese Fragen sind:

- Stelle die Aufgaben zunächst in Gruppen zusammen. Welche Aufgaben sehen ähnlich aus?

- Suche die Aufgaben heraus, die Du bereits lösen kannst. Wieso sind sie einfacher?

Insgesamt können Schülerinnen und Schüler zu vielfältigen Tätigkeiten beim Üben mit herkömmlichen Aufgabensammlungen aufgefordert werden. Dazu zählen die begründete Auswahl einiger Aufgaben oder die Veränderung der Reihenfolge sowie die Bildung von Aufgabengruppen oder das Ergänzen durch eigene Beispiele. Ebenso sind die Reflexion der eigenen Vorgehensweise oder der eigenen Schwierigkeiten und die Kommunikation über Besonderheiten wichtige Beiträge zum sinnvollen Üben (Leuders, 2006).

Im Folgenden ist eine Liste von typischen Übungsaufgaben zu Zuordnungen aufgeführt (Aits, et al., 2006, S. 196). Mögliche reflektierende Fragen in diesem Zusammenhang sind etwa: *Fällt eine Aufgabe heraus? Warum?* Ebenso denkbar ist der Arbeitsauftrag *Denk dir eine Aufgabe aus, die man so nicht lösen kann! Begründe!* Auch sinnvoll ist das kritische Hinterfragen des erwarteten proportionalen Zusammenhangs. Beispielsweise könnte es nämlich Mengenrabatt oder Grundpreise geben.

Ein Heft kostet 0,56 €. Wie viel € kosten 8 Hefte?

Eine Tube Klebstoff kostet 1,53 €. Wie viel € kosten 3 Tuben?

Eine Packung Bleistifte kostet 2,53 €. Wie viel € kosten 3 Packungen?

Für 2 kg Äpfel zahlt Herr Brandt 3,60 €. Wie teuer sind 5 kg der gleichen Sorte?

Die beiden Batterien in einem Walkman reichen für eine Spielzeit von 7 Stunden. Wie lange reicht eine Viererpackung mit den entsprechenden Batterien?

Akkus sind umweltfreundlicher als Batterien, da man sie wieder aufladen kann. Eine Viererpackung Akkus kostet 9,90 €. Wie teuer sind 12 Akkus, die so abgepackt sind?

Ein Mieter muss für 20 m^3 Wasser einschließlich Nebenkosten 42,20 € bezahlen. Wie viel zahlt ein anderer Hausbewohner für 22 m^3 Wasser?

Für ein dreizeiliges Inserat in einer Werbezeitung werden 9 € berechnet. Was kostet ein Inserat für 5 (7, 9) Zeilen in dieser Zeitung?

Bei diesem Ausschnitt handelt es sich nur um einen Teil der auf dieser Seite (Aits, et al., 2006, S. 196) tatsächlich abgedruckten Aufgaben. Die hohe Anzahl kann sicherlich auch die Auswahl von geeigneten Aufgaben für den Unterricht ermöglichen, sie bietet aber die Gefahr des gedankenlosen Abarbeitens von Sachaufgaben.

6.3 Der Umgang mit der Ungenauigkeit

Felix Klein hat zwei Bereiche der Mathematik charakterisiert und diese beiden Bereiche *Präzisionsmathematik* und *Approximationsmathematik* genannt. Dabei hat er Wert darauf gelegt, dass diese beiden Gebiete als gleichberechtigte Gesichter der Mathematik gesehen werden (Blankenagel, 1985, S. 11). Speziell im Zusammenhang mit realitätsbezogenen Aufgaben spielt die Frage des Umgangs mit der Ungenauigkeit, also die Approximationsmathematik, eine große Rolle.

Überschlagen

Häufig ist es nicht wichtig oder sogar sinnlos, mit den ganz genauen Zahlen zu rechnen. Dann kann man das Ergebnis überschlagen – man rechnet dabei mit gerundeten Zahlen.

▻ Die Klasse 5 a hat als Klassenfahrt eine 5-tägige Radtour durchgeführt. Der Klassenlehrer hat den Eltern vor der Klassenfahrt mitgeteilt, dass sie ungefähr 160 km fahren werden.
Am Ende jedes Tages notiert Maike die Tageskilometer, die ihr Fahrradtacho angibt.

Tag	Montag	Dienstag	Mittwoch	Donnerstag	Freitag
Kilometer	22,9	28,1	37,8	41,3	30,7

Stimmt die Angabe des Klassenlehrers?

Abb. 6.6 Schulbuchbeispiel Überschlagen (Kliemann, Puscher, Segelken, Schmidt, & Vernay, 2006, S. 58)

In Schulbüchern findet man zum Umgang mit der Ungenauigkeit häufig zu Beginn der Sekundarstufe I Aufgabenbeispiele zum Runden, Überschlagen und Schätzen, die allerdings später oft nicht mehr aufgegriffen werden.

Es gibt außer innermathematischen Aspekten des Umgangs mit Daten, wie beispielsweise Runden, auch kontextbezogene Aspekte wie das Schätzen. Betrachtet man den Umgang mit Daten im Modellierungskreislauf, so kommt der Umgang mit der Ungenauigkeit in allen Schritten des Modellierungskreislaufs vor. Zum einen werden Daten im Bereich der Erstellung des Modells beschafft und zum anderen im Bereich der Arbeit im mathematischen Modell verarbeitet. Anschließend werden die Ergebnisse interpretiert und kontrolliert. In allen Bereichen gibt es unterschiedliche, typische Tätigkeiten beim Umgang mit der Ungenauigkeit.

Abb. 6.7 Schulbuchbeispiel zum Schätzen (Emde, Kliemann, Pelzer, Schäfer, & Schmidt, 1998, S. 88)

Die Beschaffung von Daten aus der Realität kann unterschiedlich realisiert werden. Sie kann beispielsweise durch *Schätzen* geschehen. Beim Schätzen findet – anders als beim Raten – ein gedanklicher Vergleich mit bekannten Größen statt. Diese bekannten Größen können, abhängig von sogenanntem Stützpunktwissen, beispielsweise der Inhalt einer Milchpackung oder die Breite einer Tür sein. Beim *Raten* dagegen werden die Werte ohne Anhaltspunkte gefunden. Legt man beim Schätzen zusätzlich ein mögliches Maximum und Minimum des Schätzwertes fest, so wird dies auch mit dem Begriff *Abschätzen* bezeichnet.

Auch durch *Messen* ist die Beschaffung von Daten möglich. Während beim Schätzen und Abschätzen ein gedanklicher Vergleich vorliegt, wird beim Messen mit Hilfe von Messinstrumenten ein direkter Vergleich mit einer festgelegten Einheit durchgeführt. Messungen sind in der Regel durch den Messprozess einer Ungenauigkeit unterworfen. Wenn beispielsweise ein Messbecher eine

Einteilung in der Einheit Milliliter besitzt, so wird der Wert beim Ablesen praktisch in dieser Größenordnung gerundet.

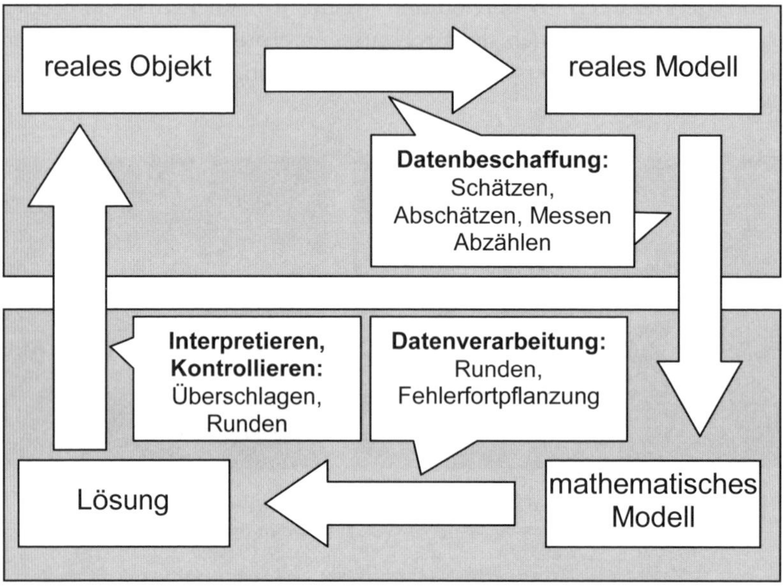

Abb. 6.8 Umgang mit der Ungenauigkeit im Modellierungskreislauf

Handelt es sich um eine Anzahl von Objekten, kann mit Hilfe von *Abzählen* ein Wert bestimmt werden. Dies kann ggf. unter Verwendung einer geschickten Systematik geschehen.

Auch bei der Datenverarbeitung muss man mit der Ungenauigkeit umgehen. Beim *Runden* wird mit Hilfe bestimmter Regeln ein Ergebnis ermittelt. Diese Regeln können einerseits vorher festgelegt sein (z. B. Aufrunden für die Ziffern 5, 6, 7, 8, 9; Abrunden für die Ziffern 1, 2, 3, 4) oder andererseits aus der realen Situation abgeleitet werden. So würde bei einer Aufgabe, in der die Anzahl der Taxis berechnet werden soll, die für 13 Personen benötigt werden, das Ergebnis in jedem Fall aufgerundet werden, da alle Personen befördert werden sollen. Allerdings ist die Rundung im Sachkontext nicht in allen Fällen eindeutig. Wird beispielsweise die Höhe eines Berges gerundet, muss man sich fragen, ob Messgenauigkeit und Schneehöhe eine Rundung auf Meter überhaupt sinnvoll erscheinen lassen. Hier kann man abhängig vom jeweiligen Kontext zu unterschiedlichen Einschätzungen kommen.

Beim Rechnen mit ungenauen Daten spielt die *Fehlerfortpflanzung*, also die Frage, wie sich die Ungenauigkeit durch die Rechenoperationen verändert, eine wichtige Rolle. In einfachen Fällen kann man die Fehlerfortpflanzung algebraisch, grafisch und numerisch veranschaulichen. Wir wollen im Folgenden die Addition und die Multiplikation von zwei fehlerbehafteten Größen betrachten.

Olympische Spiele 1972 in München

An den Olympischen Spielen 1972 in München wurden die Zeiten bei den Schwimmwettbewerben auf $\frac{1}{1000}$ Sekunde genau gemessen. Die beiden Spitzenschwimmer erreichten im Schwimm-Final (400 m Lagen im 50-m-Becken) folgende Zeiten:

Gold:	Gunnar Larson	4:31.981
Silber:	Alexander Mc Kee	4:31.983

1 A Wie viele Millimeter Vorsprung hatte Gunnar Larson auf Alexander Mc Kee?

B Eine Nachmessung der beiden Schwimmbahnen hat ergeben, dass die 50-m-Bahn von Alexander Mc Kee einen Millimeter länger war als die Bahn von Gunnar Larson. War die Rangliste gerecht? Begründe.

C Wie genau müsste das 50-m-Becken gebaut sein?

D Begründe, warum nach den Olympischen Spielen in München die Zeiten in den Schwimmwettbewerben wieder auf eine Hundertstelsekunde genau gemessen werden.

Abb. 6.9 Beispiel zur Messgenauigkeit von Zeiten (Affolter, et al., 2006, S. 32)

Algebraisch kann die Fehlerfortpflanzung für die Addition wie folgt gesehen werden: Werden zwei ungenau bekannte Größen, beispielsweise die Länge x und die Länge y, addiert, und gehen wir davon aus, dass die Länge x um höchstens Δl vom tatsächlichen Wert l abweicht sowie die Länge y um höchstens Δb von b, dann bewegt sich der Wert x der ersten Länge zwischen $l - \Delta l$ und $l + \Delta l$ und der Wert y der zweiten Länge zwischen $b - \Delta b$ und $b + \Delta b$. Es gelten also für die beiden Größen die Ungleichungen

$$l - \Delta l \leq x \leq l + \Delta l$$

und

$$b - \Delta b \leq y \leq b + \Delta b.$$

Δl ist der absolute Fehler der Länge l, und Δb ist der absolute Fehler der Länge b. Für die Summe $x + y$ der beiden Größen gilt dann die Ungleichung

$$(l - \Delta l) + (b - \Delta b) \leq x + y \leq (l + \Delta l) + (b + \Delta b)$$

bzw.

$$(l + b) - (\Delta l + \Delta b) \leq x + y \leq (l + b) + (\Delta l + \Delta b).$$

Die Summe weicht also höchstens um $\Delta l + \Delta b$ vom tatsächlichen Wert $l + b$ ab. Insgesamt kann festgehalten werden, dass sich im Fall der Addition die absoluten Fehler addieren. Für die Praxis kann man daraus die folgende Regel ableiten:

> Bei der Summe von Dezimalzahlen werden nur so viele Stellen nach dem Komma angegeben, wie der ungenaueste Summand aufweist (Blankenagel, 1994, S. 136).
>
> Beispiel: 13,1 m + 0,032 m ≈ 13,1 m

Bei Werten ohne Nachkommastellen kann die Regel sinngemäß für die Stellen vor dem Komma angewendet werden. Ein analoges Beispiel wäre etwa:

13 100 m + 32 m ≈ 13 100 m.

Dies gilt unter der Voraussetzung, dass der erste Summand tatsächlich nur bis zur Hunderter-Stelle genau angegeben werden kann.

Betrachtet man die Multiplikation von zwei Größen, dann kann der Fehler des Produkts wie folgt eingegrenzt werden.

$$(l - \Delta l) \cdot (b - \Delta b) \leq x \cdot y \leq (l + \Delta l) \cdot (b + \Delta b)$$

bzw.

$$l \cdot b - (l \cdot \Delta b + b \cdot \Delta l) + \Delta l \cdot \Delta b \leq x \cdot y \text{ und}$$

$$x \cdot y \leq l \cdot b + (l \cdot \Delta b + b \cdot \Delta l) + \Delta l \cdot \Delta b.$$

Wir gehen bei dieser Betrachtung davon aus, dass die absoluten Fehler klein gegenüber den Näherungswerten sind und damit auch das Produkt der beiden Fehler $\Delta l \cdot \Delta b$ vernachlässigt werden kann.

In diesem Fall ist es sinnvoll, die relativen Fehler zu betrachten. Der relative Fehler der Größe l ist $\Delta l/l$, und der relative Fehler der Größe b ist $\Delta b/b$. Der maximale relative Fehler des Produkts beträgt dann ungefähr

$$\frac{l \cdot \Delta b + b \cdot \Delta l}{l \cdot b} = \frac{\Delta b}{b} + \frac{\Delta l}{l}.$$

Der relative Fehler des Produkts entspricht somit ungefähr der Summe der beiden relativen Fehler. Bei Dezimalzahlen sind die relativen Fehler durch die Anzahl der zuverlässigen Ziffern bestimmt. Daraus kann man auch für die Multiplikation von Dezimalzahlen eine Regel ableiten:

In Produkten von Näherungswerten werden nur so viele Dezimalziffern angegeben, wie der ungenaueste Wert aufweist (Blankenagel, 1994, S. 137).

Beispiel: 13,1 m · 0,032 m ≈ 0,42 m^2

In dem Beispiel hat der erste Faktor drei und der zweite Faktor zwei zuverlässige Ziffern. Das Produkt wird dementsprechend auf zwei zuverlässige Ziffern gerundet. Entsprechende Aussagen über Fehler sind auch für die Subtraktion und die Division möglich (Blankenagel, 1994, S. 136 f.).

Für den Fall, dass es sich bei den Größen um Längen handelt, kann man die Fehlerfortpflanzung bei der Addition und der Multiplikation auch grafisch darstellen. Wir verwenden hier aus Gründen der Übersichtlichkeit nur die maximale Abweichung nach oben. Bei der Addition wird in der Abbildung deutlich, dass sich die absoluten Fehler addieren.

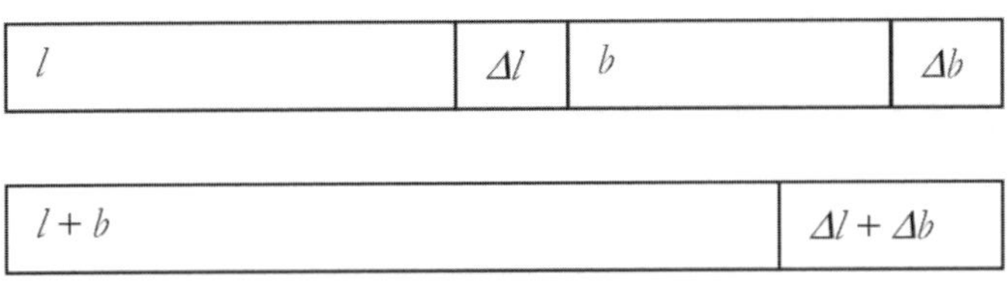

Abb. 6.10 Fehlerfortpflanzung bei der Addition

Bei der Multiplikation von Längen erhalten wir eine Fläche. Daher kann dieser Fall mit Hilfe eines Rechtecks veranschaulicht werden. Die Grafik – für den Fall der Abweichung nach oben – zeigt außer den Fehler-Rechtecken mit den Flächen $b \cdot \Delta l$ und $l \cdot \Delta b$, dass das Produkt $\Delta l \cdot \Delta b$ hier tatsächlich vernachlässigt werden kann.

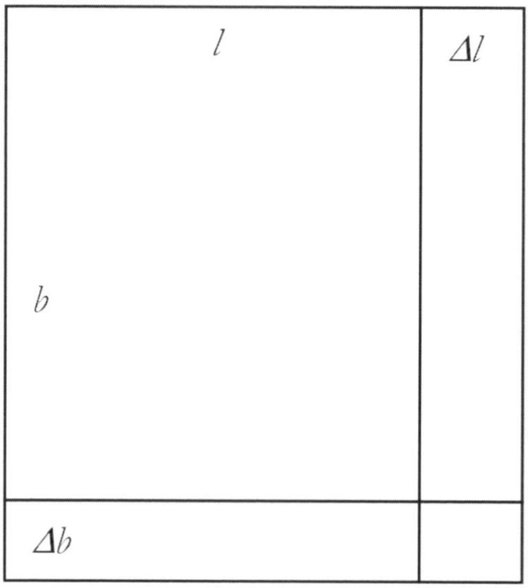

Abb. 6.11 Fehlerfortpflanzung bei der Multiplikation

Die Summe der Flächen der beiden äußeren Rechtecke entspricht ungefähr dem maximalen Fehler im Fall der Multiplikation.

Numerisch kann man Fehler mit Hilfe der *Doppelrechnung* bearbeiten (Blankenagel, 1985, S. 56 ff.). Wir betrachten dazu als Beispiel die Längen $l = 100$ cm mit $\Delta l = 5$ cm und $b = 50$ cm mit $\Delta b = 3$ cm. Dann gilt für die Addition:

$$142 \text{ cm} \leq x + y \leq 158 \text{ cm}.$$

Im Fall der Multiplikation gilt:

$$4465 \text{ cm}^2 \leq x \cdot y \leq 5565 \text{ cm}^2.$$

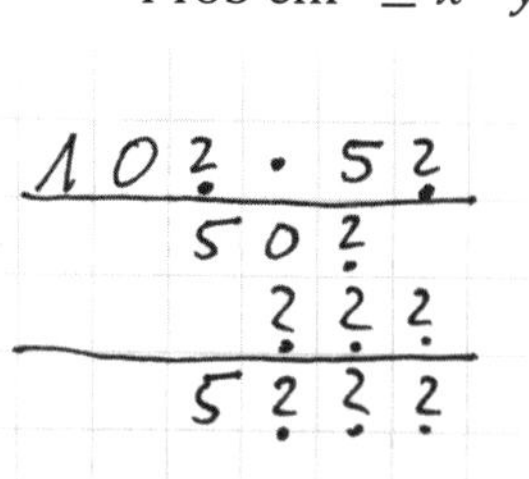

Abb. 6.12 Fragezeichenrechnung

Etwas einfacher für Schülerinnen und Schüler ist die sogenannte *Fragezeichenrechnung*. Dabei werden die mit Fehlern behafteten Ziffern durch Fragezeichen ersetzt. Dann wird die Rechnung schriftlich durchgeführt. Die Fragezeichen im Ergebnis signalisieren, an welcher Stelle etwa das Ergebnis ungenau ist (s. Abb. 6.12).

Nach diesem Ausblick auf die Fehlerfortpflanzung kommen wir noch einmal auf die Tätigkeiten mit ungenauen Werten im Modellbildungskreislauf zurück.

Hat man nun ein Ergebnis erhalten, so muss dies noch interpretiert und kontrolliert werden. Hierzu muss das Ergebnis sinnvoll gerundet werden. Dies betrifft wiederum das Runden im Sachkontext. Zum Zweiten ist durch *Überschlagen*, also vereinfachtes Rechnen mit gerundeten Daten, eine Kontrolle des Ergebnisses möglich.

Alle diese Tätigkeiten im Umgang mit ungenauen Werten können in der Sekundarstufe an vielen Stellen erarbeitet werden. Die folgende Tabelle zeigt einen Vorschlag für eine Reihenfolge der entsprechenden Inhalte und eine Verteilung auf die Sekundarstufen.

Tabelle 6.4 Umgang mit der Ungenauigkeit im Unterricht der Sekundarstufen (Greefrath & Leuders, 2009, S. 4)

Inhalt	Voraussetzung
zweckabhängiges und sinnvolles Runden in Sachzusammenhängen	Größen mit Dezimalkomma
Genauigkeit der Addition im Stellenwertsystem, Genauigkeit der Multiplikation mit grafischer Darstellung	Dezimalzahlen, Flächeninhalt
schriftliche Division mit sachbezogenem Runden, reflektierter Umgang mit Taschenrechnerzahlen, Doppelrechnung mit Zahlen	periodische Dezimalzahlen
Doppelrechnung mit Variablen, Fehlerfortpflanzung bei der Multiplikation und in anderen funktionalen Zusammenhängen	reelle Zahlen, Approximation, Intervallschachtelung, Variablen
Approximation von Funktionen	Ableitung, Potenzreihen

Die Approximation von Funktionen ist erst in der Sekundarstufe II vorgesehen. Die anderen Inhalte können bereits in der Sekundarstufe I bearbeitet werden (Greefrath & Leuders, 2009).

6.4 Computereinsatz im Sachrechnen

Das Sachrechnen hat sich nicht zuletzt durch die Existenz von Computern mit entsprechenden digitalen Werkzeugen in den letzten Jahren verändert. Der Schwerpunkt hat sich stärker in Richtung von anwendungsbezogenen Aufgaben und Modellierungsproblemen verschoben.

Hier kann der Computer oder ein entsprechend ausgestatteter grafikfähiger Taschenrechner ein sinnvolles Werkzeug zur Unterstützung von Lehrenden und Lernenden sein. Im Folgenden wird ein Überblick über unterschiedliche Einsatzmöglichkeiten von Computern im Sachrechnen gegeben.

Computer können im Unterricht unterschiedlichste Aufgaben übernehmen. Eine dieser Aufgaben ist das *Experimentieren*. Die folgende Aufgabe regt beispielsweise dazu an, den Computer als Experimentierwerkzeug zu verwenden.

Hunde-Problem

Tim Pennings beobachtete bei einem Strandspaziergang mit seinem Hund ein seltsames Phänomen. Mehrmals warf er einen Ball ins Wasser, sodass Elvis diesen zurückholen musste. Elvis sprintete jedoch nicht direkt ins Wasser, sondern lief ein Stück am Meer entlang, bevor er ins Wasser tauchte. Sucht Erklärungen! (Hußmann & Leuders, 2007)

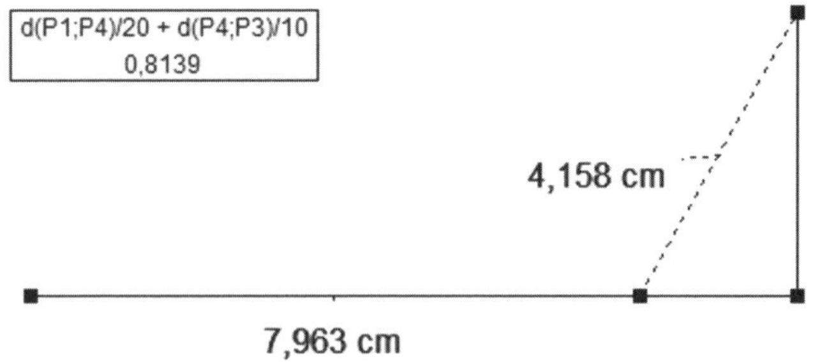

Abb. 6.13 DGS-Modell des Hunde-Problems

Diese Aufgabe kann auf unterschiedliche Weise mit dem Computer bearbeitet werden. Beispielsweise kann man mit Hilfe einer dynamischen Geometriesoftware (DGS) die Situation in ein Modell übertragen und darin experimentieren.

Mit Hilfe dieses DGS-Modells (s. Abb. 6.13) können Schülerinnen und Schüler experimentell die Stelle finden, an der der Hund optimalerweise ins Wasser springen sollte. Es ist bei diesem Problem ebenso möglich, mit Hilfe einer Tabellenkalkulation (TK) zu arbeiten und dieses Problem mit einem numerischen Modell zu bearbeiten (s. Abb. 6.14).

Eine sehr ähnliche Tätigkeit wie das Experimentieren ist das *Simulieren* von Realsituationen mit dem Computer. Dabei werden Experimente an einem Modell durchgeführt, wenn die Realsituation zu komplex ist. Während das oben beschriebene Hunde-Problem gerade noch in der Realität ausprobiert werden kann, so wären beispielsweise Voraussagen über die Population einer bestimmten Tierart bei unterschiedlichen Umweltbedingungen nur mit Hilfe einer Simulation möglich.

Nach Experiment oder Simulation kann über mathematische Begründungen für die gewonnene Lösung nachgedacht werden. Auch dazu ist ein Computeralgebrasystem ein geeignetes Hilfsmittel (Henn, 2004).

	A	B	C	D	E	F
1	x	Landweg	Wasserweg	Landzeit	Wasserzeit	Gesamtzeit
2	0,0	10,0	3,6	0,50	0,36	0,86
3	0,1	9,9	3,6	0,50	0,36	0,86
4	0,2	9,8	3,6	0,49	0,36	0,85
15	1,3	8,7	3,9	0,44	0,39	0,82
16	1,4	8,6	3,9	0,43	0,39	0,82
17	1,5	8,5	3,9	0,43	0,39	0,82
18	1,6	8,4	4,0	0,42	0,40	0,82
19	1,7	8,3	4,0	0,42	0,40	0,82
20	1,8	8,2	4,0	0,41	0,40	0,81
21	1,9	8,1	4,1	0,41	0,41	0,81
22	2,0	8,0	4,1	0,40	0,41	0,81
23	2,1	7,9	4,2	0,40	0,42	0,81
24	2,2	7,8	4,2	0,39	0,42	0,81
25	2,3	7,7	4,3	0,39	0,43	0,81
26	2,4	7,6	4,3	0,38	0,43	0,81
27	2,5	7,5	4,4	0,38	0,44	0,82
28	2,6	7,4	4,5	0,37	0,45	0,82
29	2,7	7,3	4,5	0,37	0,45	0,82
30						

Abb. 6.14 TK-Modell des Hunde-Problems

Computer können außerdem die Aufgabe des *Visualisierens* im Unterricht übernehmen. Beispielsweise können gegebene Daten mit Hilfe einer Computeralgebra- oder einer Statistikanwendung in einem Koordinatensystem dargestellt werden (s. Abb. 6.15 u. Abb. 6.16).

Eine Datei wird in 38 Sekunden aus dem Internet auf dem eigenen Computer gespeichert. Dabei wird zu einigen Zeitpunkten die Übertragungsrate notiert (siehe Abbildungen und Tabelle).

Download nach 5,3 Sek.

Download nach 18,4 Sek.

Zeit in Sek.	0	5,3	10,9	18,4	32,1	38
Übertragungsrate in KB/Sek.	17,6	17,6	11,2	9,62	9,62	11,2

Abb. 6.15 Aufgabenbeispiel Download

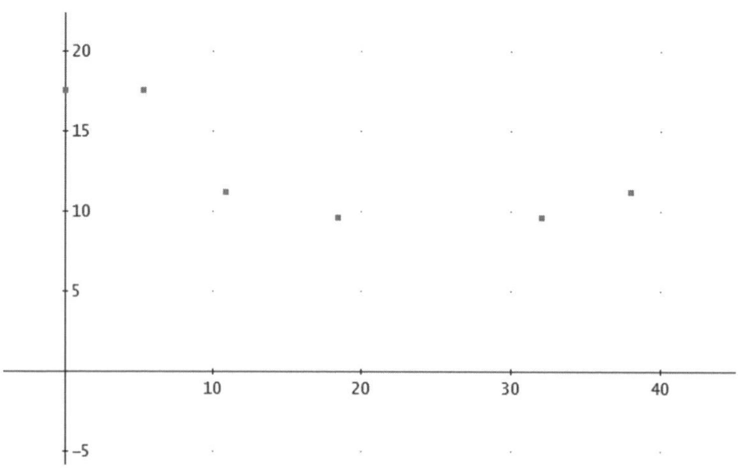

Abb. 6.16 Visualisierung der Daten zur Download-Aufgabe

Eine verbreitete Verwendung von Computeralgebrasystemen ist die *Berechnung* von numerischen oder algebraischen Ergebnissen, die Schülerinnen und Schüler ohne Computer nicht oder nicht in angemessener Zeit erhalten können. Ein Beispiel ist die Berechnung von optimalen komplexen Verpackungsproblemen wie etwa einer Milchverpackung (Böer, 1993). Wird dieses Problem mit Hilfe von Funktionsgleichungen und der Differenzialrechnung bearbeitet, so kommt man leicht auf gebrochen-rationale Funktionen, bei denen die Nullstellen der ersten Ableitung mit Methoden der Schulmathematik nicht mehr zu bestimmen sind. Ein Beispiel für eine solche Berechnung ist in der folgenden Abbildung zu sehen (s. Abb. 6.17).

Algebra 2

#1: $$\frac{44 \cdot b}{5} - \frac{3820}{b^2} - \frac{2865}{b^3} + \frac{169}{20} = 0$$

#2: $$\mathrm{APPROX}\left(\mathrm{SOLVE}\left(\frac{44 \cdot b}{5} - \frac{3820}{b^2} - \frac{2865}{b^3} + \frac{169}{20} = 0,\ b,\ \mathrm{Real}\right)\right)$$

#3: $$b = -0.7502042796 \vee b = 7.508524164$$

Abb. 6.17 Rechnen mit komplexen Termen

In den Bereich der Berechnungen mit dem Computer gehört auch das Finden von algebraischen Darstellungen aus gegebenen Informationen. Wenn beispielsweise eine Funktionsgleichung aus vorhandenen Daten ermittelt wird, wird der Computer ebenfalls als Rechenwerkzeug verwendet. Dieses sogenannte *Algebraisieren* ist dadurch charakterisiert, dass reale Daten in den Computer eingegeben werden und der Rechner eine algebraische Darstellung liefert.

> Bei einem Flug mit einem Ballon liegt der Start in der Höhe 0 m, die Landung erfolgt 2 Stunden später auf einer Anhöhe, die 40 m höher als der Start liegt. 40 min befindet sich der Ballon im Steigflug, danach sinkt er etwas, um nach 1,5 Stunden die maximale Höhe 2000 m zu erreichen. Bestimme eine [...] Funktion, die die Flughöhe in Abhängigkeit von der Flugdauer beschreibt. [...] (Freudigmann, et al., 2000)

Abb. 6.18 Schulbuchaufgabe zur Funktionsbestimmung

Das *Kontrollieren* ist ebenfalls eine sinnvolle Funktion des Computers bei Lernprozessen im Sachrechnen. So können Computer etwa bei der Bestimmung von Funktionen zu gegebenen Eigenschaften auf unterschiedliche Weise Kontrollprozesse unterstützen. Wird beispielsweise eine Funktionsgleichung mit bestimmten Bedingungen gesucht (s. Abb. 6.18), so kann das entsprechende Ergebnis – unabhängig davon, ob es mit oder ohne Computer bestimmt worden ist – sowohl durch algebraisches Nachvollziehen der Rechnungen mit Hilfe eines Computeralgebrasystems als auch durch grafische oder numerische Verfahren kontrolliert werden (s. Abb. 6.19 u. Abb. 6.20).

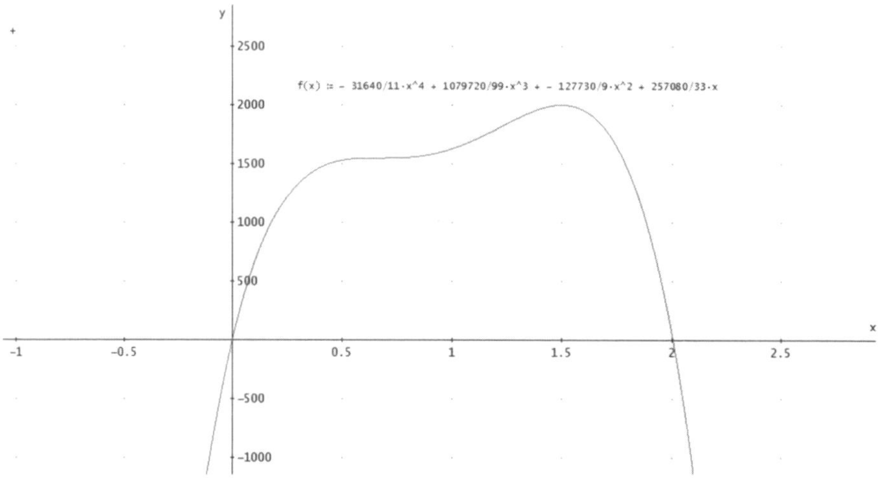

Abb. 6.19 Kontrolle mit Hilfe des Graphen

Verwendet man im Mathematikunterricht nicht nur grafikfähige Taschenrechner, sondern Computer mit Internetanschluss, so können diese auch zum *Recherchieren* von Informationen, beispielsweise im Zusammenhang mit Anwendungskontexten, verwendet werden.

Computer können im Mathematikunterricht wichtige und vielfältige Aufgaben übernehmen. Allerdings ersetzen sie nicht das Verstehen der mathematischen Ideen. Ein wichtiges Konzept im Mathematikunterricht der Oberstufe ist beispielsweise der Grenzwert. Der Grenzwertprozess ist einerseits bei der Einführung der Ableitung und andererseits bei der Einführung des Integrals die zentrale Idee.

Denkt man an die Einführung der Ableitung am Beispiel der Steigung einer Tangente in einem Punkt eines Funktionsgraphen, so können Computer zwar numerisch vor dem Grenzwertprozess in nahezu beliebiger Genauigkeit die entsprechenden Werte von Sekanten in der Nähe dieses Punktes berechnen und auf der anderen Seite nach Durchführung des Grenzwertprozesses algebraisch auch Grenzwert und Ableitung ermitteln. Die Idee des Grenzwertes selbst muss aber von den Schülerinnen und Schülern – auch ohne Computer – verstanden werden.

$$f(x) := -\frac{31640}{11}\cdot x^4 + \frac{1079720}{99}\cdot x^3 + -\frac{127730}{9}\cdot x^2 + \frac{257080}{33}\cdot x$$

$f(0)$

$$0$$

$f(2)$

$$40$$

$f'\left(\frac{2}{3}\right)$

$$0$$

$f'(1.5)$

$$0$$

$f(1.5)$

$$2000$$

Abb. 6.20 Numerische Kontrolle des Funktionsterms mit einem Computerprogramm

Mit Computern kann allerdings dieses Verständnis unterstützt werden, da sie durch das Experimentieren, Visualisieren und Berechnen von Beispielen Hilfestellungen geben können. Hier ist sicherlich eine Erkundungsphase mit dem Computer eine wichtige Hilfe für ein tiefgreifendes Verständnis dieses zentralen Konzepts. Dennoch bedarf es eines gedanklichen – quasi computerfreien – Schritts von einer Sekante mit sehr nahe beieinanderliegenden Punkten zu einer Tangente. Dieser gedankliche Schritt kann aber durch den Einsatz von Computern erleichtert und besonders durch experimentellen und visualisierenden Einsatz verkleinert werden.

Computereinsatz und Modellieren

Die unterschiedlichen Funktionen des Rechners im Mathematikunterricht kommen bei anwendungsbezogenen Aufgaben an unterschiedlichen Stellen im Modellbildungskreislauf zum Tragen. So sind Kontrollprozesse in der Regel im letzten Schritt des Modellbildungskreislaufs anzusiedeln. Die Berechnungen finden mit Hilfe des erstellen mathematischen Modells statt, das beispielsweise in der Analysis in der Regel eine Funktion ist.

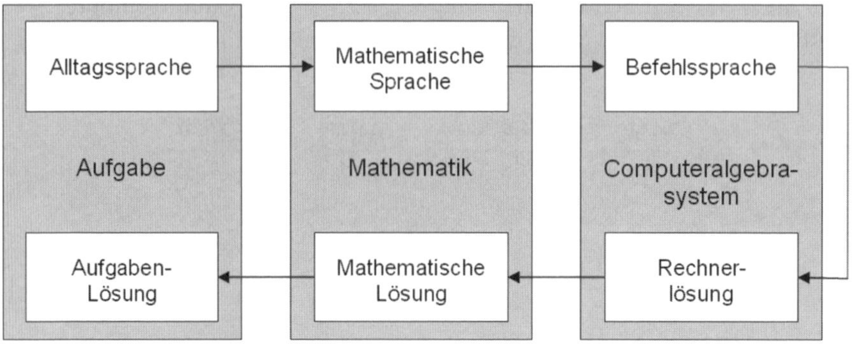

Abb. 6.21 Integration des Computers in den Modellierungskreislauf

Die Bearbeitung realitätsnaher Aufgaben mit einem Computeralgebrasystem erfordert zwei Übersetzungsprozesse. Zunächst muss der Aufgabentext verstanden und in die Sprache der Mathematik übersetzt werden. Der Computeralgebrasystem-Rechner kann jedoch erst angewendet werden, wenn die mathematischen Ausdrücke in die Sprache des Rechners übersetzt worden sind. Die Ergebnisse des Rechners müssen dann wieder in die Sprache der Mathematik zurücktransformiert werden. Schließlich kann dann die Aufgabe gelöst werden, wenn die mathematischen Ergebnisse auf diese reale Situation bezogen werden. Dieser weitere Schritt im Modellierungskreislauf kann zu unterschiedlichen Schwierigkeiten führen. So muss beispielsweise in Prüfungen darauf geachtet werden, dass die verwendeten Computeralgebrasysteme auch vergleichbare Funktionalitäten besitzen und die Handhabung sowie die Rechenzeit für bestimmte Probleme nicht zu Vorteilen führen können. Auch die durch den Einsatz von Computeralgebrasystemen bedingte größere Lösungsvielfalt von Aufgaben muss sowohl im Unterricht als auch in Prüfungen berücksichtigt werden.

6.5 Aufgaben zur Wiederholung und Vertiefung

Ungenauigkeit

1. Vergleichen Sie das „Schätzen" und das „Runden" miteinander.
2. Geben Sie Aufgaben aus dem Mathematikunterricht an, in denen das Schätzen oder das Runden enthalten ist.
3. Erklären Sie, inwieweit eine Auseinandersetzung mit ungenauen bzw. fehlerbehafteten Werten für Schülerinnen und Schüler wichtig ist.

Fehlerrechnung

Gegeben ist ein Tisch mit Länge a und Breite b. Die gemessenen Werte weichen um Δa bzw. Δb von den tatsächlichen Werten ab. Rechnet man mit diesen gemessenen Werten den Flächeninhalt aus, so weicht der errechnete Flächeninhalt um ΔA von dem tatsächlichen Flächeninhalt A ab.

1. Begründen Sie, wieso bei einer Messung Fehler entstehen können.
2. Zeigen Sie, wie sich die Fehler Δa und Δb auf den absoluten Fehler ΔA auswirken.
3. Bestimmen Sie den relativen Fehler für die obige Tischplatte.
4. Welcher Vorteil besteht darin, nicht den absoluten Fehler, sondern den relativen Fehler einer Messung zu betrachten?
5. Der Tisch sei nun 126,8 cm lang und 97,5 cm breit. Gemessen wird für die Länge 125 cm und für die Breite 95 cm. Bestimmen Sie den absoluten und den relativen Fehler, die bei der Berechnung der Tischfläche entstehen.
6. Berechnen Sie den relativen und den absoluten Fehler für die Geschwindigkeit eines Schwimmers, der für eine 400 m-Strecke (gemessen mit einer Genauigkeit von einem Zentimeter) die Zeit 4:52,34 (gemessen mit einer Genauigkeit von einer Hundertstel Sekunde) benötigt. Vergleichen Sie die relativen Fehler vom Ergebnis und den gegebenen Werten, und formulieren Sie eine Regel für die Division von ungenau gegebenen Werten.

A Anhang

A.1 Beispielklausur

Aufgabe 1

> Der Colonius in Köln wurde im Jahr 1981 erbaut und galt zu dieser Zeit als eines der technisch modernsten Gebäude weltweit. 1992 wurde die Spitze des Turmes aus Modernisierungsgründen um eine 14m lange rot-weiße Antenne verlängert. Wie viele Treppenstufen hätte eine Treppe, die bis in die Spitze des Turmes führt?

1. Bestimmen Sie eine mögliche Lösung der Aufgabe. Erklären Sie ihre Arbeitsschritte!
2. Diskutieren Sie auf der Basis der bekannten Eigenschaften von Aufgabentypen, weshalb diese Sachaufgabe Schülerinnen und Schüler ansprechen könnte.
3. Stellen Sie einen idealisierten Lösungsprozess dieser Aufgabe mit dem Modellierungskreislauf von Blum dar. Erklären Sie, weshalb man von *idealisiert* spricht.
4. Worin unterscheiden sich die Modellierungskreisläufe von Blum und Borromeo Ferri?
5. Kann die *Colonius-Aufgabe* als Schätzaufgabe eingestuft werden? Falls ja, um welche Art von Schätzaufgabe handelt es sich?

Aufgabe 2

1. Nennen und erklären Sie die von Heinrich Winter eingeführten Funktionen des Sachrechnens.
2. Welche dieser Funktionen steht bei der Colonius-Aufgabe (siehe Aufgabe 1) im Vordergrund?
3. Gegeben sind die unten abgedruckten Sachaufgaben. Ordnen Sie die Aufgaben den klassischen Aufgabentypen *eingekleidete Aufgabe*, *Textaufgabe* oder *Sachproblem* zu.

> (1) Peter möchte sich einen DVD-Rekorder für 255 € kaufen. 189 € hat er schon gespart.
>
> (2) Das Ehepaar Klein und ihr 11-jähriger Sohn wollen im August am Meer Urlaub machen. Mehr als 1500 € stehen nicht zur Verfügung.
>
> (3) Bei Erdarbeiten für den Straßenbau benötigen 6 Bagger 12 Tage. Nach 3 Tagen fallen 2 Bagger aus. Um wie viele Tage verzögern sich die Erdarbeiten?

(4) Klaus will sich ein Mofa kaufen. Für ihn kommen nur noch eine *Honda Silver* oder eine *Zündapp 2000* in Frage. Bei seiner Entscheidung will er neben den Anschaffungskosten auch die laufenden Kosten in Betracht ziehen.

Aufgabe 3

1. Skizzieren Sie die Stufen im didaktischen Stufenmodell zur Behandlung von Längen.
2. Ordnen Sie die folgende Aufgabe in das Stufenmodell von Aufgabenteil 1. ein.

Hüpfwettbewerb

Bastelt Faltfrösche aus Papier. Lasst dann eure Frösche von einer Startlinie aus hüpfen und messt die Strecken. Vergleicht anschließend.

Abb. A.1 Aufgabenbeispiel (Fuchs, Hissnauer, Käpnick, Peterßen, & von Witzleben, 2004)

Aufgabe 4

- „Ein tropfender Wasserhahn kann pro Tag bis zu 100 Liter Wasser verschwenden" – kann das stimmen?

Ob Regen oder Trockenheit – Wasser sparen ist das ganze Jahr über sinnvoll

Angesichts der letzen Regenfälle denken viele, wir könnten wieder zum alltäglichen Wasserverbrauch übergehen. Aber egal, wie das Wetter ist, es ist immer sinnvoll unseren Umgang mit der wertvollen Ressource Wasser zu ändern. „Wasser ist eine begrenzten Ressource und wir haben nur eine gewisse Menge davon auf der Erde," erklärt Kim Henken von der University of Kentucky. „Außerdem ist es teuer, Wasser zu reinigen und zu verteilen, also ist es auch schon finanziell sinnvoll, Wasser zu sparen" *Von Haven Miller*

LEXINGTON (13.07.2000)

Ein tropfender Wasserhahn kann pro Tag bis zu 100 Liter Wasser verschwenden!

Abb. A.2 Aufgabenbeispiel (Büchter, Herget, Leuders, & Müller, 2006)

1. Erklären Sie den Begriff Fermi-Aufgabe.
2. Zur eindeutigen Klassifizierung von Sachaufgaben wird vorgeschlagen, sie wie folgt einzuteilen: *Modellierungsaufgabe, Problemlöseaufgabe, Fermi-Aufgabe, Schätzaufgabe.* Beurteilen Sie am Beispiel der obigen Aufgabe, ob sich Sachaufgaben auf diese Weise sinnvoll klassifizieren lassen.
3. Geben Sie zwei Kategoriensysteme für Sachaufgaben mit ihren jeweiligen Ausprägungen an.
4. Das Modellieren wird in den Lehrplänen des Landes Nordrhein-Westfalen durch die drei Teilkompetenzen *Mathematisieren, Realisieren* und *Validieren* ausgewiesen. Erklären Sie die drei Kompetenzen mit Hilfe der obigen Beispielaufgabe.
5. Geben Sie zwei weitere Teilkompetenzen an, die durch das Modellieren gefördert werden, und erklären Sie diese an geeigneten Beispielen.

Aufgabe 5

Die Firma *Leipzig* ist bekannt für ihre Raufasertapeten. Auf der Verpackung ist angegeben, dass eine Rolle 60 cm breit und ca. 10,50 m lang ist. Das bedeutet: Die Länge der Rolle schwankt zwischen 10,45 m und 10,55 m.

1. Schätzen Sie den absoluten Fehler der Tapetenfläche auf einer Rolle mit Hilfe einer Doppelrechnung und mit Hilfe einer Fragezeichenrechnung.
2. Bestimmen Sie allgemein den relativen Fehler der Tapetenfläche auf einer Rolle mit fester Breite und fehlerbehafteter Länge.

Aufgabe 6

1. Geben Sie zwei Definitionen von *Sachrechnen* an, und begründen Sie, welcher Definition Sie sich anschließen würden.

Wilhelm von Humboldt schrieb in seinen *Ideen zu einem Versuch, die Gränzen der Wirksamkeit des Staates zu bestimmen*: „Der wahre Zweck des Menschen [. . .] ist die höchste und proportionirlichste Bildung seiner Kräfte zu einem Ganzen. Zu dieser Bildung ist Freiheit die erste und unerläßliche Bedingung. Allein außer der Freiheit erfordert die Entwicklung der menschlichen Kräfte noch etwas andres, obgleich mit der Freiheit eng verbundenes, Mannigfaltigkeit der Situationen."

2. Beurteilen Sie, ob Humboldt ein Befürworter oder Gegner von Sachaufgaben im Schulunterricht gewesen wäre.

A.2 Schieberegler in Excel

Zum Einfügen eines Schiebereglers (bzw. einer Bildlaufleiste) in Excel 2007 klicken Sie auf die Schaltfläche *Microsoft Office* (oben links) und anschließend auf Excel-Optionen.

Aktivieren Sie ggf. in der Kategorie *Häufig verwendet* unter *Die am häufigsten verwendeten Optionen bei der Arbeit mit Excel* das Kontrollkästchen *Registerkarte 'Entwicklertools' in der Multifunktionsleiste anzeigen*, und klicken Sie dann auf OK.

Klicken Sie auf der Registerkarte *Entwicklertools* in der Gruppe *Steuerelemente* auf *Einfügen*, und klicken Sie dann unter *Formularsteuerelemente* auf *Bildlaufleiste.*

Die Bildlaufleiste kann nun auf dem Tabellenblatt an einer beliebigen Stelle platziert werden und mit der rechten Maustaste eingestellt werden.

Literatur

Abel, M. et al. (2006). *Kompetenzorientierte Diagnose. Aufgaben für den Mathematikunterricht.* (L. f. Schule, Hrsg.) Stuttgart: Klett.

Affolter, W., Beerli, G., Hurschler, H., Jaggi, B., Jundt, W., Krummenacher, R., et al. (2004). *mathbu.ch 7. Mathematik im 7. Schuljahr für die Sekundarstufe I.* Zug: Klett und Balmer.

Affolter, W., Beerli, G., Hurschler, H., Jaggi, B., Jundt, W., Krummenacher, R., et al. (2006). *mathbu.ch 9+. Mathematik im 9. Schuljahr. Erhöhte Anforderungen.* Zug: Klett und Balmer.

Affolter, W., Beerli, G., Hurschler, H., Jaggi, B., Jundt, W., Kummenacher, R., et al. (2003). *mathbu.ch 8. Mathematik im 8. Schuljahr für die Sekundarstufe I.* Zug: Klett und Balmer.

Ahrens, W. (2002). *Scherz und Ernst in der Mathematik.* Hildesheim: Olms-Weidmann.

Aits, D., Aits, U., Berkemeier, H., Hecht, W., Heske, H., Koullen, R., et al. (2006). *Mathematik konkret 2.* Berlin: Cornelsen.

Backhaus, K., Wiese, B., & Nienaber, C. (1925). *Rechenbücher von Backhaus und Wiese. 5. Heft Brüche, Dezimalbrüche, bürgerliche Rechnungsarten.* Hannover: Carl Meyer (Gustav Prior).

Behnen, K., & Neuhaus, G. (1984). *Grundkurs Stochastik.* Stuttgart: Teubner.

Bern, M., & Graham, R. (1996). Das Problem des kürzesten Netzwerks. In G. Faltings (Hrsg.), *Moderne Mathematik, Beiträge aus Spektrum der Wissenschaft* (S. 52–58). Heidelberg: Spektrum.

Blankenagel, J. (1994). *Elemente der angewandten Mathematik.* Mannheim: Bibliographisches Institut.

Blankenagel, J. (1985). *Numerische Mathematik im Rahmen der Schulmathematik.* Mannheim, Wien, Zürich: Bibliographisches Institut.

Blum, W. (1996). Anwendungsbezüge im Mathematikunterricht – Trends und Perspektiven. In *Schriftenreihe Didaktik der Mathematik, Bd. 23, Trends und Perspektiven.* Hölder-Pichler-Tempsky.

Blum, W. (1985). Anwendungsorientierter Mathematikunterricht in der didaktischen Diskussion. *32* (2), S. 195–232.

Blum, W. (2007). Mathematisches Modellieren – zu schwer für Schüler und Lehrer? *Beiträge zum Mathematikunterricht*, S. 3–12.

Blum, W. (2006). Modellierungsaufgaben im Mathematikunterricht – Herausforderung für Schüler und Lehrer. In A. Büchter, H. Humenberger, S. Hußmann, & S. Prediger (Hrsg.), *Realitätsnaher Mathematikunterricht – vom Fach aus und für die Praxis* (S. 8–23). Hildesheim: Franzbecker.

Blum, W., & Leiß, D. (2005). Modellieren im Unterricht mit der "Tanken"-Aufgabe. *mathematik lehren* (128), S. 18–21.

Blum, W., & Wiegand, B. (2000). Offene Aufgaben – wie und wozu? *mathematik lehren, 100*, S. 52–55.

Blum, W., Drüke-Noe, C., Hartung, R., & Köller, O. (2006). *Bildungsstandards Mathematik: konkret. Sekundarstufe I: Aufgabenbeispiele, Unterrichtsanregungen, Fortbildungsideen.* Berlin: Cornelsen Scriptor.

Böer, H. (1993). Extremwertproblem Milchtüte. In W. Blum (Hrsg.), *Anwendungen und Modellbildung im Mathematikunterricht.* Hildesheim: Franzbecker.

Böer, H., Kietzmann, U., Kliemann, S., Pongs, R., Puscher, R., Schmidt, W., et al. (2003). *mathe live 10 Erweiterungskurs.* Stuttgart: Klett.

Böer, H., Kietzmann, U., Kliemann, S., Pongs, R., Schmidt, W., Vernay, R., et al. (2002). *mathe live 9.* Stuttgart: Klett.

Böer, H., Kliemann, S., Mallon, C., Puscher, R., Segelken, S., Schmidt, W., et al. (2007). *mathe live 7. Mathematik für die Sekundarstufe I.* Stuttgart: Klett.

Bolzen, M. (2007). Oh wie schön ist Kanada!? *Praxis der Mathematik in der Schule, 14*, S. 34–39.

Bönig, D. (2003). 'Das ungefähre der richtigen Antwort'. Zur Bedeutung des Schätzens beim Umgang mit Größen. *Die Grundschulzeitschrift, 141*, S. 43–45.

Borromeo Ferri, R. (2003). Mathematische Denkstile – visuell, analytisch, konzeptuell und ihre Präferenzen bei Jugendlichen am Ende der Sekundarstufe. *Beiträge zum Mathematikunterricht*, S. 141–144.

Borromeo Ferri, R. (2006). Theoretical and empirical differentiations of phases in the modelling process. *Zentralblatt für Didaktik der Mathematik, 38*, S. 86–95.

Borromeo Ferri, R. (2004). Vom Realmodell zum mathematischen Modell - Analyse von Übersetzungsprozessen aus der Perspektive mathematischer Denkstile. *Beiträge zum Mathematikunterricht*, S. 109–112.

Böttner, J., Maroska, R., Olpp, A., Pongs, R., Stöckle, C., Wellstein, H., et al. (2005). *Schnittpunkt 3. Mathematik für Realschulen Baden-Württemberg.* Stuttgart: Klett.

Brandt, D., & Reinelt, G. (2007). *Lambacher Schweizer. Mathematik für Gymnasien. Gesamtband Oberstufe mit CAS.* Stuttgart: Klett.

Breidenbach, W. (1969). *Methodik des Mathematikunterrichts in Grund- und Hauptschulen.* Hannover: Schroedel.

Bronstein, I. N., & Semendjajew, K. A. (1989). *Taschenbuch der Mathematik.* Thun: Harri Deutsch.

Bruder, R. (2000). Akzentuierte Aufgaben und heuristische Erfahrungen. Wege zu einem anspruchsvollen Mathematikunterricht für alle. In L. Flade, & W. Herget, *Mathematik lehren und lernen nach TIMSS: Anregungen für die Sekundarstufen.* Berlin: Volk und Wissen.

Bruder, R. (2003). Konstruieren – auswählen – begleiten. Über den Umgang mit Aufgaben. *Friedrich Jahresheft 2003*, S. 12–15.

Büchter, A., & Leuders, T. (2005). *Mathematikaufgaben selbst entwickeln. Lernen fördern – Leistung überprüfen.* Berlin: Cornelsen Scriptor.

Büchter, A., Herget, W., Leuders, T., & Müller, J. H. (2006). *Die Fermi-Box. Lebendige Mathematik für Alle.* Seelze: Friedrich.

Burscheid, H. (1980). Beiträge zur Anwendung der Mathematik im Unterricht. Versuch einer Zusammenfassung. *Zentralblatt für Didaktik der Mathematik*, *12*, S. 63–69.

Cai, J. (1994). A Protocol-Analytic Study of Metacognition in Mathematical Problem Solving. *Mathematics Education Research Journal*, *6 (2)*, S. 166–183.

Carlson, T. (1913). Über Geschwindigkeit und Grösse der Hefevermehrung in Würze. *Biochemische Zeitschrift*, *57*, S. 313–334.

Corbin, J., & Strauss, A. (1996). *Grounded Theory: Grundlagen Qualitativer Sozialforschung.* Weinheim: Psychologie Verlags Union.

Danckwerts, R., & Vogel, D. (2001). Milchtüte und Konservendose – Modellbildung im Unterricht. *Der Mathematikunterricht*, *47*, S. 22–31.

Davis, P., & Hersh, R. (1986). *Erfahrung Mathematik.* Basel, Boston, Stuttgart: Birkhäuser Verlag.

Dockhorn, C. (2000). Schulbuchaufgaben öffnen. *mathematik lehren*, *100*, S. 58–59.

Ebenhöh, W. (1990). Mathematische Modellierung – Grundgedanken und Beispiele. *Der Mathematikunterricht*, *36 (4)*, S. 5–15.

Eichler, A., & Vogel, M. (2009). *Leitidee Daten und Zufall. Von konkreten Beispielen zur Didaktik der Stochastik.* Wiesbaden: Vieweg+Teubner.

Emde, C., Kliemann, S., Pelzer, H.-J., Schäfer, U., & Schmidt, W. (1998). *Mathe live 5 für Gesamtschulen.* Stuttgart: Klett.

Fischer, R., & Malle, G. (1985). *Mensch und Mathematik.* Mannheim, Wien, Zürich: Bibliographisches Institut.

Förster, F. (2002). Vorstellungen von Lehrerinnen und Lehrern zu Anwendungen im Mathematikunterricht – Darstellung und erste Ergebnisse einer qualitativen Fallstudie. *Der Mathematikunterricht, 48 (4–5)*, S. 45–72.

Förster, F., Henn, H.-W., & Meyer, J. (2000). *Materialien für einen realitätsbezogenen Mathematikunterricht.* Hildesheim: Franzbecker.

Franke, M. (2003). *Didaktik des Sachrechnens in der Grundschule.* Berlin: Spektrum.

Freudenthal, H. (1978). *Vorrede zu einer Wissenschaft vom Mathematikunterricht.* Oldenbourg: München & Wien.

Freudigmann, H., Reinelt, G., Stark, J., Zinser, M., Schermuly, H., Taetz, G., et al. (2000). *Lambacher Schweizer Analysis Grundkurs.* Stuttgart: Klett.

Fricke, A. (1984). Der Punkt kleinster gewichteter Entfernungssumme von gegebenen Punkten. *Der Mathematikunterricht, 6*, S. 22–37.

Fricke, A. (1987). *Sachrechnen. Das Lösen angewandter Aufgaben.* Stuttgart: Klett.

Fuchs, M., Hissnauer, G., Käpnick, F., Peterßen, K., & von Witzleben, R. (2004). *Mathehaus 3.* (M. Fuchs, & F. Käpnick, Hrsg.) Berlin: Cornelsen.

Führer, L. (2007). „Dreisatz“ oder Wie viel Volksbildung darf's denn sein? *Beiträge zum Mathematikunterricht*, S. 791–794.

Galbraith, P. L., & Clatworthy, N. J. (1990). Beyond standard Models – Meeting the Challenge of Modelling. *Educational Studies in Mathematics, 21*, S. 137–163.

Garofalo, J., & Lester, F. K. (1985). Metacognition, cognitive monitoring, and mathematical performance. *Journal for Research in Mathematics Education, 16 (3)*, S. 163–176.

Gerthsen, C., Kneser, H. O., & Vogel, H. (1989). *Physik. Ein Lehrbuch zum Gebrauch neben Vorlesungen.* Berlin: Springer.

Gialamas, V., Karaliopoulou, M., Klaoudatos, N., Matrozos, D., & Papastavridis, S. (1999). Real Problems in School Mathematics. In O. Zaslavsky (Hrsg.), *Proceedings of the 23rd Conference of the International Group of the Psychology of Mathematics Education.* Israel Institute of Technology.

Graf, D. (2001). Welche Aufgabentypen gibt es? *Der mathematische und naturwissenschaftliche Unterricht, 54 (7)*, S. 422–425.

Greefrath, G. (2008). Die Wirklichkeit entdecken – mathematische Erfahrungen in der Realität sammeln. *Karlsruher Pädagogische Beiträge, 69*, S. 84–92.

Greefrath, G. (2009). Messwerte mit Funktionen approximieren. *Praxis der Mathematik in der Schule, 28*, S. 33–37.

Greefrath, G. (2008). Modellieren im Mathematikunterricht – Diagnose einer prozessbezogenen Kompetenz. In S. Hußmann, A. Liegmann, E. Nyssen, K.

Racherbäumer, & C. Walzebug (Hrsg.), *individualisieren – differenzieren – vernetzen. Tagungsband zur Auftaktveranstaltung des Projektes indive* (S. 91–98). Hildesheim: Franzbecker.

Greefrath, G. (2007). *Modellieren lernen mit offenen realitätsnahen Aufgaben.* Köln: Aulis.

Greefrath, G. (2004). Offene Aufgaben mit Realitätsbezug. Eine Übersicht mit Beispielen und erste Ergebnisse aus Fallstudien. *mathematica didactica, 2* (27), S. 16–38.

Greefrath, G. (2009). Unscharfe Aufgaben – selbst herstellen. *Praxis der Mathematik in der Schule, 26*, S. 39–42.

Greefrath, G. (2008). Untersuchung von Modellbildungs- und Problemlöseprozessen. *Beiträge zum Mathematikunterricht 2008* .

Greefrath, G. (2008). Vertrauen ist gut – Kontrolle ist besser. Mathematische Modelle eines Öltanks analysieren. *Der mathematische und naturwissenschaftliche Unterricht, 61 (8)*, S. 463–468.

Greefrath, G., & Laakmann, H. (2007). Günstig tanken – nur wo? – Die Suche nach dem optimalen Modell. *Praxis der Mathematik in der Schule, 14*, S. 15–22.

Greefrath, G., & Leuders, T. (2009). Nicht von ungefähr. Runden – Schätzen – Nähern. *Praxis der Mathematik, 51* (28), S. 1–6.

Greefrath, G., Leuders, T., & Pallack, A. (2008). Gute Abituraufgaben – (ob) mit oder ohne Neue Medien. *Der mathematische und naturwissenschaftliche Unterricht*, S. 79–83.

Griesel, H. (2005). Modelle und Modellieren – eine didaktisch orientierte Sachanalyse, zugleich ein Beitrag zu den Grundlagen einer mathematischen Beschreibung der Welt. In H.-W. Henn, & G. Kaiser (Hrsg.), *Mathematikunterricht im Spannungsfeld von Evolution und Evaluation. Festschrift für Werner Blum* (S. 61–70). Hildesheim: div.

Grigutsch, S., Raatz, U., & Törner, G. (1998). Einstellungen gegenüber Mathematik bei Mathematiklehrern. *Journal für Mathematikdidaktik, 19 (1)*, S. 3–45.

Hartmann, B. (1913). *Der Rechenunterricht in der deutschen Volksschule vom Standpunkte des erziehenden Unterrichts.* Leipzig: Kesselring.

Henn, H.-W. (2004). Computer-Algebra-Systeme – Junger Wein oder neue Schläuche? *Journal für Mathematik-Didaktik, 25* (4), S. 198–220.

Henn, H.-W. (2002). Mathematik und der Rest der Welt. *mathematik lehren, 113*, S. 4–7.

Henn, H.-W. (2007). Mathematik und der Rest der Welt. *Der mathematische und naturwissenschaftliche Unterricht, 5*, S. 260–265.

Henn, H.-W. (1995). Volumenbestimmung bei einem Rundfass. In G. Graumann, T. Jahnke, G. Kaiser, & J. Meyer (Hrsg.), *Materialien für einen realitätsbezogenen Mathematikunterricht Bd. 2* (S. 56–65). Hildesheim: Franzbecker.

Henn, H.-W., & Maaß, K. (2003). Standardthemen im realitätsbezogenen Mathematikunterricht. In *Materialien für einen realitätsbezogenen Mathematikunterricht. Bd. 8. (ISTRON)*. Hildesheim: Franzbecker.

Herget, W. (2006). Typen von Aufgaben. In W. Blum, C. Drüke-Noe, R. Hartung, & O. Köller (Hrsg.), *Bildungsstandards Mathematik: konkret* (S. 178–193). Berlin: Cornelsen Scriptor.

Herget, W., & Klika, M. (2003). Fotos und Fragen. Messen, Schätzen, Überlegen – viele Wege, viele Ideen, viele Antworten. *Mathematik lehren, 119*, S. 14–19.

Herget, W., & Scholz, D. (1998). *Die etwas andere Aufgabe aus der Zeitung*. Seelze: Kallmeyer.

Herget, W., Jahnke, T., & Kroll, W. (2001). *Produktive Aufgaben für den Mathematikunterricht in der Sekundarstufe I*. Berlin: Cornelsen.

Herling, J., Kuhlmann, K.-H., & Scheele, U. (2008). *Mathematik 7*. Braunschweig: Westermann.

Hinrichs, G. (2008). *Modellierung im Mathematikunterricht*. Heidelberg: Springer.

Hollenstein, A. (1996). Schreibanlässe im Mathematikunterricht. *Beiträge zum Mathematikunterricht*, S. 190–193.

Humenberger, H. (1997). Anwendungsorientierung im Mathematikunterricht – erste Resultate eines Forschungsprojekts. *Journal für Mathematikdidaktik, 18*, S. 3–50.

Humenberger, H. (2003). Dreisatz einmal anders: Aufgaben mit überflüssigen bzw. fehlenden Angaben. In H.-W. Henn, & K. Maaß (Hrsg.), *Materialien für einen realitätsbezogenen Mathematikunterricht. Band 8* (S. 49–64). Franzbecker.

Humenberger, H. (1995). Über- und unterbestimmte Aufgaben im Mathematikunterricht. *Praxis der Mathematik, 37*, S. 1–7.

Humenberger, H., & Reichel, H.-C. (1995). *Fundamentale Ideen der Angewandten Mathematik*. Mannheim, Leipzig, Wien, Zürich: BI Wissenschaftsverlag.

Hußmann, S., & Leuders, T. (2006). Ausgerechnet: Costa Rica! Wie man mit Mitteln der Wahrscheinlichkeitsrechnung den Fußballweltmeister voraussagen kann. *Praxis der Mathematik, 9*, S. 19–29.

Hußmann, S., & Leuders, T. (2007). Können Hunde Mathematik? *Praxis der Mathematik in der Schule, 14*, S. 23–29.

Hußmann, S., & Lutz-Westphal, B. (2007). *Kombinatorische Optimierung erleben*. Wiesbaden: Vieweg.

Jahner, H. (1985). *Methodik des mathematischen Unterrichts. Begründet von Walther Lietzmann*. Heidelberg u. Wiesbaden: Quelle & Meyer.

Jordan, A., Krauss, S., Löwen, K., Blum, W., Neubrand, M., Brunner, M., et al. (2008). Aufgaben im COACTIV-Projekt: Zeugnisse des kognitiven Aktivierungspotentials im deutschen Mathematikunterricht. *Journal für Mathematikdidaktik*, S. 83–107.

Kaiser, G. (1984). Zur Realisierbarkeit von Zielen eines anwendungsorientierten Mathematikunterrichts. Einige Ergebnisse von Fallstudien. *mathematica didactica, 7 (2)*, S. 71–86.

Kietzmann, U., Kliemann, S., Pongs, R., Schmidt, W., Segelken, S., Vernay, R., et al. (2004). *mathe live 8*. Stuttgart: Klett.

Kirsch, A. (1970). *Elementare Zahlen- und Größenbereiche*. Göttingen: Vandenhoeck & Ruprecht.

Klein, F. (1907). *Vorträge über den mathematischen Unterricht an den höheren Schulen. Teil 1*. Leipzig: Teubner.

Kliemann, S., Puscher, R., Segelken, S., Schmidt, W., & Vernay, R. (2006). *mathe live 5. Mathematik für die Sekundarstufe I*. Stuttgart: Klett.

Klix, F. (1971). *Information und Verhalten*. Bern: Huber.

KMK. (2005). *Bildungsstandards im Fach Mathematik für den Hauptschulabschluss*. München: Wolters Kluver.

KMK. (2004). *Bildungsstandards im Fach Mathematik für den Mittleren Bildungsabschluss*. München: Wolters Kluver.

KMK. (2005). *Bildungsstandards im Fach Mathematik für den Primarbereich*. München: Wolters Kluver.

Kohorst, H., & Portscheller, P. (1999). Wozu Hefe alles gut ist. Vom exponentiellen zum logistischen Wachstum. *Mathematik lehren, 97*, S. 54–59.

Körner, H. (2003). Modellbildung mit Exponentialfunktionen. In H.-W. Henn, & K. Maaß (Hrsg.), *Materialien für einen realitätsbezogenen Mathematikunterricht Bd. 8. (ISTRON)* (S. 155–177). Hildesheim: Franzbecker.

Koullen, R. (2008). *Mathematik konkret 6*. Berlin: Cornelsen.

Koullen, R. (1993). *Mathematik real 9*. Berlin: Cornelsen.

Krauthausen, G., & Scherer, P. (2007). *Einführung in die Mathematikdidaktik*. München: Elsevier.

Kuchling, H. (1985). *Physik*. Leipzig: VEB Fachbuchverlag.

Kühnel, J. *Neubau des Rechenunterrichts*. Leipzig: Klinkhardt.

Kurth, H., & Petit, H. (1903). *Illustriertes Kochbuch für die Bürgerliche und feine Küche*. Breslau: Trewendt & Granier.

Kuypers, W., Lauter, J., & Wuttke, H. (1995). *Mathematik 5. Schuljahr Gymnasium Baden-Württemberg.* Berlin: Cornelsen.

Leuders, T. (2006). Kompetenzorientierte Aufgaben im Unterricht. In W. Blum, C. Drüke-Noe, R. Hartung, & O. Köller (Hrsg.), *Bildungsstandards Mathematik: konkret* (S. 81–95). Berlin: Cornelsen Scriptor.

Leuders, T. (2003). Problemlösen. In T. Leuders (Hrsg.), *Mathematikdidaktik. Praxishandbuch für die Sekundarstufe I und II* (S. 119–135). Berlin: Cornelsen Scriptor.

Leuders, T. (2001). *Qualität im Mathematikunterricht der Sekundarstufe I und II.* Berlin: Cornelsen Scriptor.

Leuders, T. (2006). Reflektierendes Üben mit Plantagenaufgaben. *Der mathematische und naturwissenschaftliche Unterricht, 5*, S. 276–284.

Leuders, T., & Leiß, D. (2006). Realitätsbezüge. In W. Blum, C. Drüke-Noe, R. Hartung, & O. Köller (Hrsg.), *Bildungsstandards Mathematik: konkret* (S. 194–206). Berlin: Cornelsen Scriptor.

Leuders, T., & Maaß, K. (2005). Modellieren – Brücken zwischen Welt und Mathematik. *Praxis der Mathematik, 47 (3)*, S. 1–7.

Lewe, H. (2001). Sachsituationen meistern. *Grundschulmagazin, 7–8*, S. 8–11.

Maaß, J. (2007). Ethik im Mathematikunterricht? Modellierung reflektieren! In G. Greefrath, & J. Maaß (Hrsg.), *Materialien für einen realitätsbezogenen Mathematikunterricht. Band 11. Unterrichts- und Methodenkonzepte.* Hildesheim: Franzbecker.

Maaß, K. (2002). Handytarife. *mathematik lehren, 113*, S. 53–57.

Maaß, K. (2004). *Mathematisches Modellieren im Unterricht. Ergebnisse einer empirisches Studie.* Hildesheim: Franzbecker.

Maaß, K. (2007). *Mathematisches Modellieren. Aufgaben für die Sekundarstufe I.* Berlin: Cornelsen.

Maaß, K. (2005). Modellieren im Mathematikunterricht der Sekundarstufe I. *Journal für Mathematikdidaktik, 26*, S. 114–142.

Maaß, K. (2003). Vorstellungen von Schülerinnen und Schülern zur Mathematik und ihre Veränderung durch Modellierung. *Der Mathematikunterricht, 49 (3)*, S. 30–53.

Maier, H., & Schubert, A. (1978). *Sachrechnen. Empirische Befunde, didaktische Analysen, methodische Anregungen.* München: Ehrenwirth.

Mathematik real 9. (1993). Berlin: Cornelsen.

Maull, W., & Berry, J. (2001). An investigation of student working styles in a mathematical modelling activity. *Teaching Mathematics and its Applications, 20 (2).*

Ministerium für Schule NRW. (2007). *Abituraufgabe Grundkurs Mathematik 2007 (HT 2).* Abgerufen am 26. August 2009 von http://www.standardsicherung.nrw.de: http://www.standardsicherung.nrw.de/abitur-gost/fach.php?fach=2

Ministerium für Schule NRW. (2004). *Kernlehrplan für die Gesamtschule – Sekundarstufe I in Nordrhein-Westfalen.* (M. f. NRW, Hrsg.) Frechen: Ritterbach.

Ministerium für Schule NRW. (2008). *Richtlinien und Lehrpläne für die Grundschule in Nordrhein-Westfalen.* Frechen: Ritterbach.

Müller, G., & Wittmann, E. (1984). *Der Mathematikunterricht in der Primarstufe.* Braunschweig Wiesbaden: Vieweg.

Neunzert, H., & Rosenberger, B. (1991). *Schlüssel zu Mathematik.* Econ.

Nitzsche, M. (2005). *Graphen für Einsteiger.* Wiesbaden: Vieweg.

Padberg, F. (2009). *Didaktik der Bruchrechnung.* Heidelberg: Spektrum.

Pehkonen, E. (2001). Offene Probleme: Eine Methode zur Entwicklung des Mathematikunterrichts. *Der Mathematikunterricht, 6*, S. 60–72.

Peter-Koop, A., & Nührenbörger, M. (2007). Struktur und Inhalt des Kompetenzbereichs Größen und Messen. In G. Walther, M. van den Heuvel-Panhuizen, D. Granzer, & O. Köller (Hrsg.), *Bildungsstandards für die Grundschule* (S. 89–117). Berlin: Cornelsen Scriptor.

Picker, B. (1987). Der Aufbau des Größenbereichs als Grundlegung des Sachrechnens. Teil 1. *Sachunterricht und Mathematik in der Primarstufe, 11*, S. 492–494 u. 503–505.

Picker, B. (1987). Der Aufbau des Größenbereichs als Grundlegung des Sachrechnens. Teil 2. *Sachunterricht und Mathematik in der Primarstufe, 12*, S. 554–559.

Pollak, H. O. (1977). The Interaction between Mathematics and Other School Subjects (Including Integrated Courses). In H. Athen, & H. Kunle (Hrsg.), *Proceedings of the Third International Congress on Mathematical Education* (S. 255–264). Karlsruhe.

Polya, G. (1964). Die Heuristik. Versuch einer vernünftigen Zielsetzung. *Der Mathematikunterricht, 1*, S. 5–15.

Polya, G. (1949). *Schule des Denkens. Vom Lösen mathematischer Probleme.* Tübingen und Basel: Francke.

Radatz, H., & Schipper, W. (1983). *Handbuch für den Mathematikunterricht an Grundschulen.* Hannover: Schroedel.

Revuz, A. (1965). *Moderne Mathematik im Schulunterricht.* Freiburg: Herder.

Ries, A. (1522). *Rechnung auf der Linien und Federn...* Erfurt: Magistrat der Stadt Erfurt, Nachdruck 1991.

Ruwisch, S. (2003). 'Gute' Aufgaben für die Arbeit mit Größen – Erkundung zum Größenverständnis von Grundschulkindern als Ausgangsbasis. In A. Peter-Koop

(Hrsg.), *Gute Aufgaben im Mathematikunterricht der Grundschule* (S. 211–227). Offenburg: Mildenberger.

Scheid, H., & Schwarz, W. (2008). *Elemente der Arithmetik und Algebra.* Heidelberg: Spektrum.

Scherer, P. (1999). Mathematiklernen bei Kindern mit Lernschwächen. Perspektiven für die Lehrerbildung. In C. Selter, & G. Walther (Hrsg.), *Mathematikdidaktik als design science. Festschrift für Erich Christian Wittmann.* Stuttgart: Klett.

Schneider, H., Stindl, W., & Schönthaler, I. (2006). *Mathematik konkret 2.* (R. Koullen, Hrsg.) Berlin: Cornelsen.

Schoenfeld, A. H. (1985). *Mathematical problem solving.* Orlando: Academic Press.

Schriftenreihe der ISTRON-Gruppe. *Materialien für einen realitätsbezogenen Mathematikunterricht*. Hildesheim: Franzbecker.

Schröder, M., Wurl, B., & Wynands, A. (2000). *Maßstab 10 B. Mathematik Hauptschule.* Hannover: Schroedel.

Schütte, S. (1994). *Mathematiklernen in Sachzusammenhängen.* Stuttgart: Klett.

Schulz, W. (2000). Innermathematisches Problemlösen mit Hilfe offener Aufgaben. *Beiträge zum Mathematikunterricht*.

Schumann, H. (2001). Rekonstruktives Modellieren in Dynamischen Geometriesystemen. *mathematica didactica, 26 (2)*, S. 21–41.

Schupp, H. (1988). Anwendungsorientierter Mathematikunterricht in der Sekundarstufe I zwischen Tradition und neuen Impulsen. *Der Mathematikunterricht, 34 (6)*, S. 5–16.

Schupp, H. (2000). Thema mit Variationen. *mathematik lehren, 100*, S. 11–14.

Silver, E. A. (1995). The nature and use of open problems in mathematics education: Mathematical and pedagogical perspectives. *Zentralblatt für Didaktik der Mathematik, 27 (2)*, S. 67–72.

Sonar, T. (2001). *Angewandte Mathematik, Modellbildung und Informatik.* Braunschweig: Vieweg.

Spiegel, H., & Selter, C. (2006). *Kinder & Mathematik – Was Erwachsene wissen sollten.* Seelze: Kallmeyer.

Stöffler, H. (Hrsg.) (um 1942). *Rechenbuch für Volksschulen Baden 8. Schuljahr.* Bühl.

Straub, F. W. (1949). *Lebensvolles Rechnen. 7. Schuljahr.* Offenburg.

Strehl, R. (1979). *Grundprobleme des Sachrechnens.* Freiburg: Herder.

Sundermann, B., & Selter, C. (2006). *Beurteilen und Fördern im Mathematikunterricht. Gute Aufgaben. Differenzierte Arbeiten. Ermutigende Rückmeldungen.* Berlin: Cornelsen Scriptor.

Swan, M. (1982). The Teaching of Functions and Graphs. *Conference on functions. Conference report Pt. I*, (S. 151–165).

Tietze, U.-P. (1986). *Der Mathematiklehrer in der Sekundarstufe II – Bericht aus einem Forschungsprojekt.* Hildesheim: Franzbecker.

Toepell, M. (2003). Rückbezüge des Mathematikunterrichts und der Mathematikdidaktik in der BRD auf historische Vorausentwicklungen. *ZDM*, *35* (4), S. 177-181.

Vollrath, H.-J. (2003). *Algebra in der Sekundarstufe.* Heidelberg: Spektrum.

Westermann, B. (2003). Anwendungen und Modellbildung. In T. Leuders (Hrsg.), *Mathematikdidaktik. Praxishandbuch für die Sekundarstufe I und II* (S. 148–162). Berlin: Cornelsen Scriptor.

Wiegand, B., & Blum, W. (1999). Offene Probleme für den Mathematikunterricht – Kann man Schulbücher dafür nutzen? *Beiträge zum Mathematikunterricht*, S. 590–593.

Wikipedia. (2009). *Internationales Einheitensystem.* Abgerufen am 20. Juni 2009 von http://de.wikipedia.org/wiki/SI-Basiseinheit#Meterkonvention.2C_BIPM_und_CGPM

Wikipedia. (2009). *Rute.* Abgerufen am 20. Juni 2009 von http://de.wikipedia.org/wiki/Rute_(Einheit)

Wikipedia. (2009). *Ziegenproblem.* Abgerufen am 27. August 2009 von http://de.wikipedia.org/wiki/Ziegenproblem#Problem

Winter, H. (1991). Anwenden und Entdecken – Probleme des Sachrechnens in der Grundschule. *Die Grundschulzeitschrift*, *42*, S. 28–35.

Winter, H. (1984). Begriff und Bedeutung des Übens im Mathematikunterricht. *mathematik lehren*, S. 4–16.

Winter, H. (1981). Der didaktische Stellenwert des Sachrechnens im Mathematikunterricht der Grund- und Hauptschule. S. 666–674.

Winter, H. (2004). Die Umwelt mit Zahlen erfassen: Modellbildung. In G. H. Müller, H. Steinbring, & E. C. Wittmann (Hrsg.), *Arithmetik als Prozess.* Kallmeyer.

Winter, H. (1989). *Entdeckendes Lernen im Mathematikunterricht.* Braunschweig, Wiesbaden: Vieweg.

Winter, H. (2003). Mathematikunterricht und Allgemeinbildung. In H.-W. Henn, & K. Maaß (Hrsg.), *Materialien für einen Realitätsbezogenen Mathematikunterricht, Band 8* (S. 6–15). Hildesheim: Franzbecker.

Winter, H. (1994). Modelle als Konstrukte zwischen lebensweltlichen Situationen und arithmetischen Begriffen. *Grundschule*, *3*, S. 10–13.

Winter, H. (2003). *Sachrechnen in der Grundschule.* Berlin: Cornelsen Scriptor.

Winter, H. (1994). Über Wachstum und Wachstumsfunktionen. *Der mathematische und naturwissenschaftliche Unterricht*, *47* (6), S. 330–339.

Winter, H. (1980). Zur Durchdringung von Algebra und Sachrechnen in der Hauptschule. In H.-J. Vollrath, *Sachrechnen. Didaktische Materialien für die Hauptschule* (S. 80–123). Stuttgart: Klett.

Winter, H., & Ziegler, T. (1969). *Neue Mathematik 5.* Hannover: Schroedel.

Wynands, A. (2006). Intelligentes Üben. In W. Blum, C. Drüke-Noe, R. Hartung, & O. Köller (Hrsg.), *Bildungsstandards Mathematik: konkret.* Berlin: Cornelsen Scriptor.

Zais, T., & Grund, K.-H. (1991). Grundpositionen zum anwendungsorientierten Mathematikunterricht bei besonderer Berücksichtigung des Modellierungsprozesses. *Der Mathematikunterricht*, *37 (5)*, S. 4–17.

Zech, F. (1998). *Grundkurs Mathematikdidaktik.* Weinheim und Basel: Beltz.

Index

H

I

K

L

M

N

O

P

Q

R

S

T

U

V

W

Z

Frische Ideen für den Unterricht!

www.spektrum-verlag.de

2. Aufl. 2007
322 S., 104 Abb., kart.
€ [D] 22,- / € [A] 22,62 / CHF 32,-
ISBN 978-3-8274-1854-8

Herbert Kütting / Martin J. Sauer

Elementare Stochastik

Praxisnah und gut lesbar geschrieben, vermittelt dieses Werk einen fundierten Einblick in die Stochastik. Zentralen Themen, wie Axiomatischer Aufbau der Wahrscheinlichkeitstheorie, Grundbegriffe der Kombinatorik, Simulation von Zufallsexperimenten, Diskrete Zufallsvariable und Allgemeine Wahrscheinlichkeitsräume werden gründlich behandelt. Besonderer Wert wird auf das Modellieren gelegt, d. h. auf die Kompetenz, Sachverhalte der Alltagswirklichkeit in mathematische Modelle zu übertragen. Beispiele und Übungsaufgaben (mit Lösungen) nehmen in diesem Buch einen breiten Raum ein.

1. Aufl. 2008
348 S., 102 Abb., kart.
€ [D] 22,- / € [A] 22,62 / CHF 32,-
ISBN 978-3-8274-1938-5

Gerd Hinrichs

Modellierung im Mathematikunterricht

Seit der Einführung von Bildungsstandards ist das mathematische Modellieren als eine der allgemeinen Kompetenzen für den Mathematikunterricht besonders in den Fokus gerückt. Dieses Buch zeigt zahlreiche Modellierungskontexte für den Mathematikunterricht von der Primarstufe bis zur Sekundarstufe II auf. Der Autor unterrichtet Mathematik und Physik an einem Gymnasium. Er legt daher besonderen Wert auf die praktische Umsetzbarkeit der Beispiele. Neben der umfassenden inhaltlichen Darstellung werden auch didaktische Fragen des Themas erörtert.

1. Aufl. 2006
230 S., kart.
€ [D] 20,- / € [A] 20,56 / CHF 31,50
ISBN 978-3-8274-1740-4

Rainer Danckwerts / Dankwart Vogel

Analysis verständlich unterrichten

Die Analysis ist und bleibt der harte Kern der Oberstufenmathematik. Das Buch bricht eine Lanze für einen verstehensorientierten Analysisunterricht. Nach Klärung der fachdidaktischen Grundposition werden alle etablierten Themenfelder gründlich beleuchtet: Folgen, Ableitung und Integral, Kurvendiskussion und Extremwertprobleme. Angesprochen sind in erster Linie die angehenden und praktizierenden Lehrerinnen und Lehrer.

1. Aufl. 2009
308 S., 202 Abb., kart.
€ [D] 19,95 / € [A] 20,50 / CHF 31,-
ISBN 978-3-8274-1715-2

Hans-Georg Weigand et al.

Didaktik der Geometrie für die Sekundarstufe I

Dieses Buch führt in die didaktischen und methodischen Grundlagen des Geometrieunterrichts der Sekundarstufe I ein und zeigt anhand zahlreicher unterrichtspraktischer Beispiele Möglichkeiten einer problemorientierten Unterrichtsgestaltung auf. Aufbauend auf den Bildungsstandards werden die wichtigen Aspekte Beweisen und Argumentieren, Konstruieren, Problemlösen sowie Begriffslernen und Begriffslehren behandelt. Zusätzlich wird auf die zentralen Themenbereiche des Geometrieunterrichts eingegangen: Figuren und Körper, Flächeninhalt und Volumen, Symmetrie und Kongruenz, Ähnlichkeit und Trigonometrie.

▸ Ausführliche Informationen unter www.spektrum-verlag.de

Spektrum
AKADEMISCHER VERLAG

Printing: Ten Brink, Meppel, The Netherlands
Binding: Stürtz, Würzburg, Germany